대한민국 법령 시리즈 224

전 파 법

법령

시행령

시행규칙

해광출판사

머리말

이 책은 방대한 법전을 보지 않고 간편하게 해당되는 법령만 참고해서 볼 수 있도록 하였습니다. 공공기관이나 관련 종사자들이 쉽고 간편하게 해당 법령을 참조 할 수 있도록 하였습니다.

특히 해당법률은 물론 관련 시행령, 시행규칙을 함께 실어 관련법을 서로 참고할 수 있게 하였습니다.

법률이라는 것이 크든 작든 항상 변하는 관계로, 출간 이후의 정확하고 최신의 법률은 법제처 국가법령정보센터에서 확인이 가능하니 법률의 실제 적용 시 확인이 필요한 점 유의하기를 바랍니다.

편집부

* 수록 법률은 법제처 국가법령정보센터에서 확인 가능합니다.
* 발행일 기준 시행 법률이므로 최신 법령은 위 센터에서 볼 수 있습니다.
* 본 책자에 수록된 법률의 문구에 대하여 법적인 효력은 없으며,
  실제 적용 법률은 위 센터에서 최신의 법률로 확인하시기 바랍니다.
* 해당 법령과 함께 시행령, 시행규칙도 수록되어 있습니다.
* 발행일 기준으로 개정 예정 법률은 밑줄로 별도 표시되어 있으며,
  보다 정확한 것은 법제처에서 확인하기 바랍니다.

목차

전파법

[시행 2024. 7. 24.] [법률 제20067호, 2024. 1. 23., 일부개정]

**개정 예정 법률 밑줄 별도 표시.

전파법

[시행 2024. 7. 24.] [법률 제20067호, 2024. 1. 23., 일부개정]

제1장 총칙 〈개정 2008. 6. 13.〉

제1조(목적) 이 법은 전파의 효율적이고 안전한 이용 및 관리에 관한 사항을 정하여 전파이용과 전파에 관한 기술의 개발을 촉진함으로써 전파 관련 분야의 진흥과 공공복리의 증진에 이바지함을 목적으로 한다. 〈개정 2015. 1. 20.〉

[전문개정 2008. 6. 13.]

제2조(정의) ①이 법에서 사용하는 용어의 뜻은 다음과 같다. 〈개정 2008. 6. 13., 2010. 7. 23., 2013. 3. 23., 2014. 6. 3., 2015. 1. 20., 2015. 12. 22., 2017. 7. 26., 2020. 6. 9.〉

1. "전파"란 인공적인 유도(誘導) 없이 공간에 퍼져 나가는 전자파로서 국제전기통신연합이 정한 범위의 주파수를 가진 것을 말한다.

2. "주파수분배"란 특정한 주파수의 용도를 정하는 것을 말한다.

3. "주파수할당"이란 특정한 주파수를 이용할 수 있는 권리를 특정인에게 주는 것을 말한다.

4. "주파수지정"이란 허가나 신고로 개설하는 무선국에서 이용할 특정한 주파수를 지정하는 것을 말한다.

4의2. "주파수 사용승인"이란 안보·외교적 목적 또는 국제적·국가적 행사 등을 위하여 특정한 주파수의 사용을 허용하는 것을 말한다.

4의3. "주파수회수"란 주파수할당, 주파수지정 또는 주파수 사용승인의 전부나 일부를 철회하는 것을 말한다.

4의4. "주파수재배치"란 주파수회수를 하고 이를 대체하여 주파수할당, 주파수지정 또는 주파수 사용승인을 하는 것을 말한다.

4의5. "주파수 공동사용"이란 둘 이상의 주파수 이용자가 동일한 범위의 주파수를 상호 배제하지 아니하고 사용하는 것을 말한다.

5. "무선설비"란 전파를 보내거나 받는 전기적 시설을 말한다.

5의2. "무선통신"이란 전파를 이용하여 모든 종류의 기호·신호·문언·영상·음향 등의 정보를 보내거나 받는 것을 말한다.

6. "무선국(無線局)"이란 무선설비와 무선설비를 조작하는 자의 총체를 말한다. 다만, 방송수신만을 목적으로 하는 것은 제외한다.

7. "무선종사자"란 무선설비를 조작하거나 설치공사를 하는 사람으로서 제70조제2항에 따라 기술자격증을 발급받은 사람을 말한다.

8. "시설자"란 과학기술정보통신부장관으로부터 무선국의 개설허가를 받거나 과학기술정보통신부장관에게 개설신고를 하고 무선국을 개설한 자를 말한다.

9. "방송국"이란 공중(公衆)이 방송신호를 직접 수신할 수 있도록 할 목적으로 개설한 무선국을 말한다.

10. "우주국(宇宙局)"이란 인공위성에 개설한 무선국을 말한다.

11. "지구국(地球局)"이란 우주국과 통신을 하기 위하여 지구에 개설한 무선국을 말한다.

12. "위성망"이란 우주국과 지구국으로 구성된 통신망(위성주파수와 위성궤도를 포함한다. 이하 같다)의 총체를 말한다.

13. "위성궤도"란 우주국의 위치나 궤적(軌跡)을 말한다.

14. "전자파장해"란 전자파를 발생시키는 기자재로부터 전자파가 방사(放射: 전자파에너지가 공간으로 퍼져나가는 것을 말한다) 또는 전도[전도: 전자파에너지가 전원선(電源線)을 통하여 흐르는 것을 말한다]되어 다른 기자재의 성능에 장해를 주는 것을 말한다.

15. "전자파적합"이란 전자파장해를 일으키는 기자재나 전자파로부터 영향을 받는 기자재가 제47조의3제1항에 따른 전자파장해 방지기준 및 보호기준에 적합한 것을 말한다.

16. "방송통신기자재"란 방송통신설비에 사용하는 장치·기기·부품 또는 선조(線條) 등을 말한다.

17. "전파환경"이란 인체, 기자재, 무선설비 등을 둘러싸고 있는 전파의 세기, 잡음 등 전자파의 총체적인 분포 상황을 말한다.

② 이 법에서 사용하는 용어의 뜻은 제1항에서 정하는 것 외에는 「방송통신발전 기본법」에서 정하는 바에 따른다. 〈신설 2010. 7. 23.〉

[제목개정 2008. 6. 13.]

제3조(전파자원의 이용촉진) 정부는 한정된 전파자원(電波資源)을 공공복리의 증진에 최대한 활용하기 위하여 전파자원의 이용촉진에 필요한 시책을 마련하고 시행하여야 한다.

[전문개정 2008. 6. 13.]

제4조 삭제 〈2005. 12. 30.〉

제2장 전파자원의 확보 〈개정 2008. 6. 13.〉

제5조(전파자원의 확보) ① 과학기술정보통신부장관은 전파자원을 확보하기 위하여 다음 각 호의 시책을 마련하고 시행하여야 하며, 그 시행에 필요한 지원방안을 마련하여야 한다. 〈개정 2013. 3. 23., 2015. 1. 20., 2015. 12. 22., 2017. 7. 26.〉

1. 새로운 주파수의 이용기술 개발
2. 이용 중인 주파수의 이용효율 향상

2의2. 주파수 공동사용기술 개발

3. 주파수의 국제등록
4. 국가간 전파의 혼신(混信)을 없애고 방지하기 위한 협의·조정

② 제1항제3호에 따른 등록대상 주파수, 등록비용 및 등록절차 등에 필요한 사항은 대통령령으로 정한다.

[전문개정 2008. 6. 13.]

제6조(전파자원 이용효율의 개선) ① 과학기술정보통신부장관은 전파자원의 공평하고 효율적인 이용을 촉진하기 위하여 필요하면 다음 각 호의 사항을 시행하여야 한다. 〈개정 2013. 3. 23., 2017. 7. 26.〉

1. 주파수분배의 변경
2. 주파수회수 또는 주파수재배치
3. 새로운 기술방식으로의 전환
4. 주파수의 공동사용

② 과학기술정보통신부장관은 제1항 각 호의 사항을 시행하기 위하여 필요하면 대통령령으로 정하는 바에 따라 주파수의 이용 현황을 조사하거나 확인할 수 있다. 〈개정 2013. 3. 23., 2017. 7. 26.〉

[전문개정 2008. 6. 13.]

제6조의2(주파수회수 또는 주파수재배치) ① 과학기술정보통신부장관은 다음 각 호의 어느 하나에 해당하는 경우에는 제6조제1항제2

호에 따라 주파수회수 또는 주파수재배치를 할 수 있다. <개정 2013. 3. 23., 2017. 7. 26.>

1. 주파수분배가 변경된 경우

2. 주파수 이용실적이 낮은 경우 또는 주파수 대역(帶域)을 정비하여 주파수의 이용효율을 높일 필요가 있는 경우

② 제1항에 따른 주파수회수 또는 주파수재배치의 절차, 주파수 이용실적의 판단기준, 주파수 대역 정비의 요건 등에 필요한 사항은 대통령령으로 정한다.

③ 주파수를 새롭게 분배하거나 회수 또는 재배치하고자 할 경우 국무조정실장을 위원장으로 하는 주파수심의위원회의 심의를 거쳐야 한다. <신설 2013. 3. 23.>

④ 제3항에 따른 주파수심의위원회의 구성과 운영 등에 필요한 사항은 대통령령으로 정한다. <신설 2013. 3. 23.>

[전문개정 2008. 6. 13.]

제6조의3(주파수 공동사용) ① 과학기술정보통신부장관은 주파수할당, 주파수지정, 주파수 사용승인을 받은 자에게 주파수의 전부 또는 일부를 주파수 공동사용에 제공하도록 할 수 있다. 다만, 제6조의4에 따라 방송사업을 위하여 이용하는 주파수에 대해서는 방송통신위원회와 합의하여야 한다. <개정 2017. 7. 26.>

② 과학기술정보통신부장관은 주파수 공동사용의 범위와 조건, 절차, 방법 등에 관한 기준을 정하여 고시한다. 다만, 제6조의4에 따라 방송사업을 위하여 이용하는 주파수에 대해서는 방송통신위원회와 합의하여야 한다. <개정 2017. 7. 26.>

[본조신설 2015. 1. 20.]

[종전 제6조의3은 제6조의4로 이동 <2015. 1. 20.>]

제6조의4(방송용 주파수의 관리) 「방송법」 제2조제2호의 방송사업을 위하여 이용하는 주파수는 방송통신위원회가 관리한다.

[본조신설 2013. 3. 23.]

[제6조의3에서 이동 <2015. 1. 20.>]

제7조(주파수회수 또는 주파수재배치에 따른 손실보상 등) ① 과학기술정보통신부장관은 제6조의2에 따라 주파수회수 또는 주파수재배치를 할 때에 해당 시설자와 제18조의2제3항에 따라 주파수의 사용승인을 받은 자(이하 "시설자등"이라 한다)에게 통상적으로 발생하

는 손실을 보상하여야 한다. 다만, 다음 각 호의 경우에는 그러하지 아니하다. 〈개정 2013. 3. 23., 2014. 6. 3., 2017. 7. 26.〉

1. 시설자등의 요청에 따른 경우

2. 국제전기통신연합이 모든 국가가 공통적으로 수용하여야 할 주파수 국제분배를 변경함에 따라 주파수분배를 변경한 경우

3. 주파수의 용도가 제2순위 업무(해당 주파수를 운용할 때에 제1순위 업무를 보호하여야 하고, 제1순위 업무로부터 보호받을 수 없는 업무를 말한다. 이하 같다)인 주파수를 사용하는 경우

② 과학기술정보통신부장관은 제1항 각 호 외의 부분 본문에 따라 손실을 보상한 경우 해당 주파수에 대하여 새로 주파수할당, 주파수지정, 주파수 사용승인을 받은 자(이하 "신규이용자"라 한다)에게 제1항에 따라 보상한 금액을 징수할 수 있다. 〈개정 2013. 3. 23., 2017. 7. 26.〉

③ 과학기술정보통신부장관은 제1항에 따른 손실보상 금액을 결정할 때에는 미리 해당 시설자등의 의견을 들어야 한다. 〈개정 2013. 3. 23., 2017. 7. 26.〉

④ 과학기술정보통신부장관은 제1항 각 호 외의 부분 본문에도 불구하고 신규이용자가 시설자등에게 그 손실을 직접 보상하게 할 수 있다. 〈개정 2013. 3. 23., 2017. 7. 26.〉

⑤ 과학기술정보통신부장관은 제11조제1항에 따라 할당한 주파수가 제6조의2제1항 각 호의 어느 하나에 해당하여 할당한 주파수를 회수한 경우에는 대통령령으로 정하는 바에 따라 제15조제1항에 따른 이용기간 중 남은 기간에 해당하는 주파수할당 대가를 반환하여야 한다. 다만, 주파수할당을 받은 자의 요청에 따라 주파수분배를 변경한 경우에는 그러하지 아니하다. 〈개정 2013. 3. 23., 2017. 7. 26.〉

⑥ 제1항 각 호 외의 부분 본문에 따른 손실보상 및 제2항에 따른 징수금은 「방송통신발전 기본법」 제24조에 따른 방송통신발전기금(이하 "방송통신발전기금"이라 한다)의 지출 및 수입으로 하고, 제5항 본문에 따른 주파수할당 대가의 반환은 방송통신발전기금과 「정보통신산업 진흥법」제41조에 따른 정보통신진흥기금(이하 "정보통신진흥기금"이라 한다)을 재원으로 한다. 〈개정 2010. 7. 23.〉

⑦ 제1항 각 호 외의 부분 본문 및 제4항에 따른 손실보상금의

산정기준과 지급절차, 제2항에 따른 징수금의 징수, 제5항에 따른 주파수할당 대가의 반환 및 배분 등에 필요한 사항은 대통령령으로 정한다. 〈개정 2010. 7. 23.〉

[전문개정 2008. 6. 13.]

[제목개정 2014. 6. 3.]

제7조의2(이의신청 등) ① 시설자등은 제7조제1항에 따른 손실보상금액에 이의가 있으면 손실보상금에 대한 통지를 받은 날부터 30일 이내에 과학기술정보통신부장관에게 이의신청을 할 수 있다. 〈개정 2013. 3. 23., 2017. 7. 26.〉

② 과학기술정보통신부장관은 제1항에 따른 이의신청을 받으면 그 신청을 받은 날부터 30일 이내에 손실보상금의 증감 여부를 결정하고 지체 없이 그 결과를 이의신청한 시설자등에게 알려야 한다. 다만, 부득이한 사유가 있는 경우에는 30일의 범위에서 그 기간을 연장할 수 있다. 〈개정 2013. 3. 23., 2017. 7. 26.〉

[전문개정 2008. 6. 13.]

제8조(전파진흥기본계획) ① 과학기술정보통신부장관은 전파이용의 촉진과 전파와 관련된 새로운 기술의 개발과 전파방송기기 산업의 발전 등을 위하여 전파진흥기본계획(이하 "기본계획"이라 한다)을 5년마다 세워야 한다. 〈개정 2009. 3. 13., 2013. 3. 23., 2017. 7. 26.〉

② 과학기술정보통신부장관은 기본계획을 세우거나 기본계획 중 주파수 분배계획 등 대통령령으로 정하는 중요한 사항을 변경하는 경우에는 공청회 등을 통한 의견수렴을 거쳐야 한다. 〈개정 2013. 3. 23., 2017. 7. 26.〉

③ 기본계획에는 다음 각 호의 사항이 포함되어야 한다.

1. 전파방송산업육성의 기본방향
2. 중·장기 주파수 이용계획
3. 새로운 전파자원의 개발
4. 전파이용 기술 및 시설의 고도화 지원
5. 전파매체의 개발 및 보급
6. 우주통신의 개발
7. 전파이용질서의 확립
8. 전파 관련 표준화에 관한 사항
9. 전파환경의 개선

10. 그 밖에 전파방송진흥에 필요한 사항

④ 과학기술정보통신부장관은 기본계획에 따른 세부시행계획(이하 “시행계획”이라 한다)을 세우고 시행하여야 한다. 〈개정 2013. 3. 23., 2017. 7. 26.〉

⑤ 과학기술정보통신부장관은 기본계획 및 시행계획을 효율적으로 수립하기 위하여 필요한 경우 관계 중앙행정기관의 장, 지방자치단체의 장, 관련 기관 및 단체의 장, 전파 이용자 등에게 필요한 자료의 제출을 요청할 수 있다. 이 경우 자료의 제출을 요청받은 자는 특별한 사유가 없으면 이에 따라야 한다. 〈신설 2015. 12. 22., 2017. 7. 26.〉

⑥ 기본계획과 시행계획을 세우거나 시행하는 데에 필요한 사항은 대통령령으로 정한다. 〈개정 2015. 12. 22.〉

[전문개정 2008. 6. 13.]

제3장 전파자원의 분배 및 할당 〈개정 2008. 6. 13.〉

제9조(주파수분배) ① 과학기술정보통신부장관은 다음 각 호의 사항을 고려하여 주파수분배를 하여야 한다. 〈개정 2013. 3. 23., 2017. 7. 26.〉

1. 국방 · 치안 및 조난구조 등 국가안보 · 질서유지 또는 인명안전의 필요성
2. 주파수의 이용현황 등 국내의 주파수 이용여건
3. 국제적인 주파수 사용동향
4. 전파이용 기술의 발전추세
5. 전파를 이용하는 서비스에 대한 수요

② 과학기술정보통신부장관은 제1항에 따라 주파수분배를 하는 경우에는 주파수 용도가 제1순위인 업무와 주파수 용도가 제2순위인 업무를 구분하여 주파수분배를 할 수 있다. 〈개정 2013. 3. 23., 2017. 7. 26.〉

③ 과학기술정보통신부장관은 제1항에 따라 주파수분배를 한 경우에는 이를 고시하여야 한다. 주파수분배를 변경한 경우에도 또한 같다. 〈개정 2013. 3. 23., 2017. 7. 26.〉

④ 과학기술정보통신부장관은 제1항의 주파수분배에 따라 주파수를 사용할 수 있는 기간이 특정되는 경우에는 해당 주파수를 사용

하는 방송통신기자재의 적합성 평가 유효기간과 해당 방송통신기자재를 수입·판매할 수 있는 기간을 함께 고시할 수 있다. 〈신설 2014. 6. 3., 2017. 7. 26.〉

[전문개정 2008. 6. 13.]

제9조의2(주파수분배의 변경에 따른 이용자 지원 등) ① 과학기술정보통신부장관은 제19조의2제2항에 따라 신고하지 아니하고 개설할 수 있는 무선국용 무선설비의 이용자가 주파수분배의 변경으로 인하여 해당 무선설비를 사용할 수 없게 되는 경우에 해당 무선설비의 이용자(제조·수입·판매자는 제외한다)를 지원하기 위한 방안을 마련할 수 있다. 〈개정 2017. 7. 26.〉

② 제1항에 따른 지원은 주파수분배의 변경으로 사용할 수 없게 되는 방송통신기자재의 잔존가치 전부 또는 일부를 예산의 범위에서 금전으로 지원하거나 해당 방송통신기자재를 다시 사용할 수 있도록 변경·개조하는 방법으로 할 수 있다.

③ 제2항에 따른 지원의 대상·방법·절차 등은 대통령령으로 정한다. 다만, 금전 지원의 경우에는 예고기간 및 내용연수 등을 참작하여야 한다.

④ 과학기술정보통신부장관은 제2항에 따라 지원을 한 경우 새로 주파수할당, 주파수지정 또는 주파수 사용승인을 받은 자에게 지원에 소요된 비용을 징수할 수 있다. 〈개정 2017. 7. 26.〉

⑤ 제2항에 따른 지원비용 및 제4항에 따른 징수금은 방송통신발전기금의 지출 및 수입으로 한다.

[본조신설 2014. 6. 3.]

제9조의3(비면허무선기기지원센터의 지정 등) ① 과학기술정보통신부장관은 제9조의2제2항에 따라 주파수분배의 변경으로 사용할 수 없는 방송통신기자재에 대한 금전 지원 또는 변경·개조 등의 사업을 수행하기 위하여 전문인력과 시설 등 대통령령으로 정하는 요건을 갖춘 기관 또는 단체를 비면허무선기기지원센터(이하 이 조에서 "센터"라 한다)로 지정할 수 있다. 〈개정 2017. 7. 26.〉

② 과학기술정보통신부장관은 센터의 사업 등에 필요한 경비의 전부 또는 일부를 지원할 수 있다. 〈개정 2017. 7. 26.〉

③ 과학기술정보통신부장관은 센터가 다음 각 호의 어느 하나에 해당하는 경우에는 그 지정을 취소할 수 있다. 다만, 제1호에 해당

하면 지정을 취소하여야 한다. 〈개정 2017. 7. 26.〉

1. 거짓이나 그 밖의 부정한 방법으로 지정을 받은 경우

2. 지정받은 사항을 위반하여 업무를 수행한 경우

3. 제1항에 따른 지정요건에 맞지 아니하게 된 경우

4. 거짓이나 그 밖의 부정한 방법으로 이 법에 따른 지원을 받았거나 지원받은 자금을 다른 용도로 사용한 경우

④ 제1항부터 제3항까지에서 규정한 사항 외에 센터의 지정과 운영 등에 필요한 사항은 대통령령으로 정한다.

[본조신설 2014. 6. 3.]

제10조(주파수할당) ① 과학기술정보통신부장관은 제9조에 따라 다음 각 호의 어느 하나에 해당하는 사업의 용도로 정한 주파수를 특정인에게 할당하려는 경우에는 해당 주파수할당이 기간통신사업 등에 미치는 영향을 고려하여 할당을 신청할 수 있는 자의 범위와 할당하는 주파수의 용도 및 기술방식 등 대통령령으로 정하는 사항을 공고하여야 한다. 〈개정 2010. 3. 22., 2013. 3. 23., 2014. 6. 3., 2017. 7. 26.〉

1. 「전기통신사업법」 제5조제2항에 따른 기간통신사업

2. 「방송법」 제2조제2호나목에 따른 종합유선방송사업이나 같은 조 제13호에 따른 전송망사업

② 제1항에도 불구하고 위성주파수(위성망에서 사용되는 주파수를 말한다. 이하 같다) 중 제18조의6제1항에 따른 공익 목적의 위성주파수를 제외한 위성주파수와 위성궤도(이하 "위성주파수등"이라 한다)를 특정인에게 할당하려는 경우에는 제1항 각 호의 어느 하나에 해당하는 사업의 용도로 한정하지 아니한다. 이 경우 과학기술정보통신부장관은 위성망의 보호 등을 고려하여 할당을 신청할 수 있는 자의 범위와 할당하는 주파수의 용도 및 기술방식 등 대통령령으로 정하는 사항을 공고하여야 한다. 〈신설 2015. 12. 22., 2017. 7. 26.〉

③ 제1항 또는 제2항에 따라 공고된 주파수를 할당받으려는 자는 대통령령으로 정하는 바에 따라 과학기술정보통신부장관에게 주파수할당을 신청하여야 한다. 〈개정 2013. 3. 23., 2015. 12. 22., 2017. 7. 26.〉

④ 과학기술정보통신부장관은 주파수할당을 하려면 주파수할당을 받을 자 및 그와 대통령령으로 정하는 특수관계에 있는 자에 의한

전파자원의 독과점을 방지하고 적정한 수준의 경쟁을 촉진하기 위하여 대통령령으로 정하는 바에 따라 조건을 붙일 수 있다. 〈개정 2013. 3. 23., 2015. 12. 22., 2017. 7. 26.〉

⑤ 과학기술정보통신부장관은 제3항에 따른 신청이 제1항 또는 제2항에 따라 공고된 사항에 적합하지 아니하거나 신청인이 제13조의 결격사유에 해당하는 경우에는 그 신청서를 되돌려 보낼 수 있다. 〈개정 2013. 3. 23., 2015. 12. 22., 2017. 7. 26.〉

[전문개정 2008. 6. 13.]

제11조(대가에 의한 주파수할당) ① 과학기술정보통신부장관은 제10조제1항 또는 제2항에 따라 공고된 주파수를 가격경쟁에 의한 대가를 받고 할당할 수 있다. 다만, 해당 주파수에 대한 경쟁적 수요가 존재하지 아니하는 등 특별한 사정이 있다고 인정되는 경우에는 제3항 후단에 따라 산정한 대가를 받고 주파수할당을 할 수 있다. 〈개정 2010. 7. 23., 2013. 3. 23., 2014. 6. 3., 2015. 12. 22., 2017. 7. 26.〉

1. 삭제 〈2010. 7. 23.〉
2. 삭제 〈2010. 7. 23.〉
3. 삭제 〈2010. 7. 23.〉

② 과학기술정보통신부장관은 제1항 본문에 따라 주파수를 할당하는 경우에는 그 가격 미만으로는 주파수를 할당받을 수 없는 경쟁가격(이하 이 조에서 "최저경쟁가격"이라 한다)을 정할 수 있다. 〈개정 2014. 6. 3., 2017. 7. 26.〉

③ 과학기술정보통신부장관은 제1항 단서에 따라 주파수를 할당하는 경우에는 제12조 각 호의 사항과 해당 주파수할당이 기간통신사업 또는 위성망 보호 등(위성주파수 할당의 경우에 한정한다)에 미치는 영향을 심사하여 할당할 수 있다. 이 경우 주파수할당 대가는 주파수를 할당받아 경영하는 사업에서 예상되는 매출액, 할당대상 주파수 및 대역폭 등 주파수의 경제적 가치를 고려하여 산정한다. 〈개정 2014. 6. 3., 2015. 12. 22., 2017. 7. 26.〉

④ 과학기술정보통신부장관은 제10조제3항에 따라 주파수할당을 신청하는 자에게 다음 각 호의 구분에 따른 보증금을 주파수할당을 신청할 때에 내도록 할 수 있다. 〈개정 2014. 6. 3., 2015. 12. 22., 2017. 7. 26.〉

1. 제1항 본문에 따라 주파수할당을 하는 경우(최저경쟁가격을 정한 경우에 한정한다): 최저경쟁가격의 100분의 10의 범위에서 대통령령으로 정하는 보증금

2. 제1항 단서에 따라 주파수할당을 하는 경우: 제3항 후단에 따른 주파수할당 대가의 100분의 10의 범위에서 대통령령으로 정하는 보증금

⑤ 과학기술정보통신부장관은 주파수할당을 신청한 자가 주파수할당의 신청기간이 지난 후에 신청을 철회하거나 할당받은 주파수를 사용하지 아니하고 반납하는 경우 또는 담합, 그 밖의 부정한 방법으로 가격경쟁을 한 경우에는 제4항에 따른 보증금을 방송통신발전기금 및 정보통신진흥기금의 수입금으로 편입한다. 〈개정 2010. 7. 23., 2013. 3. 23., 2017. 7. 26.〉

⑥ 제1항에 따라 주파수할당을 받은 자가 내는 주파수할당 대가는 방송통신발전기금 및 정보통신진흥기금의 수입금으로 한다. 〈개정 2010. 7. 23.〉

⑦ 주파수할당 대가의 산정방법과 징수절차, 최저경쟁가격의 결정방법과 제5항 및 제6항에 따른 수입금의 배분 등에 필요한 사항은 대통령령으로 정한다. 〈개정 2010. 7. 23.〉

[전문개정 2008. 6. 13.]

제12조(심사에 의한 주파수할당) 과학기술정보통신부장관은 제10조 제1항 또는 제2항에 따라 공고된 주파수에 대하여 제11조에 따른 주파수할당을 하지 아니하는 경우에는 다음 각 호의 사항을 심사하여 주파수할당을 한다. 〈개정 2013. 3. 23., 2015. 12. 22., 2017. 7. 26.〉

1. 전파자원 이용의 효율성

2. 신청자의 재정적 능력

3. 신청자의 기술적 능력

4. 할당하려는 주파수의 특성이나 그 밖에 주파수 이용에 필요한 사항

[전문개정 2008. 6. 13.]

제13조(주파수할당의 결격사유) 다음 각 호의 어느 하나에 해당하는 자는 주파수할당을 받을 수 없다. 〈개정 2010. 3. 22., 2018. 12. 24.〉

1. 제20조제1항에 따른 무선국 개설의 결격사유에 해당하는 자
2. 기간통신사업을 하려는 자로서 「전기통신사업법」 제7조에 따른 기간통신사업 등록의 결격사유에 해당하는 자
3. 종합유선방송사업이나 전송망사업을 하려는 자로서 「방송법」 제13조에 따른 종합유선방송사업 허가나 전송망사업 등록의 결격사유에 해당하는 자

[전문개정 2008. 6. 13.]

제14조(주파수이용권) ① 제11조에 따라 주파수할당을 받은 자는 해당 주파수를 배타적으로 이용할 수 있는 권리(제41조에 따른 위성주파수이용권은 제외하며, 이하 "주파수이용권"이라 한다)를 가진다. 〈개정 2008. 6. 13., 2015. 12. 22.〉

② 제11조에 따라 주파수할당을 받은 자는 대통령령으로 정하는 기간 이후에는 주파수이용권을 양도하거나 임대할 수 있다. 다만, 주파수할당을 받은 자가 파산하거나 경제적 여건의 급변 등 대통령령으로 정하는 사유에 해당하는 경우에는 그 기간 전에도 주파수이용권을 양도하거나 임대할 수 있다. 〈개정 2008. 6. 13.〉

③ 제2항에 따라 주파수이용권을 양수하거나 임차하려는 자는 대통령령으로 정하는 바에 따라 미리 과학기술정보통신부장관의 승인을 받아야 한다. 〈개정 2008. 6. 13., 2013. 3. 23., 2017. 7. 26.〉

④ 과학기술정보통신부장관은 제3항에 따른 승인을 하는 경우에는 제12조 각 호의 사항을 고려하여야 하며 전파자원의 효율적이고 공평한 이용을 위하여 필요한 조건을 붙일 수 있다. 〈개정 2008. 6. 13., 2013. 3. 23., 2017. 7. 26.〉

⑤제3항에 따라 주파수이용권 양수의 승인을 얻은 자는 제11조에 따라 주파수할당을 받은 자 및 시설자(주파수할당을 받은 자가 무선국 개설허가를 받거나 개설신고를 한 경우에 한정한다)의 지위를 승계한다. 〈개정 2005. 12. 30., 2007. 12. 21., 2020. 6. 9.〉

⑥ 주파수이용권을 양수하거나 임차하려는 자의 결격사유에 관하여는 제13조를 준용한다. 〈개정 2008. 6. 13.〉

⑦ 제3항에도 불구하고 「전기통신사업법」 제18조에 따라 과학기술정보통신부장관의 인가를 받거나 신고하여 주파수이용권을 가진 기간통신사업자의 사업의 전부 또는 일부를 양수하거나 기간통신사업자인 법인을 합병한 자는 해당 주파수를 할당받은 자의 지위를

승계한다. 〈신설 2010. 7. 23., 2013. 3. 23., 2017. 7. 26., 2018. 12. 24.〉

⑧ 과학기술정보통신부장관은 제3항에 따라 승인을 받은 자가 다음 각 호의 어느 하나에 해당하는 경우에는 시정을 명하거나 승인을 취소할 수 있다. 다만, 제1호 또는 제4호에 해당하는 경우에는 승인을 취소하여야 한다. 〈신설 2015. 12. 22., 2017. 7. 26.〉

1. 거짓이나 그 밖의 부정한 방법으로 승인을 받은 경우
2. 제4항에 따른 승인 조건을 이행하지 아니하거나 위반한 경우
3. 제10조제1항에 따라 공고한 주파수 용도나 기술방식을 위반한 경우
4. 본문에 따른 시정명령을 이행하지 아니한 경우

⑨ 제8항에 따른 시정명령 또는 승인 취소에 관한 세부적인 기준과 그 밖에 필요한 사항은 대통령령으로 정한다. 〈신설 2015. 12. 22.〉

[제목개정 2007. 12. 21.]

제15조(할당받은 주파수의 이용기간) ① 과학기술정보통신부장관은 주파수의 이용여건 등을 고려하여 제11조에 따라 할당하는 주파수는 20년의 범위에서, 제12조에 따라 할당하는 주파수는 10년의 범위에서 그 이용기간을 정하여야 한다. 〈개정 2013. 3. 23., 2015. 12. 22., 2017. 7. 26.〉

② 제1항에 따른 이용기간이 지나면 할당받은 주파수를 이용할 수 있는 권리가 소멸된다. 〈신설 2015. 12. 22.〉

③ 제14조제2항에 따라 양수한 주파수의 이용기간은 제1항에 따른 이용기간 중 남은 기간으로 한다. 〈개정 2015. 12. 22.〉

[전문개정 2008. 6. 13.]

제15조의2(주파수할당의 취소) ① 과학기술정보통신부장관은 제11조 및 제12조에 따라 주파수할당을 받은 자가 다음 각 호의 어느 하나에 해당하는 경우에는 주파수할당을 취소할 수 있다. 다만, 제1호에 해당하는 경우에는 주파수할당을 취소하여야 한다. 〈개정 2010. 3. 22., 2010. 7. 23., 2013. 3. 23., 2014. 6. 3., 2015. 12. 22., 2017. 7. 26., 2018. 12. 24.〉

1. 거짓이나 그 밖의 부정한 방법으로 주파수할당을 받은 경우
2. 제11조 및 제12조에 따라 주파수할당을 받은 자가 「전기통신사업법」 제20조에 따라 기간통신사업의 등록이 취소되거나 「방송

법」 제18조에 따라 종합유선방송사업의 허가나 전송망사업의 등록이 취소된 경우

3. 제10조제1항 또는 제2항에 따라 공고한 주파수 용도나 기술방식을 위반한 경우

4. 제10조제4항에 따른 조건을 이행하지 아니한 경우

5. 제11조제1항에 따라 주파수할당을 받은 자가 그 대가를 내지 아니한 경우

② 과학기술정보통신부장관은 제1항(제1호는 제외한다)에 따라 주파수할당을 취소하기 전에 한 차례에 한정하여 시정을 명할 수 있다. 〈개정 2013. 3. 23., 2017. 7. 26., 2020. 6. 9.〉

③ 삭제 〈2009. 3. 13.〉

[본조신설 2008. 6. 13.]

제16조(재할당) ① 과학기술정보통신부장관은 이용기간이 끝난 주파수를 이용기간이 끝날 당시의 주파수 이용자에게 재할당할 수 있다. 다만, 다음 각 호의 어느 하나에 해당하는 경우에는 그러하지 아니하다. 〈개정 2013. 3. 23., 2015. 12. 22., 2017. 7. 26.〉

1. 주파수 이용자가 재할당을 원하지 아니하는 경우

2. 해당 주파수를 국방·치안 및 조난구조용으로 사용할 필요가 있는 경우

3. 국제전기통신연합이 해당 주파수를 다른 업무 또는 용도로 분배한 경우

4. 제10조제4항에 따른 조건을 위반한 경우

② 과학기술정보통신부장관은 제1항에 따라 재할당을 하려는 경우에는 이해관계자에게 의견을 제출하도록 할 수 있다. 〈개정 2013. 3. 23., 2017. 7. 26.〉

③ 과학기술정보통신부장관은 제1항제2호나 제3호에 해당하여 재할당을 하지 아니하는 경우 또는 제12조에 따라 할당한 주파수를 제11조제1항 단서에 따라 주파수할당 대가를 받고 재할당하는 등 새로운 조건을 붙이려는 경우에는 이용기간이 끝나기 1년 전에 미리 주파수 이용자에게 알려야 한다. 〈개정 2010. 7. 23., 2013. 3. 23., 2017. 7. 26.〉

④ 제11조제1항 단서에 따라 주파수할당 대가를 받고 재할당하는 경우에는 같은 조 제2항부터 제5항까지(가격경쟁에 의한 대가를 받

고 주파수할당을 하는 경우에 해당하는 규정은 제외한다)를 준용하되, 그러하지 아니하는 경우에는 제12조를 준용한다. 〈개정 2010. 7. 23.〉

⑤ 주파수를 재할당하는 경우에는 제10조제4항에 따른 조건을 붙일 수 있다. 〈개정 2015. 12. 22.〉

⑥ 제1항부터 제5항까지의 규정에 따른 재할당 절차 및 방법 등에 필요한 사항은 대통령령으로 정한다. 〈신설 2015. 12. 22.〉

[전문개정 2008. 6. 13.]

제16조의2(추가할당) 과학기술정보통신부장관은 할당하는 주파수와 용도 및 기술방식이 동일한 주파수를 이미 할당받은 자가 주파수할당을 신청하는 경우에는 제11조 또는 제12조에 따라 주파수를 할당할 수 있다. 〈개정 2013. 3. 23., 2017. 7. 26.〉

[본조신설 2010. 7. 23.]

제17조(전환) ① 과학기술정보통신부장관은 제12조에 따라 심사하여 할당된 주파수의 경제적 가치와 기술적 파급효과가 크다고 인정되는 등 전파 관련 분야의 진흥을 위하여 필요하다고 인정되는 경우에는 해당 주파수를 할당받은 자를 제11조에 따라 대가에 의한 주파수할당을 받은 자로 전환하게 할 수 있다. 〈개정 2008. 6. 13., 2010. 7. 23., 2013. 3. 23., 2017. 7. 26.〉

② 과학기술정보통신부장관은 제1항에 따라 주파수할당을 전환받으려는 자에게 대통령령으로 정하는 기준에 따라 산정된 금액을 내도록 할 수 있다. 〈개정 2008. 6. 13., 2013. 3. 23., 2017. 7. 26.〉

③ 삭제 〈2007. 12. 21.〉

④ 제1항에 따른 전환에 대하여는 제10조제4항 및 제11조제6항을 준용한다. 〈개정 2008. 6. 13., 2015. 12. 22.〉

⑤ 제1항에 따른 전환의 절차 등에 필요한 사항은 대통령령으로 정한다. 〈개정 2008. 6. 13.〉

[제목개정 2007. 12. 21.]

제18조(주파수이용권 관리대장) ① 과학기술정보통신부장관은 주파수이용권을 효율적으로 관리하기 위하여 대통령령으로 정하는 바에 따라 주파수이용권에 관한 사항을 적은 대장(이하 "주파수이용권 관리대장"이라 한다)을 유지하고 관리하여야 한다. 〈개정 2013. 3.

23., 2017. 7. 26.〉

② 주파수이용권 관리대장을 열람하거나 그 사본을 발급받으려는 자는 대통령령으로 정하는 바에 따라 과학기술정보통신부장관에게 신청하여야 한다. 〈개정 2013. 3. 23., 2017. 7. 26.〉

③ 제1항의 주파수이용권 관리대장은 전자적 처리가 불가능한 특별한 사유가 있는 경우 외에는 전자적 방법에 따라 유지하고 관리하여야 한다.

[전문개정 2008. 6. 13.]

제18조의2(주파수 사용승인의 신청 등) ① 과학기술정보통신부장관은 안보·외교적 목적 또는 국제적·국가적 행사 등을 위하여 특정한 주파수의 사용이 필요하다고 인정되는 경우에는 주파수 사용승인(위성주파수 사용승인의 경우 위성궤도의 사용승인을 포함한다)을 할 수 있다. 〈개정 2015. 12. 22., 2017. 7. 26.〉

② 제1항에 따른 주파수 사용승인을 받으려는 자는 대통령령으로 정하는 바에 따라 과학기술정보통신부장관에게 신청하여야 한다. 주파수 사용승인을 받은 사항을 변경하려는 경우에도 또한 같다. 〈개정 2017. 7. 26.〉

③ 과학기술정보통신부장관은 제2항에 따른 신청을 받은 때에는 전파자원 이용의 효율성, 주파수 사용의 가능성 및 전파혼신 등을 심사하여 그 결과가 적합하면 주파수 사용승인을 하고, 다음 각 호의 사항을 포함한 사용승인서를 발급하여야 한다. 〈개정 2015. 12. 1., 2017. 7. 26.〉

1. 전파의 형식, 점유주파수대역폭 및 주파수
2. 안테나공급전력[안테나의 급전선(給電線)에 공급되는 전력을 말한다. 이하 같다]
3. 안테나의 형식·구성 및 이득

④ 제3항에 따라 주파수 사용승인을 받은 자가 무선국 폐지 등으로 해당 주파수를 사용하지 아니하는 경우에는 제22조에 따른 유효기간에도 불구하고 지체 없이 과학기술정보통신부장관에게 해당 주파수를 반납하여야 한다. 〈개정 2017. 7. 26.〉

[본조신설 2014. 6. 3.]

제18조의3(주파수 사용승인의 취소 등) ① 과학기술정보통신부장관은 제18조의2에 따라 주파수 사용승인을 받은 자가 다음 각 호의

어느 하나에 해당하는 경우에는 위반행위의 시정을 명하거나 주파수 사용승인을 취소할 수 있다. 〈개정 2017. 7. 26.〉

1. 제18조의2제3항에 따라 사용승인을 받은 주파수의 범위를 벗어나 무선국을 운용하는 경우

2. 제18조의2제3항에 따라 사용승인을 받은 주파수를 사용하지 아니하는 경우로서 같은 조 제4항에 따라 해당 주파수를 반납하지 아니하는 경우

3. 제24조제8항에 따른 검사를 거부하거나 방해하는 경우

4. 제25조제4항에 따른 시험성적서를 제출하지 아니하는 경우

② 제1항에 따른 시정명령 또는 주파수 사용승인 취소에 관한 세부적인 기준과 그 밖에 필요한 사항은 대통령령으로 정한다.

[본조신설 2014. 6. 3.]

제18조의4(주파수 지정) 과학기술정보통신부장관은 제10조에 따른 주파수할당 및 제18조의2에 따른 주파수 사용승인 외에 주파수를 이용하게 하려는 경우에는 제19조 및 제19조의2에 따른 무선국 개설을 통하여 무선국이 이용할 주파수를 지정(위성주파수 지정의 경우 위성궤도의 지정을 포함한다)할 수 있다. 〈개정 2017. 7. 26.〉

[본조신설 2015. 12. 22.]

제18조의5(중장기 공공용 주파수 이용 계획의 제출) 중앙행정기관(「정부조직법」 또는 다른 법률에 따라 설치된 중앙행정기관을 말한다. 이하 이 조 및 제18조의9에서 같다)의 장은 매년 1월 31일까지 다음 각 호의 내용을 과학기술정보통신부장관에게 제출하여야 한다. 〈개정 2017. 7. 26.〉

1. 「국가재정법」 제28조에 따라 기획재정부장관에게 제출하는 중기사업계획서 중 제18조의6제1항에 따른 공공용 주파수와 관련된 중기사업계획

2. 제1호에 따른 중기사업계획 중 해당 중앙행정기관의 주파수 수요 우선순위에 대한 의견

[본조신설 2015. 12. 22.]

제18조의6(공공용 주파수 수급계획의 수립) ① 과학기술정보통신부장관은 관계 중앙행정기관, 지방자치단체 및 그 밖에 대통령령으로 정하는 기관·단체(이하 "관계중앙행정기관등"이라 한다)가 해당 기관의 업무 및 연구 등 공익 목적으로 업무에 이용하려는 주파수(이

하 “공공용 주파수”라 한다)를 효율적으로 수급하기 위하여 매년 공공용 주파수 수급계획을 수립하여야 한다. 〈개정 2017. 7. 26.〉

② 관계중앙행정기관등의 장은 다음 연도의 공공용 주파수 이용계획서를 작성하여 매년 3월 31일까지 과학기술정보통신부장관에게 제출하여야 한다. 〈개정 2017. 7. 26.〉

③ 과학기술정보통신부장관은 제2항에 따라 제출된 이용계획서의 적정성에 대하여 평가를 실시하여야 한다. 〈개정 2017. 7. 26., 2020. 6. 9.〉

④ 과학기술정보통신부장관은 제2항에 따른 이용계획서가 다음 각 호의 어느 하나에 해당한다고 판단하는 경우에는 제3항에 따른 적정성 평가 시 제18조의9제1항에 따른 공공용 주파수 정책협의회의 협의·조정을 거쳐야 한다. 〈개정 2017. 7. 26.〉

1. 공공용 주파수의 대역폭이 1㎒ 이상인 범위에서 대통령령으로 정하는 경우

2. 공공용 주파수 이용에 이해관계자가 있는 경우

3. 그 밖에 과학기술정보통신부장관이 제18조의9제1항에 따른 공공용 주파수 정책협의회의 협의·조정이 필요하다고 인정하는 경우

⑤ 과학기술정보통신부장관은 제1항에 따라 수립한 다음 연도의 공공용 주파수 수급계획을 관계중앙행정기관등의 장에게 매년 12월 31일까지 알려야 한다. 〈개정 2017. 7. 26.〉

⑥ 제2항부터 제5항까지에서 규정한 사항 외에 공공용 주파수 수급계획의 수립에 필요한 세부사항은 대통령령으로 정한다.

[본조신설 2015. 12. 22.]

제18조의7(공공용 주파수 수급계획의 변경) ① 관계중앙행정기관등의 장은 긴급히 공공용 주파수를 이용하여야 하는 특별한 사유가 발생한 경우에는 과학기술정보통신부령으로 정하는 공공용 주파수 수급계획 변경요청서(이하 이 조에서 “변경요청서”라 한다)를 과학기술정보통신부장관에게 제출하여야 한다. 이 경우 해당 변경요청서의 적정성 평가에 대해서는 제18조의6제3항 및 제4항에 따른 절차를 준용한다. 〈개정 2017. 7. 26.〉

② 과학기술정보통신부장관은 제1항 후단에 따른 적정성 평가 결과 변경요청에 특별한 사유 등 타당성이 인정되는 경우에는 공공용 주파수 수급계획을 변경하여야 한다. 〈개정 2017. 7. 26.〉

③ 제1항 및 제2항에서 정한 사항 외에 공공용 주파수 수급계획의 변경에 필요한 세부사항은 대통령령으로 정한다.

[본조신설 2015. 12. 22.]

제18조의8(공공용 주파수 적정성 조사·분석기관의 지정 등) ① 과학기술정보통신부장관은 제18조의6제3항 및 제18조의7제1항 후단에 따른 평가를 효율적으로 수행하기 위하여 필요한 경우 주파수 소요량과 이용현황 조사·분석에 필요한 전문 인력과 시설 등 대통령령으로 정하는 요건을 갖춘 기관 또는 단체를 공공용 주파수 적정성 조사·분석기관으로 지정할 수 있다. 〈개정 2017. 7. 26.〉

② 과학기술정보통신부장관은 제1항에 따른 공공용 주파수 적정성 조사·분석기관의 사업 등에 필요한 경비의 전부 또는 일부를 지원할 수 있다. 〈개정 2017. 7. 26.〉

③ 과학기술정보통신부장관은 공공용 주파수 적정성 조사·분석기관이 다음 각 호의 어느 하나에 해당하는 경우에는 그 지정을 취소할 수 있다. 다만, 제1호에 해당하면 지정을 취소하여야 한다. 〈개정 2017. 7. 26.〉

1. 거짓이나 그 밖의 부정한 방법으로 지정을 받은 경우
2. 지정받은 사항을 위반하여 업무를 수행한 경우
3. 제1항에 따른 지정요건에 맞지 아니하게 된 경우
4. 거짓이나 그 밖의 부정한 방법으로 이 법에 따른 지원을 받았거나 지원받은 경비를 다른 용도로 사용한 경우

④ 제1항부터 제3항까지에서 규정한 사항 외에 공공용 주파수 적정성 조사·분석기관의 지정과 운영 등에 필요한 사항은 대통령령으로 정한다.

[본조신설 2015. 12. 22.]

제18조의9(공공용 주파수 정책협의회) ① 공공용 주파수의 합리적인 공급 방안에 관한 다음 각 호의 사항을 협의·조정하기 위하여 과학기술정보통신부에 공공용 주파수 정책협의회(이하 “정책협의회”라 한다)를 둔다. 〈개정 2017. 7. 26.〉

1. 제18조의6제3항 및 제4항에 따른 이용계획서의 적정성 평가에 관한 사항
2. 공공용 주파수 공급 우선순위에 관한 사항
3. 그 밖에 공공용 주파수의 공급에 관하여 과학기술정보통신부장

관이 정책협의회의 논의가 필요하다고 인정하는 사항

② 정책협의회의 위원장은 과학기술정보통신부차관이 되고, 위원은 중앙행정기관의 고위공무원단에 속하는 관련 공무원이나 지방자치단체의 3급 이상 공무원 중에서 소속기관의 장이 지명하는 사람이 된다. 〈개정 2017. 7. 26.〉

③ 정책협의회는 논의에 필요한 경우 이해관계자 또는 전문가 등을 정책협의회의 회의에 출석시켜 의견을 들을 수 있다.

④ 제1항부터 제3항까지에서 규정한 사항 외에 정책협의회의 구성 및 운영에 필요한 사항은 대통령령으로 정한다.

[본조신설 2015. 12. 22.]

제4장 전파자원의 이용 〈개정 2008. 6. 13.〉

제1절 무선국의 허가 및 운용 〈개정 2008. 6. 13.〉

제19조(허가를 통한 무선국 개설 등) ① 무선국을 개설하려는 자는 대통령령으로 정하는 바에 따라 과학기술정보통신부장관의 허가를 받아야 한다. 허가받은 사항 중 대통령령으로 정하는 사항을 변경하려는 경우에도 또한 같다. 〈개정 2008. 6. 13., 2010. 7. 23., 2013. 3. 23., 2017. 7. 26.〉

1. 삭제 〈2010. 7. 23.〉
2. 삭제 〈2010. 7. 23.〉
3. 삭제 〈2010. 7. 23.〉

② 제1항 전단에도 불구하고 「전기통신사업법」 제2조제6호에 따른 전기통신역무를 제공받기 위한 무선국으로서 대통령령으로 정하는 무선국을 개설하려는 자가 해당 전기통신역무를 제공하는 자와 이용계약을 체결하였을 때에는 그 무선국은 과학기술정보통신부장관의 허가를 받은 것으로 본다. 이 경우 제1항 후단, 제22조, 제24조, 제25조의2 및 제69조제1항제2호는 적용하지 아니한다. 〈개정 2008. 6. 13., 2010. 3. 22., 2010. 7. 23., 2013. 3. 23., 2017. 7. 26.〉

③ 전기통신사업자는 제2항에 따른 무선국을 개설하려는 자와 이용계약을 체결하였을 때에는 대통령령으로 정하는 바에 따라 신규로 이용계약을 체결한 가입자의 수와 전체 가입자의 수를 과학기술정보통신부장관에게 통보하여야 한다. 〈개정 2008. 6. 13., 2013. 3.

23., 2017. 7. 26.〉

④ 삭제 〈2010. 7. 23.〉

⑤ 제1항에도 불구하고 대통령령으로 정하는 바에 따라 과학기술정보통신부장관으로부터 주파수 사용승인을 받은 자는 무선국을 개설할 수 있다. 〈개정 2008. 6. 13., 2013. 3. 23., 2017. 7. 26.〉

⑥ 삭제 〈2010. 7. 23.〉

[제목개정 2010. 7. 23.]

제19조의2(신고를 통한 무선국 개설 등) ① 제19조제1항에도 불구하고 다음 각 호의 어느 하나에 해당하는 무선국으로서 국가 간, 지역 간 전파혼신 방지 등을 위하여 주파수 또는 안테나공급전력을 제한할 필요가 없다고 인정되거나 인명안전 등을 목적으로 개설하는 것이 아닌 무선국 등 대통령령으로 정하는 무선국을 개설하려는 자는 과학기술정보통신부장관에게 신고하여야 한다. 신고한 사항 중 대통령령으로 정하는 사항을 변경하려는 경우에도 또한 같다. 〈개정 2013. 3. 23., 2015. 12. 1., 2017. 7. 26.〉

1. 발사하는 전파가 미약한 무선국이나 무선설비의 설치공사를 할 필요가 없는 무선국

2. 수신전용의 무선국

3. 제11조 또는 제12조에 따라 주파수할당을 받은 자가 전기통신역무 등을 제공하기 위하여 개설하는 무선국

4. 「방송법」 제2조제1호라목에 따른 이동멀티미디어방송을 위하여 개설하는 무선국

② 제1항에도 불구하고 발사하는 전파가 미약한 무선국 등으로서 대통령령으로 정하는 무선국은 과학기술정보통신부장관에게 신고하지 아니하고 개설할 수 있다. 〈개정 2013. 3. 23., 2017. 7. 26.〉

[본조신설 2010. 7. 23.]

제20조(무선국 개설의 결격사유) ①다음 각 호의 어느 하나에 해당하는 자는 무선국을 개설할 수 없다. 다만, 제19조제2항, 제19조의2제1항제1호·제2호 및 같은 조 제2항에 따라 개설하는 것은 그러하지 아니하다. 〈개정 2005. 12. 30., 2007. 12. 21., 2008. 6. 13., 2010. 7. 23., 2015. 12. 22., 2020. 6. 9., 2021. 6. 8.〉

1. 대한민국의 국적을 가지지 아니한 자

2. 외국정부 또는 그 대표자

3. 외국의 법인 또는 단체

4. 이 법을 위반하여 금고 이상의 실형을 선고받고 그 집행이 끝나거나 집행을 받지 아니하기로 확정된 날부터 3년이 지나지 아니한 자

5. 이 법을 위반하여 금고 이상의 형의 집행유예를 선고받고 그 유예기간 중에 있는 자

6. 「형법」 중 내란의 죄와 외환의 죄, 「군형법」 중 이적의 죄 또는 「국가보안법」을 위반한 죄를 저질러 실형을 선고받고 그 형의 집행이 끝나거나 집행을 받지 아니하기로 확정된 날부터 3년이 지나지 아니한 자

7. 제72조제2항에 따라 무선국 개설허가의 취소나 개설신고된 무선국의 폐지 명령을 받고 그 사유가 없어지지 아니한 자

8. 대표자가 제4호부터 제7호까지의 규정 중 어느 하나에 해당하는 법인 또는 단체

② 제1항제1호부터 제3호까지의 규정은 다음 각 호의 어느 하나에 해당하는 무선국에 대하여는 적용하지 아니한다. 〈개정 2008. 6. 13., 2013. 3. 23., 2015. 12. 22., 2016. 3. 29., 2017. 7. 26., 2020. 6. 9., 2022. 6. 10.〉

1. 실험국(과학이나 기술발전을 위한 실험에만 사용하는 무선국을 말한다. 이하 같다)

2. 「선박안전법」, 「어선법」 또는 「수상레저기구의 등록 및 검사에 관한 법률」에 따른 선박의 무선국

3. 「항공안전법」 제101조 단서 및 「항공사업법」 제55조에 따른 허가를 받아 국내항공에 사용되는 항공기의 무선국

4. 다음 각 목의 어느 하나에 해당하는 무선국으로서 대한민국의 정부·대표자 또는 국민에게 자국(自國)에서 무선국 개설을 허용하는 국가의 정부·대표자 또는 국민에게 그 국가가 허용하는 무선국과 같은 종류의 무선국

가. 대한민국에서 해당 국가의 외교와 영사 업무를 하는 대사관 등의 공관에서 특정 지점 간의 통신을 위하여 공관 안에 개설하는 무선국

나. 아마추어국(개인적으로 무선기술에 흥미를 가지고 자기훈련과 기술연구에만 사용하는 무선국을 말한다. 이하 같다)

다. 육상이동 업무를 하는 무선국으로서 대통령령으로 정하는 것

5. 국내에서 열리는 국제적 또는 국가적인 행사를 위하여 필요한 경우 그 기간에만 과학기술정보통신부장관이 허용하는 무선국

6. 아마추어국으로서 다음 각 목의 어느 하나에 해당하는 자가 개설하는 무선국

가. 제70조에 따라 대한민국의 아마추어무선기사 자격을 취득한 자

나. 대한민국에 잠시 머무르는 동안 무선국을 운용하려는 자(자국에서 아마추어무선기사 자격을 취득한 자에 한정한다)로서 과학기술정보통신부장관이 지정하는 단체의 추천을 받은 자

7. 대한민국에 들어오거나 대한민국에서 나가는 항공기나 선박에서 전기통신역무를 제공하기 위하여 해당 항공기 또는 선박 안에 개설하는 무선국

[제목개정 2007. 12. 21.]

제20조의2(무선국의 개설조건) ① 무선국은 다음 각 호의 개설조건을 갖추어야 한다. 〈개정 2008. 2. 29., 2013. 3. 23., 2015. 12. 1., 2015. 12. 22., 2017. 7. 26.〉

1. 통신사항이 개설목적에 적합할 것

2. 시설자가 아닌 타인에게 그 무선설비(다음 각 목의 어느 하나에 해당하는 경우는 제외한다)를 제공하는 것이 아닐 것

가. 제25조제2항제4호에 따른 비상통신을 하는 무선국 무선설비

나. 제42조의2제1항에 따라 타인에게 양도하거나 임대하는 우주국 무선설비

다. 제48조제1항에 따라 타인에게 임대하는 무선국 무선설비

라. 업무상 긴밀한 관계가 있는 자 간의 원활한 통신을 위하여 개설하는 무선국으로서 과학기술정보통신부장관이 인정하는 무선국 무선설비

3. 개설목적·통신사항 및 통신상대방의 선정이 법령에 위반되지 아니할 것

4. 개설목적의 달성에 필요한 최소한의 주파수 및 안테나공급전력을 사용할 것

5. 무선설비는 인명·재산 및 항공의 안전에 지장을 주지 아니하는 장소에 설치할 것

6. 이미 개설되어 있는 다른 무선국의 운용에 지장을 주지 아니할 것

② 제1항에 따른 개설조건 외에 제3항의 무선국의 분류에 따른 개설조건에 관하여 필요한 사항은 대통령령으로 정한다. 〈개정 2010. 7. 23.〉

③ 무선국이 하는 업무와 무선국의 분류에 관한 것은 대통령령으로 정한다. 〈신설 2010. 7. 23.〉

[본조신설 2007. 12. 21.]

제21조(무선국 개설허가 등의 절차) ① 제19조제1항에 따라 무선국의 개설허가 또는 허가받은 사항을 변경하기 위한 허가(이하 "변경허가"라 한다)를 받으려는 자는 대통령령으로 정하는 바에 따라 과학기술정보통신부장관에게 신청하여야 한다. 〈개정 2008. 6. 13., 2010. 7. 23., 2013. 3. 23., 2017. 7. 26.〉

②과학기술정보통신부장관은 제1항에 따른 신청을 받은 때에는 다음 각 호의 사항을 심사하여야 한다. 〈개정 2007. 12. 21., 2008. 2. 29., 2008. 6. 13., 2013. 3. 23., 2017. 7. 26.〉

1. 주파수지정이 가능한지의 여부

2. 설치하거나 운용할 무선설비가 제45조에 따른 기술기준에 적합한지의 여부

3. 무선종사자의 배치계획이 제71조에 따른 자격·정원배치기준에 적합한지의 여부

4. 제20조의2에 따른 무선국의 개설조건에 적합한지의 여부

③ 과학기술정보통신부장관은 제2항에 따른 심사를 할 때에 필요하다고 인정하면 신청인에게 자료 제출을 요구하거나 신청인의 의견을 들을 수 있다. 〈개정 2008. 6. 13., 2013. 3. 23., 2017. 7. 26.〉

④ 과학기술정보통신부장관은 제2항에 따라 심사한 결과 그 신청이 적합하면 무선국 개설허가 또는 변경허가를 하고 신청인에게 무선국의 준공기한과 그 밖에 대통령령으로 정하는 사항이 적힌 허가증을 발급하여야 한다. 〈개정 2008. 6. 13., 2010. 7. 23., 2013. 3. 23., 2017. 7. 26.〉

⑤ 과학기술정보통신부장관은 대통령령으로 정하는 무선국의 개설

허가 또는 변경허가를 한 경우에는 대통령령으로 정하는 바에 따라 이를 고시하여야 한다. 〈개정 2008. 6. 13., 2010. 7. 23., 2013. 3. 23., 2017. 7. 26.〉

[제목개정 2010. 7. 23.]

제22조(주파수 사용승인 및 무선국 개설허가의 유효기간) ① 제18조의2제3항에 따른 주파수 사용승인의 유효기간은 10년 이내의 범위에서, 제19조제1항에 따른 무선국 개설허가의 유효기간은 7년 이내의 범위에서 대통령령으로 각각 정하며, 그 기간이 끝나면 재승인이나 재허가를 할 수 있다. 〈개정 2014. 6. 3.〉

② 제1항에도 불구하고 「선박안전법」, 「어선법」 또는 「수상레저기구의 등록 및 검사에 관한 법률」에 따라 선박에 의무적으로 개설하여야 하는 무선국(이하 "의무선박국"이라 한다)이나 「항공안전법」에 따라 항공기 또는 경량항공기에 의무적으로 개설하여야 하는 무선국(이하 "의무항공기국"이라 한다)의 개설허가 유효기간은 무기한으로 한다. 〈개정 2015. 12. 22., 2016. 3. 29., 2022. 6. 10.〉

③ 제1항에 따른 승인이나 허가의 유효기간은 다음 각 호에서 정한 날부터 기산한다. 〈개정 2014. 6. 3.〉

1. 주파수 사용승인은 제18조의2제3항에 따라 주파수 사용승인을 받은 날

2. 무선국 개설허가는 제24조제3항 본문에 따른 검사증명서를 발급받은 날. 다만, 제24조의2제1항 각 호에 따른 무선국의 개설허가는 그 허가를 받은 날로 한다.

④ 제1항에 따른 재승인이나 재허가의 절차와 그 밖에 필요한 사항은 대통령령으로 정한다. 〈개정 2014. 6. 3.〉

[전문개정 2008. 6. 13.]

[제목개정 2014. 6. 3.]

제22조의2(무선국 개설신고 등의 절차) ① 제19조의2제1항 전단에 따라 무선국 개설신고를 하려는 자는 무선국을 개설하기 전까지 과학기술정보통신부장관에게 신고하여야 한다. 제19조의2제1항 후단에 따라 신고한 사항을 변경하기 위한 신고(이하 "변경신고"라 한다)를 하려는 경우에도 또한 같다. 〈개정 2013. 3. 23., 2017. 7. 26.〉

② 과학기술정보통신부장관은 제1항에 따라 개설신고를 받거나 변경신고를 받은 경우에는 무선국 신고증명서를 발급하여야 한다.

〈개정 2013. 3. 23., 2017. 7. 26.〉

[본조신설 2010. 7. 23.]

제23조(시설자의 지위승계) ①다음 각 호의 어느 하나에 해당하는 자는 시설자(제14조제5항에 따라 시설자의 지위를 승계하는 자는 제외한다. 이하 이 조에서 같다)의 지위를 승계한다. 〈개정 2007. 12. 21., 2008. 6. 13., 2020. 6. 9.〉

1. 시설자가 사업을 양도하면서 그 사업과 관련된 무선국을 양도한 경우의 양수인

2. 시설자인 법인이 합병한 경우에 합병 후 존속하거나 합병에 따라 설립된 법인

3. 시설자가 사망한 경우의 상속인

4. 무선국이 있는 선박이나 항공기의 소유권 이전 또는 임대차계약 등에 의하여 선박이나 항공기를 운항하는 자가 변경된 경우에 해당 선박이나 항공기를 운항하는 자

② 제1항제1호 또는 제2호에 해당하는 자는 대통령령으로 정하는 바에 따라 과학기술정보통신부장관의 인가를 받아야 한다. 다만, 지상파방송사업을 위한 방송국 시설자의 경우 대통령령으로 정하는 바에 따라 방송통신위원회의 인가를 받아야 한다. 〈개정 2008. 6. 13., 2013. 3. 23., 2017. 7. 26.〉

③ 제1항제3호 또는 제4호에 해당하는 자와 대통령령으로 정하는 무선국을 승계받으려는 자는 대통령령으로 정하는 바에 따라 과학기술정보통신부장관에게 신고하여야 한다. 다만, 지상파방송사업을 위한 방송국 시설자의 경우 대통령령으로 정하는 바에 따라 방송통신위원회에 신고하여야 한다. 〈개정 2008. 6. 13., 2013. 3. 23., 2017. 7. 26.〉

④ 과학기술정보통신부장관은 제2항 본문에 따른 인가의 신청을 받은 날부터 7일 이내에 인가 여부를 신청인에게 통지하여야 한다. 〈신설 2018. 2. 21.〉

⑤ 과학기술정보통신부장관이 제4항에서 정한 기간 내에 인가 여부 또는 민원 처리 관련 법령에 따른 처리기간의 연장을 신청인에게 통지하지 아니하면 그 기간(민원 처리 관련 법령에 따라 처리기간이 연장 또는 재연장된 경우에는 해당 처리기간을 말한다)이 끝난 날의 다음 날에 인가를 한 것으로 본다. 〈신설 2018. 2. 21.〉

⑥ 제2항에 따른 인가 및 제3항에 따른 신고의 결격사유에 관하여는 제20조를 준용한다. 〈개정 2008. 6. 13., 2018. 2. 21.〉

⑦ 법인의 합병이나 상속에 따라 시설자의 지위를 승계한 자가 2명 이상인 경우에는 그중 1명을 대표자로 선정하여야 한다. 〈개정 2008. 6. 13., 2018. 2. 21.〉

[제목개정 2010. 7. 23.]

제24조(검사) ① 다음 각 호의 어느 하나에 해당하는 자는 무선설비가 준공된 경우 과학기술정보통신부장관에게 준공신고를 하고 그 무선설비가 기술기준 및 무선종사자의 자격·정원배치기준에 적합한지의 여부에 대하여 검사(이하 "준공검사"라 한다)를 받아야 한다. 다만, 제19조의2제1항제3호에 따라 신고하고 개설할 수 있는 무선국 중 대통령령으로 정하는 경우에는 표본추출 방법으로 검사(이하 "표본검사"라 한다)할 수 있다. 〈개정 2007. 12. 21., 2008. 2. 29., 2010. 7. 23., 2013. 3. 23., 2017. 7. 26.〉

1. 제21조제4항에 따라 무선국 개설허가 또는 변경허가를 받은 자

2. 제22조의2제1항에 따라 제19조의2제1항제3호 또는 제4호에 해당하는 무선국의 개설신고 또는 변경신고를 한 자

② 과학기술정보통신부장관은 제1항 각 호의 어느 하나에 해당하는 자로부터 허가증 또는 무선국 신고증명서에 적힌 준공기한의 연장신청을 받은 경우 그 사유가 합당하다고 인정하면 준공기한을 연장할 수 있다. 이 경우 총 연장기간은 1년을 초과할 수 없다. 〈개정 2008. 6. 13., 2010. 7. 23., 2013. 3. 23., 2017. 7. 26.〉

③ 과학기술정보통신부장관은 제1항, 제5항 또는 제8항에 따라 검사한 결과 그 무선설비가 제45조에 따른 기술기준에 적합하고 무선종사자의 자격과 정원이 제71조에 따른 자격·정원배치기준에 적합하면 지체 없이 검사를 받은 자에게 검사증명서를 발급하여야 한다. 다만, 검사한 결과가 적합하지 아니한 무선국의 경우에는 대통령령으로 정하는 기한까지 재검사를 받아야 한다. 〈개정 2008. 6. 13., 2010. 7. 23., 2013. 3. 23., 2015. 12. 22., 2017. 7. 26., 2020. 6. 9.〉

④ 과학기술정보통신부장관은 다음 각 호의 어느 하나에 해당하는 무선국에 대하여 5년의 범위에서 무선국별로 대통령령으로 정하는

기간마다 정기검사를 실시하여야 한다. 〈개정 2008. 6. 13., 2010. 7. 23., 2013. 3. 23., 2017. 7. 26., 2020. 6. 9.〉

1. 제21조제4항에 따라 개설허가를 받은 무선국

2. 제22조의2제1항에 따라 개설신고를 한 무선국(제19조의2제1항제3호 또는 제4호에 해당하는 무선국에 한정한다)

⑤ 과학기술정보통신부장관은 무선국이 있는 선박이나 항공기가 외국에 출항하려는 경우나 그 밖에 전파의 효율적 이용이나 관리를 위하여 특히 필요한 경우에는 무선설비의 기술기준, 무선종사자의 자격과 정원, 그 밖에 필요한 사항 등을 검사할 수 있다. 〈개정 2008. 6. 13., 2013. 3. 23., 2017. 7. 26.〉

⑥ 삭제 〈2010. 7. 23.〉

⑦ 제1항 각 호 외의 부분 단서에 따른 무선국 표본검사의 결과, 불합격률이 일정 기준을 초과하는 등 대통령령으로 정하는 경우에는 표본검사를 받지 아니한 무선국에 대하여도 같은 항 본문에 따른 검사를 받아야 한다. 〈신설 2010. 7. 23.〉

⑧ 과학기술정보통신부장관은 전파의 효율적인 이용이나 관리를 위하여 필요한 경우에는 제19조제5항에 따라 주파수 사용승인을 받아 개설된 무선국이 사용승인서에 적힌 대로 개설되어 운용되고 있는지를 검사할 수 있다. 〈신설 2014. 6. 3., 2017. 7. 26.〉

⑨ 제1항·제4항·제5항 및 제8항에 따른 검사의 대상·시기·방법 및 절차에 관하여 필요한 사항은 대통령령으로 정한다. 〈신설 2010. 7. 23., 2014. 6. 3., 2015. 12. 22.〉

[제목개정 2007. 12. 21.]

제24조의2(검사의 면제 등) ① 과학기술정보통신부장관은 제24조제1항에도 불구하고 다음 각 호의 어느 하나에 해당하는 무선국의 경우에는 준공검사를 면제 또는 생략할 수 있다. 〈개정 2013. 3. 23., 2017. 7. 26.〉

1. 어선에 설치하는 무선국, 소규모의 무선국 및 아마추어국으로서 대통령령으로 정하는 무선국

2. 제22조제1항에 따라 재허가를 받은 무선국

3. 무선설비의 설치공사가 필요 없거나 간단한 무선국으로서 대통령령으로 정하는 무선국

4. 외국에서 취득한 후 국내의 목적지에 도착하지 못한 선박 또

는 항공기의 무선국

5. 제20조제2항제7호의 무선국 중 시설자가 외국인인 무선국

② 과학기술정보통신부장관은 제24조제4항에도 불구하고 정기검사 시기에 외국을 항행 중인 선박 또는 항공기의 무선국, 그 밖에 정기검사를 실시할 필요가 없다고 인정되는 무선국의 경우에는 정기검사 시기를 연기하거나 정기검사를 면제 또는 생략할 수 있다. 〈개정 2013. 3. 23., 2017. 7. 26.〉

[본조신설 2010. 7. 23.]

제25조(무선국의 운용) ① 제24조제1항에 따라 준공검사를 받아야 하는 무선국은 준공검사를 받은 후 운용하여야 한다. 다만, 제24조의2제1항에 따라 준공검사를 면제 또는 생략한 경우에는 그러하지 아니하다. 〈개정 2008. 6. 13., 2010. 7. 23.〉

1. 삭제 〈2010. 7. 23.〉
2. 삭제 〈2010. 7. 23.〉
3. 삭제 〈2010. 7. 23.〉
4. 삭제 〈2010. 7. 23.〉
5. 삭제 〈2010. 7. 23.〉

② 무선국은 제18조의2제3항에 따른 사용승인서, 제21조제4항에 따른 허가증 또는 제22조의2제2항에 따른 무선국 신고증명서에 적힌 사항의 범위에서 운용하여야 한다. 다만, 다음 각 호의 어느 하나에 해당하는 통신을 하는 경우에는 그러하지 아니하다. 〈개정 2008. 6. 13., 2010. 7. 23., 2014. 6. 3.〉

1. 조난통신(선박이나 항공기가 중대하고 급박한 위기에 처한 경우에 조난신호를 먼저 보낸 후에 하는 무선통신을 말한다. 이하 같다)
2. 긴급통신(선박이나 항공기가 중대하고 급박한 위험에 처할 우려가 있는 경우나 그 밖에 긴박한 사태가 발생한 경우에 긴급신호를 먼저 보낸 후에 하는 무선통신을 말한다. 이하 같다)
3. 안전통신(선박이나 항공기의 항행 중에 발생하는 중대한 위험을 예방하기 위하여 안전신호를 먼저 보낸 후에 하는 무선통신을 말한다. 이하 같다)
4. 비상통신(지진·태풍·홍수·해일·화재, 그 밖의 비상사태가 발생하였거나 발생할 우려가 있는 경우로서 유선통신을 이용할 수

없거나 이용하기 곤란할 때에 인명의 구조, 재해의 구호, 교통통신의 확보 또는 질서유지를 위하여 하는 무선통신을 말한다. 이하 같다)

5. 그 밖에 대통령령으로 정하는 통신

③ 제1항에도 불구하고 제19조의2제1항제3호의 무선국은 준공신고를 한 후에 운용할 수 있다. 다만, 제24조제1항에 따른 검사에 불합격한 경우에는 무선국의 운용을 정지하고 대통령령으로 정하는 기한까지 재검사를 받아야 한다. 〈신설 2007. 12. 21., 2010. 7. 23., 2020. 6. 9.〉

④ 과학기술정보통신부장관은 제19조제5항에 따라 주파수 사용승인을 받아 무선국을 개설한 자가 해당 무선국을 운용하기 전에 무선설비의 점유주파수대역폭 및 대역외발사(帶域外發射) 등이 적힌 시험성적서를 제출하도록 할 수 있다. 〈신설 2014. 6. 3., 2017. 7. 26.〉

[제목개정 2007. 12. 21.]

제25조의2(무선국의 폐지 및 운용 휴지) ① 시설자가 무선국을 폐지하려고 하거나 무선국의 운용을 1개월 이상 휴지하려는 경우 또는 1개월 이상 운용을 휴지한 무선국을 재운용하려는 경우에는 대통령령으로 정하는 바에 따라 과학기술정보통신부장관에게 신고하여야 한다. 다만, 지상파방송사업을 위한 방송국 시설자의 경우 대통령령으로 정하는 바에 따라 방송통신위원회에 신고하여야 한다. 〈개정 2013. 3. 23., 2017. 7. 26.〉

② 시설자가 무선국의 폐지를 신고한 때에는 그 허가 또는 개설신고에 따른 효력은 소멸된다.

[본조신설 2010. 7. 23.]

제26조 삭제 〈2010. 7. 23.〉

제27조(통신방법 등) 무선국은 과학기술정보통신부장관이 정하여 고시하는 바에 따라 무선국의 호출방법·응답방법·운용시간·청취의무, 그 밖에 통신방법 등에 관한 사항을 지키며 운용하여야 한다. 〈개정 2013. 3. 23., 2017. 7. 26.〉

[전문개정 2008. 6. 13.]

제28조(조난통신 등) ① 의무선박국 또는 의무항공기국이 갖추어야 할 사용주파수와 전파형식 등의 조건은 과학기술정보통신부장관이 정하여 고시한다. 〈개정 2009. 6. 9., 2013. 3. 23., 2015. 12. 22., 2017. 7. 26.〉

② 다음 각 호의 무선국은 조난통신을 수신한 경우에는 다른 모든 무선통신에 우선하여 즉시 응답하고 조난을 당한 선박이나 항공기를 구조하기 위하여 가장 편리한 위치에 있는 무선국에 통보하는 등 최선의 조치를 하여야 하고, 긴급통신이나 안전통신을 수신한 경우에는 과학기술정보통신부장관이 정하여 고시하는 바에 따라 필요한 조치를 하여야 한다. 〈개정 2013. 3. 23., 2017. 7. 26.〉

1. 해안국(海岸局)[선박국(船舶局)과 통신을 하기 위하여 육상에 개설하고 이동하지 아니하는 무선국을 말한다. 이하 같다]

2. 선박국(선박에 개설하여 해상이동 업무를 하는 무선국을 말한다. 이하 같다)

3. 항공국(航空局)[항공기국(航空機局)과 통신을 하기 위하여 육상에 개설하고 이동하지 아니하는 무선국을 말한다. 이하 같다]

4. 항공기국(항공기에 개설하여 항공이동 업무를 하는 무선국을 말한다. 이하 같다)

③ 선박국은 해안국의 통신권에 들어왔을 때와 통신권을 벗어날 때에는 대통령령으로 정하는 바에 따라 그 사실을 해안국에 알려야 한다.

④ 항공기국은 그 항공기의 항행 중에는 과학기술정보통신부장관이 정하여 고시하는 바에 따라 항공국과 연락하여야 한다. 〈개정 2013. 3. 23., 2017. 7. 26.〉

[전문개정 2008. 6. 13.]

제29조(혼신 등의 방지) ① 전파자원은 혼신·간섭 등을 일으켜 타인의 전파이용을 방해 또는 차단하지 않도록 이용되어야 한다.

② 무선국은 다른 무선국의 운용을 저해할 혼신이나 그 밖의 방해를 하지 아니하도록 운용하여야 한다. 다만, 제25조제2항제1호부터 제4호까지의 통신에 관하여는 그러하지 아니하다.

③ 제1항 및 제2항에도 불구하고 공공안전을 위하여 불가피한 경우로서 다음 각 호의 어느 하나에 해당하는 경우에는 그 활동 또는 조치 등의 범위에서 「드론 활용의 촉진 및 기반조성에 관한 법률」 제2조제1항제1호에 따른 드론 및 폭발물 등 공공안전 위협 수단을 대상으로 전파이용을 방해 또는 차단하는 장치(이하 "전파차단장치"라 한다)를 사용할 수 있다.

1. 「대통령 등의 경호에 관한 법률」 제5조제3항에 따른 안전활동

2. 「통합방위법」, 「군사기지 및 군사시설 보호법」 등에 따른 국가안전보장 목적의 군사활동

3. 「국민보호와 공공안전을 위한 테러방지법」 제2조제6호에 따른 대테러활동

4. 「공항시설법」 제56조제7항에 따른 위반행위의 제지

5. 「원자력시설 등의 방호 및 방사능 방재 대책법」 제2조제1항제3호에 따른 물리적방호

6. 제1호부터 제5호까지와 관련하여 행하여지는 「경찰관 직무집행법」 제5조제1항제3호에 따른 위험 발생의 방지 또는 같은 법 제6조에 따른 범죄의 예방과 제지를 위한 활동

④ 중앙행정기관(그 소속기관을 포함한다) 또는 그 감독을 받는 기관이 전파차단장치를 도입하거나 폐기하는 경우 해당 중앙행정기관의 장은 그 제원 및 수량 등 대통령령으로 정하는 사항을 과학기술정보통신부장관에게 신고하여야 한다.

⑤ 전파차단장치를 제조·수입 또는 판매하고자 하는 자는 과학기술정보통신부장관의 인가를 받아야 한다.

⑥ 제4항에 따라 전파차단장치를 도입한 기관은 의도하지 않은 전파 혼신의 최소화 등 전파차단장치의 안전한 운용을 위한 자체 운용계획을 수립하여야 한다.

⑦ 제4항 및 제5항에 따른 신고와 인가에 필요한 사항은 대통령령으로 정한다.

[전문개정 2020. 6. 9.]

제29조의2(면책) ① 제29조제3항에 따른 전파차단장치 사용으로 타인을 사상(死傷)에 이르게 한 경우 그 전파차단장치 사용이 불가피하고 전파차단장치를 운용한 자에게 고의 또는 중과실이 없는 때에는 그 정상을 참작하여 사상에 대한 형사책임을 감경하거나 면제할 수 있다. 〈개정 2024. 1. 23.〉

② 전파차단장치를 사용한 중앙행정기관(그 소속기관을 포함한다) 또는 그 감독을 받는 기관은 그 전파차단장치 사용이 불가피하고 전파차단장치를 운용한 자에게 고의 또는 과실이 없을 때에는 전파차단장치 사용으로 인하여 손실을 입은 자에게 대통령령으로 정하는 바에 따라 그 손실을 보상하여야 한다. 〈신설 2024. 1. 23.〉

③ 제2항에 따라 손실을 보상한 중앙행정기관(그 소속기관을 포함

한다) 또는 그 감독을 받는 기관은 전파차단장치 사용의 원인이 된 드론 및 폭발물 등을 사용한 자에 대하여 구상권을 행사할 수 있다. 〈신설 2024. 1. 23.〉

[본조신설 2020. 6. 9.]

제30조(통신보안의 준수) ① 시설자, 무선통신 업무에 종사하는 자 및 무선설비를 이용하는 자는 통신보안 책임자의 지정, 통신보안 교육의 이수 등 과학기술정보통신부장관이 정하여 고시하는 통신보안에 관한 사항을 지켜야 한다. 〈개정 2013. 3. 23., 2017. 7. 26.〉

② 제1항에 따른 통신보안의 교육 등에 필요한 사항은 과학기술정보통신부장관이 정하여 고시한다. 〈개정 2013. 3. 23., 2017. 7. 26.〉

[전문개정 2008. 6. 13.]

제31조(실험국 등의 통신) ① 실험국은 외국의 실험국과 통신을 하여서는 아니 된다.

② 실험국과 아마추어국이 통신할 때에는 암어(暗語)를 사용하여서는 아니 된다.

③ 아마추어국은 제3자를 위한 통신을 하여서는 아니 된다. 다만, 다른 아마추어국을 개설한 자를 위한 통신이나 비상·재난구조를 위한 통신의 경우에는 그러하지 아니하다.

④ 아마추어국은 무선설비에 유·무선 접속장치를 접속하여 비상·재난구조를 위한 중계통신을 할 수 있다.

[전문개정 2008. 6. 13.]

제32조 삭제 〈2010. 7. 23.〉

제33조 삭제 〈2010. 7. 23.〉

제2절 방송국의 개설허가 및 운용 〈개정 2008. 6. 13.〉

제34조(방송국의 개설허가) ① 제19조제1항에도 불구하고 「방송법」 제9조제1항 및 제17조제1항에 따른 지상파방송사업을 위한 방송국의 개설허가 또는 재허가를 받으려는 자는 대통령령으로 정하는 바에 따라 방송통신위원회에 신청하여야 한다. 〈신설 2013. 3. 23.〉

② 방송통신위원회는 제1항에 따라 방송국의 개설허가 또는 재허가 신청을 받으면 다음 각 호의 사항에 대한 심사를 과학기술정보통신부장관에게 의뢰하여야 한다. 〈개정 2008. 6. 13., 2013. 3. 23., 2017. 7. 26.〉

1. 방송용으로 분배된 주파수의 범위에서 주파수 지정이 가능한지 여부

2. 설치하거나 운용할 무선설비가 제45조에 따른 기술기준에 적합한지 여부

3. 무선종사자의 배치계획이 제71조에 따른 자격·정원배치기준에 적합한지 여부

4. 제35조에 따른 방송국의 개설조건을 충족하는지의 여부

5. 그 밖에 방송 업무를 적절히 수행하기 위하여 필요한 것으로서 대통령령으로 정하는 사항

③ 과학기술정보통신부장관은 제2항 각 호에 대한 심사를 하여 그 결과를 방송통신위원회에 송부하여야 한다. 〈신설 2013. 3. 23., 2017. 7. 26.〉

④ 방송통신위원회는 제3항에 따른 심사 결과를 반영하여 허가·재허가 여부를 결정한다. 허가받은 사항 중 대통령령으로 정하는 사항을 변경하려는 경우에도 또한 같다. 〈신설 2013. 3. 23.〉

[제목개정 2008. 6. 13.]

제34조의2(위성방송사업을 위한 무선국 등의 개설 등) 과학기술정보통신부장관은 제21조제1항에 따라 위성방송을 위한 무선국 등의 개설허가 신청을 받으면 같은 조 제2항제1호부터 제3호까지의 사항 이외에 다음 각 호의 사항을 심사하여야 한다. 〈개정 2017. 7. 26.〉

1. 제35조에 따른 방송국의 개설조건을 충족하는지 여부

2. 그 밖에 방송 업무를 적절히 수행하기 위하여 필요한 것으로서 대통령령으로 정하는 사항

[본조신설 2013. 3. 23.]

제35조(방송국의 개설조건 등) ① 방송국을 개설하려는 자는 다른 방송의 수신에 혼신을 일으키지 아니하도록 설치하여야 한다.

② 혼신을 방지하기 위한 방송국의 설치장소, 송신안테나의 높이·출력 및 지향특성 등 방송국의 개설조건에 필요한 사항은 대통령령으로 정한다. 〈개정 2015. 12. 1.〉

③ 방송통신위원회는 방송국을 개설하려는 자의 허가신청 내용이 제2항에 따른 개설조건에 적합하지 아니하면 설치장소의 이전 등 보완을 명할 수 있다.

[전문개정 2008. 6. 13.]

제36조(방송수신의 보호) ① 일반적으로 수신이 가능한 방송의 수신에 장애를 일으키는 건축물의 소유자는 해당 수신장애를 제거하기 위하여 필요한 조치를 하여야 한다. 〈개정 2020. 6. 9.〉

② 제1항에 따른 일반적으로 수신이 가능한 방송의 기준은 방송통신위원회 고시로 정하고, 방송의 수신장애 제거에 필요한 사항은 대통령령으로 정한다. 〈개정 2020. 6. 9.〉

[전문개정 2008. 6. 13.]

제37조(방송표준방식) ① 과학기술정보통신부장관은 방송사업용 주파수의 효율적 이용과 이용자의 편의를 위하여 방송표준방식을 과학기술정보통신부령으로 정한다. 〈개정 2013. 3. 23., 2015. 12. 22., 2017. 7. 26.〉

② 과학기술정보통신부장관은 제1항에 따른 방송표준방식을 정하거나 변경하는 경우에는 미리 이해관계자의 의견을 들어야 한다. 〈개정 2013. 3. 23., 2017. 7. 26.〉

[전문개정 2008. 6. 13.]

제3절 우주통신의 운용 〈개정 2008. 6. 13.〉

제38조(위성주파수등의 확보·관리) 과학기술정보통신부장관은 우주통신을 위한 위성주파수등의 확보 및 관리에 필요한 시책을 마련하여야 한다. 〈개정 2013. 3. 23., 2015. 12. 22., 2017. 7. 26.〉

[전문개정 2008. 6. 13.]

[제목개정 2015. 12. 22.]

제39조(위성망의 국제등록) ① 우주국을 개설하기 위하여 위성주파수등을 확보하려는 자는 대통령령으로 정하는 바에 따라 과학기술정보통신부장관에게 위성망 국제등록 신청을 요청하여야 한다. 〈개정 2013. 3. 23., 2015. 12. 22., 2017. 7. 26.〉

② 과학기술정보통신부장관은 제1항에 따른 위성망 국제등록 신청 요청의 내용이 다음 각 호에 적합한 경우에는 「국제전기통신연합 전파규칙」에 따라 국제전기통신연합에 위성망 국제등록을 신청하고, 적합하지 아니한 경우에는 그 요청서를 되돌려 보내거나 기간을 구체적으로 밝혀 보완하도록 할 수 있다. 〈개정 2013. 3. 23., 2017. 7. 26.〉

1. 요청자가 개설하려는 우주국에 주파수의 지정이 가능할 것
2. 위성사업계획이 적정할 것
3. 요청자가 위성망 혼신조정능력이 있을 것

③ 제2항에 따라 위성망 국제등록 신청이 된 경우에 제1항에 따라 과학기술정보통신부장관에게 위성망 국제등록 신청을 요청한 자는 국제전기통신연합에서 정하는 바에 따라 위성망 국제등록 비용을 부담하여야 한다. 〈개정 2013. 3. 23., 2017. 7. 26.〉

④ 과학기술정보통신부장관은 제2항에 따라 국제등록 신청을 한 위성주파수등이 확보되면 해당 요청자에게 우선하여 위성주파수등을 제10조제2항에 따라 할당하거나 제18조의2에 따라 사용승인 또는 제18조의4에 따라 지정하여야 한다. 〈신설 2015. 12. 22., 2017. 7. 26.〉

[전문개정 2008. 6. 13.]

[제목개정 2015. 12. 22.]

제40조(위성망의 혼신조정) ① 과학기술정보통신부장관은 외국이 관할하는 위성망과의 혼신을 조정하기 위하여 필요한 시책을 마련하여야 한다. 〈개정 2013. 3. 23., 2017. 7. 26.〉

② 과학기술정보통신부장관은 제39조제1항에 따라 위성망 국제등록 신청을 요청한 자에게 혼신 조정에 필요한 자료를 제출하도록 요구할 수 있다. 〈개정 2013. 3. 23., 2017. 7. 26.〉

[전문개정 2008. 6. 13.]

제41조(위성주파수이용권의 양도 · 임대 등) ① 위성주파수등을 제10조제2항에 따라 할당받거나 제18조의4에 따라 지정받은 자는 해당 위성주파수등을 이용할 수 있는 권리(이하 "위성주파수이용권"이라 한다)를 가진다.

② 위성주파수등을 제10조제2항에 따라 할당받거나 제18조의4에 따라 지정받은 자는 3년 이상의 범위에서 대통령령으로 정하는 기간이 지난 후에는 위성주파수이용권을 양도 · 임대하거나 위성주파수등의 이용을 중단할 수 있다. 다만, 위성주파수등을 제10조제2항에 따라 할당받거나 제18조의4에 따라 지정받은 자가 파산하거나 경제적 여건이 급변하는 등 대통령령으로 정하는 사유에 해당하는 경우에는 그 기간 전에도 위성주파수이용권을 양도 · 임대하거나 위성주파수등의 이용을 중단할 수 있다.

③ 제2항에 따라 위성주파수이용권을 양수하거나 임차하려는 자와 위성주파수등의 이용을 중단하려는 자는 대통령령으로 정하는 바에 따라 미리 과학기술정보통신부장관의 승인을 받아야 한다. 이 경우 위성주파수이용권을 양도하거나 임대하려는 자도 위성주파수이용권을 양수·임차하려는 자와 함께 승인을 받아야 한다. 〈개정 2017. 7. 26.〉

④ 과학기술정보통신부장관은 제3항에 따른 승인을 하는 경우 위성망등의 국제등록 유지 및 관리 등을 위하여 필요할 때에는 조건을 붙일 수 있다. 〈개정 2017. 7. 26.〉

⑤ 위성주파수이용권 양수인의 결격사유에 관하여는 제13조를 준용한다.

⑥ 제3항에 따라 승인을 받은 양수인은 양도인의 지위를 승계한다.

⑦ 과학기술정보통신부장관은 제3항에 따라 승인을 받은 자가 다음 각 호의 어느 하나에 해당하는 경우에는 시정을 명하거나 승인을 취소할 수 있다. 다만, 제1호 또는 제5호에 해당하는 경우에는 승인을 취소하여야 한다. 〈개정 2017. 7. 26.〉

1. 거짓이나 그 밖의 부정한 방법으로 승인을 받은 경우
2. 제4항에 따른 승인 조건을 이행하지 아니하거나 위반한 경우
3. 제10조제2항에 따라 공고한 주파수 용도나 기술방식을 위반한 경우
4. 제25조제2항을 위반하여 허가 또는 신고사항의 범위를 벗어나 무선국을 운용한 경우
5. 본문에 따른 시정명령을 이행하지 아니한 경우

⑧ 제7항에 따른 시정명령 및 승인 취소에 관한 세부적인 기준과 그 밖에 필요한 사항은 대통령령으로 정한다.

[전문개정 2015. 12. 22.]

제42조(우주국의 개설조건) 우주국은 관제설비(管制設備)에서 원격조작에 의하여 전파의 발사를 즉시 정지할 수 있고 그 궤도를 변경할 수 있는 기능을 갖추어야 한다.

[전문개정 2008. 6. 13.]

제42조의2(우주국 무선설비의 양도·임대) ① 우주국의 시설자등은 대통령령으로 정하는 바에 따라 미리 과학기술정보통신부장관의 승

인을 받아 우주국 무선설비의 전부나 일부를 다른 자에게 양도하거나 임대(무선설비를 위탁운용하거나 다른 자와 공동으로 사용하는 경우를 포함한다. 이하 이 조에서 같다)할 수 있다. 이 경우 우주국 무선설비를 양수하거나 임차하려는 자도 양도하거나 임대하려는 자와 함께 승인을 받아야 한다. 〈개정 2017. 7. 26.〉

② 우주국 무선설비 양수인의 결격사유와 제1항에 따른 승인의 조건에 관하여는 제13조 및 제41조제4항을 준용한다.

③ 제1항에 따른 승인을 받은 양수인은 양도인의 지위를 승계한다.

④ 과학기술정보통신부장관은 제1항에 따라 승인을 받은 자가 다음 각 호의 어느 하나에 해당하는 경우에는 시정을 명하거나 승인을 취소할 수 있다. 다만, 제1호 또는 제4호에 해당하는 경우에는 승인을 취소하여야 한다. 〈개정 2017. 7. 26.〉

1. 거짓이나 그 밖의 부정한 방법으로 승인을 받은 경우
2. 제2항에 따른 승인 조건을 이행하지 아니하거나 위반한 경우
3. 제25조제2항을 위반하여 허가 또는 신고사항의 범위를 벗어나 무선국을 운용한 경우
4. 본문에 따른 시정명령을 이행하지 아니한 경우

⑤ 제4항에 따른 시정명령 및 승인 취소에 관한 세부적인 기준과 그 밖에 필요한 사항은 대통령령으로 정한다.

[본조신설 2015. 12. 22.]

제43조(위성궤도의 변경) 과학기술정보통신부장관은 혼신을 조정하거나 전파자원을 효율적으로 이용하기 위하여 필요하다고 인정하면 목적수행에 중대한 지장을 주지 아니하는 범위에서 우주국의 시설자에게 위성궤도를 변경하게 할 수 있다. 〈개정 2013. 3. 23., 2017. 7. 26.〉

[전문개정 2008. 6. 13.]

제44조(인공위성의 국제연합 등록) ① 우주항공청장은 「외기권에 발사된 물체의 등록에 관한 협약」에 따라 대한민국 국민이 발사한 인공위성을 국제연합에 등록하여야 한다. 〈개정 2013. 3. 23., 2017. 7. 26., 2024. 1. 26.〉

② 우주항공청장은 인공위성을 발사한 자에게 해당 인공위성의 등록에 필요한 자료를 제출하도록 요구할 수 있다. 〈개정 2013. 3. 23., 2017. 7. 26., 2024. 1. 26.〉

③ 우주항공청장은 제1항에 따라 국제연합에 등록한 내용에 변경이 발생한 경우에는 이를 국제연합에 통보하여야 한다. 〈신설 2015. 12. 22., 2017. 7. 26., 2024. 1. 26.〉

[전문개정 2008. 6. 13.]

제44조의2(위성운용계획의 제출 등) ① 과학기술정보통신부장관은 대한민국이 국제등록한 위성망등에서 인공위성을 운용 중인 자에게 후속 인공위성의 확보 및 운용계획(이하 "위성운용계획"이라 한다)의 제출을 요청할 수 있다. 〈개정 2017. 7. 26.〉

② 제1항에 따른 요청을 받은 자는 요청받은 날부터 6개월 이내에 위성운용계획을 과학기술정보통신부장관에게 제출하여야 한다. 〈개정 2017. 7. 26.〉

③ 제2항에 따라 위성운용계획을 제출한 자는 위성운용계획이 변경되는 경우에는 변경사항을 즉시 과학기술정보통신부장관에게 통보하여야 한다. 〈개정 2017. 7. 26.〉

④ 제1항부터 제3항까지의 규정에 따른 위성운용계획의 제출 및 변경에 필요한 세부사항은 대통령령으로 정한다.

[본조신설 2015. 12. 22.]

[종전 제44조의2는 제44조의3으로 이동 〈2015. 12. 22.〉]

제44조의3(안전한 전파환경 기반 조성) 과학기술정보통신부장관은 전자파가 인체, 기자재, 무선설비 등에 미치는 영향을 최소화하고 안전한 전파환경을 조성하기 위하여 다음 각 호의 시책을 마련하여야 한다. 〈개정 2013. 3. 23., 2017. 7. 26.〉

1. 전파 이용과 관련된 역기능 방지 및 안전한 전파환경 조성대책의 수립ㆍ추진

2. 전자파가 인체에 미치는 영향 등에 관한 종합적인 보호대책의 수립ㆍ추진

3. 기자재의 전자파장해를 방지하고 전자파로부터 기자재를 보호하기 위한 전자파적합성에 관한 정책의 수립ㆍ추진

4. 전자파 인체흡수율, 전자파강도 및 전파환경 등에 대한 관련 기준 마련 및 측정ㆍ조사

5. 전자파 차폐ㆍ차단 및 저감(低減) 기술 등 전자파 역기능 해소를 위한 기반기술 연구

6. 안전한 전파환경 기반 조성을 위한 교육 및 홍보계획의 수립ㆍ

시행

[본조신설 2010. 7. 23.]

[제44조의2에서 이동, 종전 제44조의3은 제44조의4로 이동 〈2015. 12. 22.〉]

제44조의4(전자파의 인체영향에 관한 연구·조사 및 교육·홍보) ① 과학기술정보통신부장관은 전자파가 인체에 미치는 영향에 관한 연구·조사 등을 실시하여야 한다. 〈개정 2017. 7. 26.〉

② 과학기술정보통신부장관은 전자파가 인체에 미치는 영향에 관한 정보 전달과 방송통신기자재 등의 안전한 사용 등에 관한 교육 및 홍보를 위하여 적극 노력하여야 한다. 〈개정 2017. 7. 26.〉

[본조신설 2014. 6. 3.]

[제44조의3에서 이동 〈2015. 12. 22.〉]

제44조의5(협력체계의 구축) 과학기술정보통신부장관은 제44조의3에 따른 안전한 전파환경 기반 조성의 시책을 마련하기 위하여 필요한 경우에는 관계 행정기관, 「공공기관의 운영에 관한 법률」에 따른 공공기관, 「고등교육법」에 따른 대학, 기업체 등과 협력체계를 구축할 수 있다. 〈개정 2019. 12. 10.〉

[본조신설 2017. 3. 14.]

제5장 전파자원의 보호 〈개정 2008. 6. 13.〉

제45조(기술기준) 무선설비(방송수신만을 목적으로 하는 것은 제외한다)는 주파수 허용편차와 안테나공급전력등 과학기술정보통신부령으로 정하는 기술기준에 적합하여야 한다. 〈개정 2013. 3. 23., 2015. 12. 1., 2015. 12. 22., 2017. 7. 26.〉

[전문개정 2008. 6. 13.]

제46조 삭제 〈2010. 7. 23.〉

제47조(안전시설의 설치) 무선설비는 인체에 위해를 주거나 물건에 손상을 주지 아니하도록 과학기술정보통신부령으로 정하는 안전시설기준에 따라 설치하여야 한다. 〈개정 2013. 3. 23., 2015. 12. 22., 2017. 7. 26.〉

[전문개정 2008. 6. 13.]

제47조의2(전자파 인체보호기준 등) ① 과학기술정보통신부장관은 무선설비, 전기·전자기기 등(이하 "무선설비등"이라 한다)에서 발생

하는 전자파가 인체에 미치는 영향을 고려하여 다음 각 호의 사항을 정하여 고시하여야 한다. 〈개정 2010. 7. 23., 2012. 5. 23., 2013. 3. 23., 2015. 1. 20., 2017. 7. 26.〉

1. 전자파 인체보호기준
2. 전자파 등급기준
3. 전자파 강도 측정기준
4. 전자파 흡수율 측정기준
5. 전자파 측정대상 기자재와 측정방법
6. 전자파 등급 표시대상과 표시방법
7. 그 밖에 전자파로부터 인체를 보호하기 위하여 필요한 사항

② 무선국의 시설자나 무선설비등을 제작하거나 수입하려는 자는 무선설비등으로부터 방출되는 전자파 강도가 전자파 인체보호기준을 초과하지 아니하도록 하여야 하며, 그 기준을 초과하는 장소에는 취급자 외의 자가 출입할 수 없도록 안전시설을 설치하여야 한다. 〈개정 2015. 1. 20.〉

③ 안테나공급전력 및 설치장소 등이 대통령령으로 정하는 기준에 해당하는 무선국의 시설자는 제1항에 따라 고시한 전자파 인체보호기준 및 전자파 강도 측정기준에 따라 전자파 강도를 측정하여 그 결과를 과학기술정보통신부장관에게 보고하여야 한다. 〈개정 2013. 3. 23., 2015. 12. 1., 2017. 7. 26.〉

④ 제3항에 따라 전자파 강도를 보고하여야 하는 무선국의 시설자는 제24조에 따라 무선국을 검사할 때에 과학기술정보통신부장관에게 전자파 강도를 측정하도록 요청할 수 있다. 이 경우 무선국의 시설자는 제3항에 따른 전자파 강도의 보고의무를 이행한 것으로 본다. 〈개정 2010. 7. 23., 2013. 3. 23., 2017. 7. 26.〉

⑤ 과학기술정보통신부장관은 무선국에서 방출되는 전자파 강도가 제1항에 따라 고시한 전자파 인체보호기준을 초과할 가능성이 있다고 판단하거나 제3항에 따라 무선국의 시설자가 보고한 측정 결과의 거짓 여부를 확인할 필요성이 있다고 판단하면 무선국의 전자파 강도를 측정하거나 조사할 수 있다. 〈개정 2013. 3. 23., 2017. 7. 26.〉

⑥ 과학기술정보통신부장관은 제3항부터 제5항까지의 규정에 따라 보고·측정·조사된 전자파 강도가 전자파 인체보호기준을 초과

하면 안전시설의 설치, 운용제한 및 운용정지 등 필요한 조치를 명할 수 있다. 〈개정 2013. 3. 23., 2017. 7. 26.〉

⑦ 제3항에 따른 전자파 강도의 보고 시기 및 방법, 제4항에 따른 전자파 강도의 측정 요청 시기 및 방법 등에 필요한 사항은 대통령령으로 정한다.

⑧ 무선국의 시설자나 무선설비를 제작하거나 수입한 자는 제1항 제2호 및 제6호에 따라 전자파 등급을 표시하여야 한다. 〈신설 2012. 5. 23.〉

[전문개정 2008. 6. 13.]

제47조의3(전자파적합성 등) ① 전자파장해를 주거나 전자파로부터 영향을 받는 기자재에 대한 전자파장해 방지기준 및 보호기준(이하 "전자파적합성기준"이라 한다)은 대통령령으로 정한다.

② 전자파장해를 주거나 전자파로부터 영향을 받는 기자재를 제작하거나 수입하려는 자는 전자파적합성기준을 초과하지 아니하도록 하여야 한다.

③ 과학기술정보통신부장관은 전자파장해를 주거나 전자파로부터 영향을 받는 기자재에서 발생하는 전자파가 전자파적합성기준을 초과할 가능성이 있다고 판단할 경우에는 해당 기자재에 대하여 전자파적합성 여부를 측정하거나 조사할 수 있다. 〈개정 2013. 3. 23., 2017. 7. 26.〉

④ 제3항에 따른 측정이나 조사의 절차와 방법에 관하여는 제71조의2제2항부터 제4항까지를 준용한다.

⑤ 과학기술정보통신부장관은 제3항에 따라 측정·조사된 전자파가 전자파적합성기준을 초과하는 경우에는 해당 기자재의 전자파 저감 및 차폐를 위하여 필요한 조치를 권고할 수 있다. 〈개정 2013. 3. 23., 2017. 7. 26.〉

⑥ 과학기술정보통신부장관은 전자파장해 방지 및 보호를 위하여 전자파 저감 및 차폐 등 관련 기술개발에 관한 사항을 지원할 수 있다. 〈개정 2013. 3. 23., 2017. 7. 26.〉

⑦ 과학기술정보통신부장관은 전자파적합성 등에 관한 국제 협력을 추진하여야 하며, 이를 위하여 관련 기술 및 인력의 국제교류와 국제표준화 및 국제공동연구개발 등의 사업을 지원할 수 있다. 〈개정 2013. 3. 23., 2017. 7. 26.〉

[본조신설 2010. 7. 23.]

第48조(무선설비의 효율적 이용) ① 시설자는 무선국 무선설비(우주국 무선설비는 제외한다)를 효율적으로 이용하기 위하여 필요하면 대통령령으로 정하는 바에 따라 과학기술정보통신부장관의 승인을 받아 무선국 무선설비의 전부나 일부를 다른 사람에게 임대·위탁운용하거나 다른 사람과 공동으로 사용할 수 있다. 〈개정 2008. 6. 13., 2013. 3. 23., 2015. 12. 22., 2017. 7. 26.〉

② 삭제 〈2010. 7. 23.〉

③ 삭제 〈2010. 7. 23.〉

[제목개정 2008. 6. 13.]

第48조의2(자연환경 보호 등) ① 과학기술정보통신부장관은 자연환경 및 도시미관의 보호를 위하여 필요하다고 인정하는 경우에는 시설자에게 무선국의 무선설비의 전부 또는 일부를 공동으로 사용할 것을 명하거나 자연환경에 대한 영향을 최소화하고 주변경관과 조화를 이루는 등 환경친화적으로 무선설비를 설치할 것을 명할 수 있다. 〈개정 2013. 3. 23., 2017. 7. 26.〉

② 제1항에 따른 무선설비의 공동사용 명령과 환경친화적 설치명령의 대상 및 요건 등에 관하여 필요한 사항은 대통령령으로 정한다.

[본조신설 2010. 7. 23.]

第49조(전파감시) ① 과학기술정보통신부장관은 전파의 효율적 이용을 촉진하고 혼신의 신속한 제거 등 전파이용 질서를 유지하고 보호하기 위하여 전파감시 업무를 수행하여야 한다. 〈개정 2013. 3. 23., 2017. 7. 26.〉

② 제1항에 따른 전파감시 업무는 다음 각 호와 같다.

1. 무선국에서 사용하고 있는 주파수의 편차·대역폭(帶域幅) 등 전파의 품질 측정

2. 혼신을 일으키는 전파의 탐지

3. 허가받지 아니한 무선국에서 발사한 전파의 탐지

4. 제28조제2항에 따른 통신, 허가받지 아니한 무선국에서 발사한 전파, 혼신에 관하여 조사를 의뢰받은 전파 등의 방향 탐지

5. 제25조 및 제27조부터 제30조까지의 규정에 따른 사항의 준수 여부

6. 그 밖에 전파이용 질서를 유지하고 보호하기 위하여 대통령령으로 정하는 사항

[전문개정 2008. 6. 13.]

제50조(국제전파 감시) ① 과학기술정보통신부장관은 외국의 무선국이 발사한 전파의 감시, 혼신 분석 및 제거 등 국제전파감시 업무를 수행하여야 한다. 〈개정 2013. 3. 23., 2017. 7. 26.〉

② 과학기술정보통신부장관은 제1항에 따른 업무를 수행하기 위하여 필요한 시설을 설치하거나 운용하여야 한다. 〈개정 2013. 3. 23., 2017. 7. 26.〉

[전문개정 2008. 6. 13.]

제51조(우주전파재난관리 기본계획의 수립·시행) 과학기술정보통신부장관과 우주항공청장은 지구 대기권 밖에 존재하는 전자파에너지의 변화로 발생하는 전파와 관련한 재난(이하 "우주전파재난"이라 한다)에 대비하고, 우주전파재난을 신속하게 수습·복구하기 위하여 다음 각 호의 사항이 포함된 우주전파재난관리 기본계획을 5년마다 수립·시행하여야 한다. 〈개정 2017. 7. 26., 2024. 1. 26.〉

1. 지구 대기권 밖의 전자파에너지 변화의 관측 및 감시에 관한 사항

2. 지구 대기권 밖의 전자파에너지 변화 및 이에 따른 우주전파재난 예보·경보에 관한 사항

3. 우주전파재난의 예방 및 관리를 위한 연구개발 및 국제협력에 관한 사항

4. 그 밖에 우주전파재난의 관리에 필요하다고 인정되는 사항

[본조신설 2015. 12. 22.]

제52조(무선방위측정장치의 보호) ①무선방위측정장치보호구역(과학기술정보통신부장관이 설치한 무선방위측정장치의 설치장소로부터 1킬로미터 이내의 지역을 말한다)에 전파를 방해할 우려가 있는 건축물 또는 인공구조물로서 대통령령으로 정하는 것을 건설하고자 하는 자는 과학기술정보통신부장관의 승인을 얻어야 한다. 〈개정 2007. 12. 21., 2008. 2. 29., 2013. 3. 23., 2017. 7. 26., 2020. 6. 9.〉

② 제1항에 따른 무선방위측정장치의 설치장소는 과학기술정보통신부장관이 공고한다. 다만, 통신보안을 위하여 필요한 경우에는 관계 행정기관의 장에게 그 설치장소를 알리고 이를 공고하지 아니할

수 있다. 〈개정 2008. 6. 13., 2013. 3. 23., 2017. 7. 26., 2020. 6. 9.〉

[제목개정 2007. 12. 21.]

제53조 삭제 〈2010. 7. 23.〉

제54조(자료의 제공) ① 시설자는 전파이용과 관련하여 다른 시설자와의 분쟁이 있으면 과학기술정보통신부장관에게 분쟁 지역에서의 전파이용 현황 등 필요한 자료를 제공하도록 요청할 수 있다. 이 경우 과학기술정보통신부장관은 특별한 사유가 없으면 그 요청에 따라야 한다. 〈개정 2013. 3. 23., 2017. 7. 26.〉

② 과학기술정보통신부장관은 제1항에 따라 요청받은 자료를 제공하기 위하여 필요하면 소속 공무원을 파견하여 필요한 사항을 조사하거나 확인한 후 그 결과를 분쟁 당사자에게 알려야 한다. 〈개정 2013. 3. 23., 2017. 7. 26.〉

[전문개정 2008. 6. 13.]

제55조(전파환경의 측정 등) ① 과학기술정보통신부장관은 전파환경의 측정 등 전파환경을 보호하기 위하여 필요한 조치를 하여야 한다. 〈개정 2013. 3. 23., 2017. 7. 26.〉

② 제1항에 따른 전파환경의 측정 등에 필요한 사항은 과학기술정보통신부장관이 정하여 고시한다. 〈개정 2013. 3. 23., 2017. 7. 26.〉

[전문개정 2008. 6. 13.]

제56조(고출력·누설 전자파 안전성 평가 등) ① 고출력 전자파로 인한 피해와 누설 전자파에 의한 정보유출을 방지하기 위하여 방호 차폐시설 또는 장비보호시설 등을 구축한 자는 과학기술정보통신부장관에게 그 시설 등의 안전성 평가를 의뢰할 수 있다. 〈개정 2017. 7. 26.〉

② 과학기술정보통신부장관은 제1항에 따라 안전성 평가를 의뢰받은 경우에는 안전성을 평가하고 그 결과를 통지하여야 한다. 다만, 평가결과가 안전성 평가기준에 맞지 아니하는 경우에는 이에 대한 대책을 마련하도록 권고할 수 있다. 〈개정 2017. 7. 26.〉

③ 제1항 및 제2항에 따른 안전성 평가기준 및 방법 등에 관하여 필요한 세부사항은 과학기술정보통신부장관이 정하여 고시한다. 〈개정 2017. 7. 26.〉

[본조신설 2014. 6. 3.]

제57조 삭제 〈2010. 7. 23.〉

제58조(산업 · 과학 · 의료용 전파응용설비 등) ① 다음 각 호의 어느 하나에 해당하는 설비를 운용하려는 자는 과학기술정보통신부장관의 허가를 받아야 한다. 허가받은 사항 중 대통령령으로 정하는 사항을 변경하려는 경우에도 또한 같다. 〈개정 2010. 7. 23., 2013. 3. 23., 2017. 7. 26.〉

1. 전파에너지를 발생시켜 한정된 장소에서 산업 · 과학 · 의료 · 가사, 그 밖에 이와 비슷한 목적에 사용하도록 설계된 설비로서 대통령령으로 정하는 기준에 해당하는 설비

2. 전선로에 주파수가 9킬로헤르츠 이상인 전류가 흐르는 통신설비 중 전계강도(電界强度) 등이 대통령령으로 정하는 기준에 해당하는 설비

② 과학기술정보통신부장관은 제1항에 따른 허가 신청을 받은 경우 제45조에 따른 기술기준에 적합하고 다른 통신에 방해를 주지 아니한다고 인정되면 허가하여야 한다. 〈개정 2013. 3. 23., 2017. 7. 26.〉

③ 제1항에 따라 허가받은 설비에 관하여는 제21조제1항 · 제3항 · 제4항, 제23조, 제24조, 제25조, 제25조의2, 제45조 및 제72조를 준용한다. 다만, 본문에 따라 준용하는 제25조제1항에도 불구하고 「국토의 계획 및 이용에 관한 법률」 제36조제1항제1호가목에 따른 주거지역 또는 같은 호 나목에 따른 상업지역 외의 지역에서 대통령령으로 정하는 다중차폐시설(전자파 차폐시설을 갖춘 건물 내에 전자파 차폐설비를 추가로 설치한 시설을 말한다)을 갖춘 제1항제1호의 설비에 관하여는 제25조제3항을 준용한다. 〈개정 2010. 7. 23., 2014. 6. 3., 2021. 10. 19.〉

④ 과학기술정보통신부장관은 전선로에 주파수가 9킬로헤르츠 이상인 전류가 흐르는 통신설비의 경우 다른 통신에 방해를 주지 아니하도록 그 운용을 제한하는 주파수 대역을 정하여 고시할 수 있다. 〈개정 2013. 3. 23., 2017. 7. 26.〉

[전문개정 2008. 6. 13.]

제5장의2 방송통신기자재등의 관리 〈신설 2010. 7. 23.〉

제1절 방송통신기자재등의 적합성평가 〈신설 2010. 7. 23.〉

제58조의2(방송통신기자재등의 적합성평가) ① 방송통신기자재와 전자파장해를 주거나 전자파로부터 영향을 받는 기자재(이하 "방송통신기자재등"이라 한다)를 제조 또는 판매하거나 수입하려는 자는 해당 기자재에 대하여 다음 각 호의 기준(이하 "적합성평가기준"이라 한다)에 따라 제2항에 따른 적합인증, 제3항에 따른 적합등록, 제4항에 따른 자기적합확인 또는 제9항에 따른 잠정인증(이하 "적합성평가"라 한다)을 받아야 한다. 〈개정 2013. 3. 23., 2017. 7. 26., 2024. 1. 23.〉

1. 제37조 및 제45조에 따른 기술기준
2. 제47조의2에 따른 전자파 인체보호기준
3. 제47조의3제1항에 따른 전자파적합성기준
4. 「방송통신발전 기본법」 제28조에 따른 기술기준
5. 「전기통신사업법」 제61조 · 제68조 · 제69조에 따른 기술기준
6. 「방송법」 제79조에 따른 기술기준
7. 다른 법률에서 방송통신기자재등과 관련하여 과학기술정보통신부장관이 정하도록 한 기술기준이나 표준

② 전파환경 및 방송통신망 등에 위해를 줄 우려가 있는 기자재와 중대한 전자파장해를 주거나 전자파로부터 정상적인 동작을 방해받을 정도의 영향을 받는 기자재를 제조 또는 판매하거나 수입하려는 자는 해당 기자재에 대하여 제58조의5에 따른 지정시험기관의 적합성평가기준에 관한 시험을 거쳐 과학기술정보통신부장관의 적합인증을 받아야 한다. 〈개정 2013. 3. 23., 2017. 7. 26.〉

③ 제2항에 따른 적합인증의 대상이 아닌 방송통신기자재등을 제조 또는 판매하거나 수입하려는 자는 제58조의5에 따른 지정시험기관의 적합성평가기준에 관한 시험을 거쳐 해당 기자재가 적합성평가기준에 적합함을 확인한 후 그 사실을 과학기술정보통신부장관에게 등록(이하 "적합등록"이라 한다)하여야 한다. 〈개정 2013. 3. 23., 2017. 7. 26., 2024. 1. 23.〉

④ 제3항에도 불구하고 전파환경 및 방송통신망 등에 위해를 줄 우려가 낮은 기자재 등 대통령령으로 정하는 기자재(이하 "자기적합확인 대상 기자재"라 한다)를 제조 또는 판매하거나 수입하려는 자는 해당 기자재를 스스로 시험하거나 제58조의5에 따른 지정시험기

관 또는 대통령령으로 정하는 시험 가능한 기관의 시험을 거쳐 해당 기자재가 적합성평가기준에 적합함을 확인한 후 그 사실을 서면으로 관리하고 공개(이하 "자기적합확인"이라 한다)하거나 적합등록을 하여야 한다. 〈신설 2024. 1. 23.〉

⑤ 적합등록 또는 자기적합확인을 한 자는 해당 기자재가 적합성평가기준을 충족함을 증명하는 서류를 보관하여야 한다. 제7항에 따라 자기적합확인한 사실을 변경하는 경우에도 또한 같다. 〈개정 2024. 1. 23.〉

⑥ 제2항 및 제3항에 따라 적합성평가를 받은 자가 적합성평가를 받은 사항을 변경하려는 때에는 과학기술정보통신부장관에게 신고하여야 한다. 이 경우 변경하려는 사항 중 적합성평가기준과 관련된 사항의 변경이 포함된 경우에는 해당 사항에 대하여 제2항 및 제3항에 따른 적합성평가를 받아야 한다. 〈개정 2013. 3. 23., 2017. 7. 26., 2024. 1. 23.〉

⑦ 제4항에 따라 자기적합확인을 한 자가 자기적합확인한 사실을 변경하려는 때에는 변경하려는 사항을 서면으로 관리하고 공개하여야 한다. 이 경우 변경하려는 사항 중 적합성평가기준과 관련된 사항의 변경이 포함된 경우에는 해당 사항에 대하여 자기적합확인을 하여야 한다. 〈신설 2024. 1. 23.〉

⑧ 적합성평가를 받은 자가 해당 기자재를 판매·대여하거나 판매·대여할 목적으로 진열(인터넷에 게시하는 경우를 포함한다. 이하 같다)·보관·운송하거나 무선국·방송통신망에 설치하려는 경우에는 해당 기자재 또는 포장에 적합성평가를 받은 사실을 표시(이하 "적합성평가표시"라 한다)하여야 한다. 이 경우 적합성평가표시와는 별도로 자기적합확인을 한 자는 제4항에 따라 서면으로 관리한 사실을 기자재에 대한 설명서 등에 표시(이하 "자기적합확인표시"라 한다)하여야 한다. 〈개정 2024. 1. 23.〉

⑨ 과학기술정보통신부장관은 방송통신기자재등에 대한 적합성평가기준이 마련되어 있지 아니하거나 그 밖의 사유로 제2항부터 제4항까지의 적합성평가가 곤란한 경우로서 다음 각 호에 해당하는 경우에는 관련 국내외 표준, 규격 및 기술기준 등에 따른 적합성평가를 한 후 지역, 유효기간 등의 조건을 붙여 해당 기자재의 제조·수입·판매를 허용(이하 "잠정인증"이라고 한다)할 수 있다. 〈개정

2013. 3. 23., 2017. 7. 26., 2024. 1. 23.〉

1. 방송통신망의 침해를 초래하지 아니하는 등 망 이용에 피해를 주지 않는 경우

2. 전파에 혼신을 초래하지 아니하는 등 전파이용 환경에 피해를 끼치지 않는 경우

3. 이용자의 인명, 재산 등에 피해를 주지 아니하는 등 기자재 이용상 위해가 없는 경우

⑩ 제9항에 따라 잠정인증을 받은 자는 해당 기자재에 대한 적합성평가기준이 제정되거나 적합성평가가 곤란한 사유가 없어진 경우에는 일정한 기한 내에 제2항부터 제4항까지의 적합성평가를 받아야 한다. 〈개정 2024. 1. 23.〉

⑪ 잠정인증을 받은 자가 제10항에 따른 기한 내에 적합성평가를 받지 아니한 경우에는 잠정인증의 효력은 소멸한다. 〈개정 2024. 1. 23.〉

⑫ 제1항부터 제11항까지에서 규정한 사항 외에 적합성평가기준과 적합성평가 및 변경신고의 대상, 방법, 절차, 자기적합확인 사실의 서면 관리 및 공개 등에 관하여 필요한 사항은 대통령령으로 정한다. 〈개정 2014. 6. 3., 2015. 3. 27., 2024. 1. 23.〉

[본조신설 2010. 7. 23.]

제58조의3(적합성평가의 면제) ① 다음 각 호의 어느 하나에 해당하는 경우로서 대통령령으로 정하는 기자재에 대하여는 적합성평가의 전부 또는 일부를 면제할 수 있다. 〈개정 2011. 4. 7., 2011. 8. 4., 2013. 3. 23., 2015. 12. 22., 2017. 7. 26., 2021. 11. 30., 2024. 1. 23.〉

1. 시험·연구, 기술개발, 전시 등 사용목적이 한정되는 기자재를 제조하거나 수입하는 경우

2. 국내에서 판매하지 아니하고 수출 전용으로 제조하는 경우

3. 과학기술정보통신부장관이 제58조의2제9항에 따라 잠정인증을 하는 때 잠정인증을 요청하는 자가 해당 기자재에 대하여 제58조의5에 따른 지정시험기관의 시험 결과를 제출한 경우

4. 다음 각 목에 해당하는 기자재로서 관계 법령에 따라 이 법에 준하는 전자파장해 및 전자파로부터의 보호에 관한 적합성평가를 받은 경우

가. 「산업표준화법」 제15조에 따라 인증을 받은 품목
나. 삭제 〈2015. 12. 22.〉
다. 삭제 〈2016. 1. 27.〉
라. 「자동차관리법」에 따라 자기인증을 한 자동차
마. 「소방시설 설치 및 관리에 관한 법률」에 따라 형식승인 또는 성능인증을 받은 소방기기
바. 「의료기기법」에 따라 품목류별 또는 품목별 인증 및 허가를 받거나 신고한 의료기기
사. 「철도안전법」에 따라 형식승인을 받은 철도차량 및 철도용품
아. 「계량에 관한 법률」에 따라 형식승인을 받은 계량기

② 적합성평가의 면제의 방법 및 절차 등에 관하여 필요한 사항은 대통령령으로 정한다.

[본조신설 2010. 7. 23.]

제58조의4(적합성평가의 취소 등) ① 과학기술정보통신부장관은 적합성평가를 받은 자가 다음 각 호의 어느 하나에 해당하는 경우에는 대통령령으로 정하는 바에 따라 해당 기자재에 대한 적합성평가를 취소하거나 개선, 시정, 수거, 철거, 파기 또는 생산중지, 수입중지, 판매중지, 사용중지 등 필요한 조치를 명할 수 있다. 〈개정 2013. 3. 23., 2017. 7. 26., 2024. 1. 23.〉

1. 해당 방송통신기자재등이 적합성평가기준에 적합하지 아니하게 된 경우
2. 적합성평가표시 및 자기적합확인표시를 하지 아니하거나 거짓으로 표시한 경우
3. 제58조의2제2항에 따른 적합인증 및 적합등록의 변경신고를 하지 아니한 경우
4. 제58조의2제5항을 위반하여 관련 서류를 보관하지 아니한 경우
5. 제58조의2제7항을 위반하여 자기적합확인의 변경 사항을 서면으로 관리하지 아니하거나 공개하지 아니한 경우
6. 제58조의13제1항을 위반하여 국내대리인을 허위로 지정한 경우

② 과학기술정보통신부장관은 적합성평가를 받은 자가 다음 각 호의 어느 하나에 해당하는 경우에는 대통령령으로 정하는 바에 따라 해당 기자재에 대한 적합성평가를 취소하여야 한다. 〈개정 2013. 3. 23., 2017. 7. 26.〉

1. 거짓이나 그 밖의 부정한 방법으로 적합성평가를 받은 경우

2. 제1항에 따른 개선명령 등 조치명령을 이행하지 아니한 경우

③ 적합성평가의 취소처분을 받은 자는 그 취소된 날부터 1년의 범위에서 대통령령으로 정하는 기간 내에는 해당 기자재에 대하여 적합성평가를 받을 수 없다.

[본조신설 2010. 7. 23.]

제58조의5(시험기관의 지정 등) ① 과학기술정보통신부장관은 다음 각 호의 요건을 갖춘 법인을 적합성평가 시험 업무를 하는 기관으로 지정할 수 있다. 〈개정 2013. 3. 23., 2017. 7. 26.〉

1. 적합성평가 시험에 필요한 설비 및 인력을 확보할 것

2. 국제기준에 적합한 품질관리규정을 확보할 것

3. 그 밖에 과학기술정보통신부장관이 시험 업무의 객관성 및 공정성을 위하여 필요하다고 인정하는 사항을 갖출 것

② 제1항에 따라 지정받은 시험기관(이하 "지정시험기관"이라 한다)은 지정시험 업무를 일정 기간 중지하거나 지정시험 업무의 일부를 폐지하는 등 지정받은 사항을 변경하거나 지정시험 업무의 전부를 폐지하려는 경우에는 과학기술정보통신부장관에게 지정받은 사항의 변경 또는 지정시험 업무의 폐지를 신청하여야 한다. 〈개정 2013. 3. 23., 2017. 7. 26.〉

③ 지정시험기관이 아닌 자가 지정시험기관을 양수하거나 합병을 통하여 지정시험기관의 지위를 승계하려는 경우에는 미리 과학기술정보통신부장관의 승인을 받아야 한다. 〈개정 2013. 3. 23., 2017. 7. 26.〉

④ 과학기술정보통신부장관은 대통령령으로 정하는 전문심사기구로 하여금 지정시험기관의 지정을 위하여 필요한 요건의 심사를 하도록 할 수 있다. 〈개정 2013. 3. 23., 2017. 7. 26.〉

⑤ 다음 각 호의 어느 하나에 해당하는 경우에는 지정시험기관으로 지정을 받을 수 없다. 〈신설 2024. 1. 23.〉

1. 제58조의7제3항을 위반하여 지정이 취소된 법인으로서 그 지정이 취소된 날부터 1년이 지나지 아니한 경우

2. 제58조의7제3항을 위반하여 지정이 취소된 법인의 대표자와 등기임원이 대표자나 등기임원으로 있는 다른 법인으로서 그 지정이 취소된 날부터 1년이 지나지 아니한 경우

⑥ 제1항부터 제4항까지의 규정에 따른 지정시험기관의 심사, 지정(변경, 폐지 및 승인을 포함한다)의 절차와 방법 등에 관하여 필요한 사항은 대통령령으로 정한다. 〈개정 2024. 1. 23.〉

[본조신설 2010. 7. 23.]

제58조의6(지정시험기관의 검사 등) ① 과학기술정보통신부장관은 다음 각 호의 사항을 확인하기 위하여 대통령령으로 정하는 바에 따라 지정시험기관의 장에게 관련 자료의 제출을 요구하거나 소속 공무원에게 해당 기관의 사무실, 사업장, 그 밖에 필요한 장소에 출입하여 검사하게 할 수 있다. 〈개정 2013. 3. 23., 2017. 7. 26., 2024. 1. 23.〉

1. 제58조의5제1항 각 호에 따른 지정요건의 준수 여부
2. 제58조의7에 따른 시정명령, 업무정지 명령 등의 준수 여부

② 제1항에 따라 지정시험기관을 검사할 경우 검사계획의 사전통지 및 증표의 제시 등에 관하여는 제71조의2제3항 및 제4항을 준용한다.

③ 지정시험기관의 검사절차, 방법 등에 관하여 필요한 사항은 대통령령으로 정한다.

[본조신설 2010. 7. 23.]

제58조의7(지정시험기관의 지정 취소 등) ① 과학기술정보통신부장관은 지정시험기관이 시험에 관한 절차, 측정설비의 관리 등 대통령령으로 정하는 사항을 준수하지 아니한 경우에는 시정을 명할 수 있다. 〈개정 2013. 3. 23., 2017. 7. 26.〉

② 과학기술정보통신부장관은 지정시험기관이 다음 각 호의 어느 하나에 해당하는 경우에는 대통령령으로 정하는 바에 따라 1년 이내의 기간을 정하여 업무의 전부 또는 일부의 정지를 명할 수 있다. 〈개정 2013. 3. 23., 2017. 7. 26.〉

1. 고의 또는 중대한 과실로 시험 업무를 부정확하게 수행한 경우
2. 정당한 이유 없이 제58조의6제1항에 따른 자료제출 요구나 검사 등을 거부·방해·기피한 경우
3. 제58조의5제1항에 따른 지정요건에 부적합하게 된 경우
4. 정당한 이유 없이 시험 업무를 수행하지 아니한 경우
5. 제1항에 따른 시정명령을 이행하지 아니한 경우

③ 과학기술정보통신부장관은 지정시험기관이 다음 각 호의 어느 하나에 해당하는 경우에는 그 업무의 전부 또는 일부에 대하여 지정을 취소하여야 한다. 〈개정 2013. 3. 23., 2017. 7. 26., 2024. 1. 23.〉

1. 거짓이나 그 밖의 부정한 방법으로 지정을 받은 경우

2. 업무정지 명령을 받은 후 그 업무정지 기간에 시험 업무를 수행한 경우

3. 제2항을 위반하여 2회 이상 업무정지 명령을 받은 지정시험기관이 다시 같은 항을 위반하여 업무정지 사유에 해당한 경우

④ 제1항부터 제3항까지의 규정에 따른 시정명령 및 행정처분 등에 관하여 필요한 사항은 대통령령으로 정한다.

[본조신설 2010. 7. 23.]

제2절 방송통신기자재등의 국제협력 및 사후관리 등 〈신설 2010. 7. 23.〉

제58조의8(적합성평가의 국가 간 상호 인정) ① 과학기술정보통신부장관은 방송통신기자재등에 대한 적합성평가 결과를 상호 인정하기 위하여 외국정부와 협정(이하 "상호인정협정"이라 한다)을 체결할 수 있다. 〈개정 2013. 3. 23., 2017. 7. 26.〉

② 상호인정협정의 절차와 내용 등에 관하여 필요한 사항은 대통령령으로 정한다.

③ 과학기술정보통신부장관은 상호인정협정을 체결하였을 때에는 그 내용을 고시하여야 한다. 〈개정 2013. 3. 23., 2017. 7. 26.〉

④ 상호인정협정에 따라 해당 국가의 적합성평가를 받으려는 자는 인증기관에 적합성평가를 신청할 수 있다. 〈신설 2024. 1. 23.〉

⑤ 상호인정협정에 따른 시험기관과 인증기관의 지정 및 관리 등을 위하여 필요한 세부사항은 과학기술정보통신부장관이 정하여 고시할 수 있다. 〈신설 2024. 1. 23.〉

[본조신설 2010. 7. 23.]

제58조의9(국제적 적합성평가 체계의 구축) ① 과학기술정보통신부장관은 이 법에 따른 적합성평가 체계가 국제기준에 적합하도록 노력하여야 한다. 〈개정 2013. 3. 23., 2017. 7. 26.〉

② 과학기술정보통신부장관은 제1항에 따른 적합성평가 체계 구

축을 위한 세부사항을 정하여 고시할 수 있다. 〈개정 2013. 3. 23., 2017. 7. 26.〉

[본조신설 2010. 7. 23.]

제58조의10(복제·개조·변조 등의 금지) ① 누구든지 적합성평가를 받은 기자재를 복제하여서는 아니 되며, 타인의 정상적인 기자재 사용을 방해하거나 전파이용 질서를 저해할 정도로 개조·변조하여서는 아니 된다.

② 누구든지 제1항을 위반하여 복제·개조·변조한 기자재를 판매·대여하거나 판매·대여할 목적으로 진열·보관 또는 운송하거나 무선국·방송통신망에 설치하여서는 아니 된다.

[본조신설 2010. 7. 23.]

제58조의11(부적합 보고 등) ① 제58조의2에 따른 적합성평가를 받은 자는 해당 기자재가 다음 각 호의 어느 하나에 해당하는 경우에는 지체 없이 과학기술정보통신부장관에게 보고하고 스스로 시정하거나 수거하는 등 필요한 조치를 하여야 한다. 〈개정 2013. 3. 23., 2017. 7. 26., 2024. 1. 23.〉

1. 해당 기자재의 결함으로 인하여 이용자의 생명·신체 또는 재산에 위해를 끼치거나 끼칠 우려가 있다는 사실을 알게 되었을 때

2. 해당 기자재의 결함으로 인하여 방송통신망에 위해 또는 간섭영향을 끼치거나 끼칠 우려가 있다는 사실을 알게 되었을 때

3. 해당 기자재가 적합성평가기준에 적합하지 아니함을 알게 되었을 때

4. 적합성평가를 받은 기자재와 동일한 기자재에 대하여 외국에서 결함이 발견되어 외국의 제조·수입·판매자가 다음 각 목의 어느 하나에 해당하는 조치를 한 경우

가. 외국 정부로부터 시정·수거 등의 권고 또는 명령을 받고 한 시정·수거 등

나. 자발적으로 한 시정·수거 등

5. 적합성평가를 받은 기자재와 동일한 기자재에 대하여 외국의 다른 사업자가 제4호 각 목의 어느 하나에 해당하는 조치를 한 사실을 알게 된 경우

② 과학기술정보통신부장관은 적합성평가를 받은 자가 제1항에 따라 스스로 시정하거나 필요한 조치를 하지 아니하는 경우에는 부

적합 기자재의 정보를 공개할 수 있다. <신설 2024. 1. 23.>

③ 제1항에 따른 보고의 절차에 관하여 필요한 사항은 대통령령으로 정한다. <신설 2024. 1. 23.>

④ 제1항에 따른 조치를 이행한 자에 대하여는 제58조의4에 따른 행정처분을 대통령령으로 정하는 바에 따라 감경 또는 면제할 수 있다. <신설 2024. 1. 23.>

[본조신설 2010. 7. 23.]

제58조의12(주파수분배 변경에 따른 조치 등) ① 제58조의2에 따른 방송통신기자재등의 적합성평가를 받은 자는 주파수분배의 변경으로 인하여 해당 방송통신기자재등을 사용할 수 없게 되는 경우에는 대통령령으로 정하는 방법에 따라 관련 사실을 표시하여야 한다.

② 방송통신기자재등을 판매·대여하는 자, 판매·대여할 목적으로 진열·보관하는 자는 주파수분배의 변경으로 인하여 방송통신기자재등을 사용할 수 없게 되는 경우 이를 구매하거나 대여받으려는 자에게 고지하여야 한다.

③ 과학기술정보통신부장관은 주파수분배의 변경으로 사용할 수 없게 되는 방송통신기자재등의 수입·판매 중지 등 필요한 조치를 명할 수 있다. <개정 2017. 7. 26.>

[본조신설 2014. 6. 3.]

제58조의13(국내대리인의 지정) ① 국내에 주소 또는 영업소가 없는 자가 적합성평가를 받고자 하는 경우에는 서면으로 국내에 주소 또는 영업소가 있는 자를 대리인으로 지정하여야 한다.

② 제1항에 따라 대리인으로 지정받은 자(이하 "국내대리인"이라 한다)는 다음 각 호의 사항을 대리하여야 한다.

1. 적합성평가의 신청 및 변경신청과 자기적합확인 공개에 관한 사항
2. 제71조의2제2항에 따른 관련 자료 또는 해당 기자재의 제출

③ 국내대리인이 제2항 각 호와 관련하여 이 법을 위반한 경우에는 적합성평가를 받은 자가 그 행위를 한 것으로 본다.

[본조신설 2024. 1. 23.]

제6장 전파의 진흥 <개정 2008. 6. 13.>

제59조 삭제 <2008. 6. 13.>

제59조의2 삭제 〈2009. 3. 13.〉

제60조(주파수이용 현황의 공개) ① 과학기술정보통신부장관은 전파이용을 촉진하기 위하여 필요한 경우 주파수이용 현황을 공개하여야 한다. 〈개정 2013. 3. 23., 2017. 7. 26.〉

② 제1항에 따른 공개의 범위·절차 및 시기 등에 필요한 사항은 대통령령으로 정한다.

[전문개정 2008. 6. 13.]

제61조(전파 연구) ① 과학기술정보통신부장관은 전파이용을 촉진하고 보호하기 위하여 필요한 다음 각 호의 연구(제2항에 따른 우주전파와 관련한 연구는 제외한다)를 수행하여야 한다. 〈개정 2013. 3. 23., 2017. 7. 26., 2024. 1. 26.〉

1. 기술기준의 연구
2. 전파의 전파(傳播) 분석 및 주파수할당 기법의 연구
3. 위성망의 혼신조정 기준에 관한 연구
4. 전자파장해 및 전파가 인체에 미치는 위해에 관한 연구
5. 전자파 흡수율의 측정에 관한 연구
6. 전파기기의 측정방법 및 측정기술에 관한 연구

② 우주항공청장은 우주전파와 관련하여 다음 각 호의 연구를 수행하여야 한다. 〈개정 2024. 1. 26.〉

1. 우주전파 수신기술 연구 및 수신자료 분석
2. 지자기(地磁氣) 및 전리층(電離層)의 관측
3. 태양 흑점의 관측
4. 제2호와 제3호에 따른 관측 결과의 분석 및 예보·경보

[전문개정 2008. 6. 13.]

제62조(기술개발의 촉진) 과학기술정보통신부장관은 전파산업과 방송기기산업의 기반 조성에 필요한 기술의 연구·개발 및 활용을 촉진하기 위하여 다음 각 호의 사항을 추진하여야 한다. 〈개정 2013. 3. 23., 2017. 7. 26.〉

1. 기술수준의 조사·연구개발 및 개발기술의 평가·활용
2. 기술의 협력·지도 및 이전
3. 기술정보의 원활한 유통
4. 산업계·학계 및 연구계의 공동 연구·개발
5. 그 밖에 기술개발을 위하여 필요한 사항

[전문개정 2008. 6. 13.]

제63조(표준화) ① 과학기술정보통신부장관은 전파의 효율적인 이용 촉진, 전파이용 질서의 유지 및 이용자 보호 등을 위하여 전파이용 기술의 표준화에 관한 다음 각 호의 사항을 추진하여야 한다. 다만, 「산업표준화법」 제12조에 따른 한국산업표준이 제정되어 있는 사항에 대하여는 그 표준에 따른다. 〈개정 2013. 3. 23., 2017. 7. 26.〉

1. 전파 관련 표준의 제정 및 보급
2. 전파 관련 표준의 적합인증
3. 그 밖의 표준화에 필요한 사항

② 제1항에 따른 전파이용 기술 표준화의 추진에 필요한 사항은 대통령령으로 정한다.

[전문개정 2008. 6. 13.]

제64조(인력의 양성) 과학기술정보통신부장관은 전파 관련 전문인력을 양성하기 위하여 다음 각 호의 시책을 마련하고 시행하여야 한다. 〈개정 2013. 3. 23., 2017. 7. 26.〉

1. 각급 학교와 그 밖의 교육기관에서 시행하는 전파 교육의 지원
2. 전파 및 방송기술 전문인력 양성사업의 지원
3. 전파 관련 교육프로그램의 개발·보급 및 지원
4. 그 밖에 전파 관련 전문인력의 양성에 필요한 사항

[전문개정 2008. 6. 13.]

제65조(국제협력의 촉진) 과학기술정보통신부장관은 전파이용 기술을 향상시키기 위하여 관련 기술이나 인력의 국제교류, 국제표준화, 국제공동연구개발 등의 국제협력사업을 지원할 수 있다. 〈개정 2013. 3. 23., 2017. 7. 26.〉

[전문개정 2008. 6. 13.]

제66조(한국방송통신전파진흥원) ① 전파의 효율적 관리 및 방송·통신·전파의 진흥을 위한 사업과 정부로부터 위탁받은 업무를 수행하기 위하여 한국방송통신전파진흥원(이하 "진흥원"이라 한다)을 설립한다. 〈개정 2010. 7. 23.〉

② 진흥원은 법인으로 한다.

③ 진흥원은 그 주된 사무소의 소재지에서 설립등기를 함으로써 성립한다.

④ 진흥원은 다음 각 호의 사업을 한다. 〈개정 2010. 7. 23.,

2013. 3. 23., 2017. 7. 26.〉

1. 전파이용 촉진에 관한 연구

2. 방송·통신·전파 관련 국내외 기술에 관한 정보의 수집·조사 및 분석

3. 방송·통신·전파에 관한 연구지원 및 교육

4. 제1호부터 제3호까지의 사업에 부수되는 사업

5. 그 밖에 이 법 또는 다른 법령에서 진흥원의 업무로 정하거나 위탁한 사업 또는 과학기술정보통신부장관이 위탁한 사업

⑤ 진흥원의 사업과 운영 등에 필요한 사항은 대통령령으로 정한다.

⑥ 진흥원에 관하여 이 법에서 규정한 것 외에는 「민법」 중 재단법인에 관한 규정을 준용한다.

[전문개정 2008. 6. 13.]

[제목개정 2010. 7. 23.]

제66조의2(한국전파진흥협회) ① 다음 각 호의 사업 등을 효율적으로 수행하기 위하여 한국전파진흥협회(이하 "협회"라 한다)를 설립할 수 있다. 〈개정 2015. 12. 22.〉

1. 새로운 전파이용 기술의 실용화 및 보급 촉진

2. 전파자원의 효율적인 이용과 전파방송산업 발전의 기반 조성에 관한 사업

3. 전파이용 기술의 표준화에 관한 사업

4. 전파이용 및 방송 기술 전문인력 양성사업

5. 제1호부터 제4호까지의 사업과 관련하여 국가 또는 유관기관·단체가 위탁한 사업

② 협회는 법인으로 한다.

③ 방송통신사업자, 전기통신사업자, 시설자, 전파 관련 기자재·시스템 및 부품의 제조업자, 그 밖에 협회의 정관으로 정하는 자는 협회의 회원이 될 수 있다. 〈개정 2010. 7. 23., 2015. 12. 22.〉

④ 협회의 사업과 운영 등에 필요한 사항은 대통령령으로 정한다.

⑤ 협회에 관하여 이 법에서 정한 것 외에는 「민법」 중 사단법인에 관한 규정을 준용한다.

[전문개정 2008. 6. 13.]

제66조의3(진흥원의 운영경비 등) ① 진흥원의 운영에 필요한 경비

는 다음 각 호의 재원으로 충당한다. <개정 2013. 3. 23., 2014. 6. 3., 2017. 7. 26.>

1. 삭제 <2015. 12. 1.>

2. 제69조제1항제3호에 따른 검사 수수료(과학기술정보통신부장관이 진흥원에 위탁한 검사 업무에만 적용한다)

3. 제69조제1항제5호에 따른 전자파 강도의 측정 수수료

4. 제69조제1항제6호에 따른 기술자격검정시험 응시 수수료 및 기술자격증 발급 수수료(「국가기술자격법」에 따라 한국산업인력공단에 위탁한 사항은 제외한다)

5. 제66조제4항제1호부터 제4호까지의 사업수행에 따른 수입금

② 정부는 진흥원의 사업수행에 필요한 경비를 충당하기 위하여 예산의 범위에서 보조할 수 있다. 다만, 국가연구개발사업의 수행을 위하여 방송통신발전기금의 범위에서 진흥원에 출연할 수 있다. <개정 2014. 6. 3.>

[본조신설 2008. 6. 13.]

제67조(전파사용료) ① 과학기술정보통신부장관 또는 방송통신위원회는 시설자(수신전용의 무선국을 개설한 자는 제외한다)에게 해당 무선국이 사용하는 전파에 대한 사용료(이하 "전파사용료"라 한다)를 부과·징수할 수 있다. 다만, 제1호부터 제3호까지의 무선국 시설자에게는 전부를 면제하고, 제4호부터 제7호까지의 무선국 시설자에게는 대통령령으로 정하는 바에 따라 전부나 일부를 감면할 수 있다. <개정 2010. 7. 23., 2013. 3. 23., 2017. 7. 26.>

1. 국가나 지방자치단체가 개설한 무선국

2. 방송국 중 영리를 목적으로 하지 아니하는 방송국과 「방송통신발전 기본법」 제25조제2항에 따라 분담금을 내는 지상파방송사업자의 방송국

3. 제19조제2항에 따른 무선국

4. 「방송통신발전 기본법」 제25조제3항에 따라 분담금을 내는 위성방송사업자 및 종합유선방송사업자의 방송국

5. 제11조에 따라 할당받은 주파수를 이용하여 전기통신역무를 제공하는 무선국

6. 영리를 목적으로 하지 아니하거나 공공복리를 증진시키기 위하여 개설한 무선국 중 대통령령으로 정하는 무선국

7. 「재난 및 안전관리 기본법」 제60조제1항에 따라 특별재난지역으로 선포된 지역에 개설된 무선국 중 과학기술정보통신부장관이 고시로 정하는 기준에 부합되는 무선국

② 전파사용료는 전파 관리에 필요한 경비의 충당과 전파 관련 분야 진흥을 위하여 사용한다.

[전문개정 2008. 6. 13.]

제68조(전파사용료의 부과기준 등) ① 제67조제1항에 따른 전파사용료는 무선국별로 대통령령으로 정하는 바에 따라 해당 무선국이 사용하는 주파수 대역, 전파의 폭 및 안테나공급전력 등을 기준으로 하여 산정한다. 다만, 해당 시설자가 제11조 및 제12조에 따라 할당된 주파수를 이용하여 가입자에게 전기통신역무를 제공하는 기간통신사업자인 경우에는 해당 전기통신역무를 제공받는 가입자의 수를 기준으로 산정할 수 있다. 〈개정 2014. 6. 3., 2015. 12. 1.〉

② 과학기술정보통신부장관 또는 방송통신위원회는 전파사용료를 내야 할 자가 그 납부기한까지 내지 아니하면 체납된 전파사용료에 대하여 100분의 5의 범위에서 대통령령으로 정하는 비율에 상당하는 금액을 가산금으로 받는다. 〈개정 2013. 3. 23., 2017. 7. 26.〉

③ 전파사용료 및 제2항에 따른 가산금을 내지 아니하면 국세 체납처분의 예에 따라 징수한다.

[전문개정 2008. 6. 13.]

제69조(수수료) ① 다음 각 호의 어느 하나에 해당하는 자는 대통령령으로 정하는 바에 따라 수수료를 내야 한다. 〈개정 2010. 7. 23., 2014. 6. 3., 2015. 12. 22., 2020. 6. 9., 2024. 1. 23.〉

1. 제10조제3항, 제16조, 제16조의2에 따라 주파수할당 · 재할당 · 추가할당을 신청하는 자

1의2. 삭제 〈2015. 12. 1.〉

1의3. 제18조의2제2항 또는 제22조제1항에 따라 승인 · 변경승인 또는 재승인을 신청하는 자

2. 제19조(제58조제3항에 따라 준용되는 경우를 포함한다) 또는 제22조제1항에 따른 허가 · 재허가 또는 변경허가를 신청하는 자

3. 제24조(제58조제3항에 따라 준용되는 경우를 포함한다) 및 제58조의6제1항에 따른 검사를 받는 자

4. 삭제 〈2010. 7. 23.〉

5. 제47조의2제4항에 따라 전자파 강도의 측정을 요청하는 자

5의2. 제56조제1항에 따른 안전성 평가를 의뢰하는 자

5의3. 제58조의2에 따른 적합인증 및 적합등록을 신청(변경신고를 포함한다)하거나 잠정인증을 신청하는 자와 제58조의8제4항에 따라 적합성평가를 신청하는 자

5의4. 제58조의5제1항에 따른 지정시험기관의 지정을 받기 위하여 신청하거나 같은 조 제2항에 따른 변경신청(지정분야 또는 시험항목 추가에 따른 변경신청에 한정한다)을 하는 자

5의5. 제58조의8제1항에 따라 적합성평가 결과를 상호 인정하기 위하여 필요한 비용을 지급하여야 하는 인증기관

5의6. 제58조의8제1항의 상호인정협정에 따라 적합성평가 시험업무를 하는 기관으로 지정, 지정갱신, 변경을 신청하는 자

6. 제70조에 따른 기술자격검정 시험에 응시하려는 사람 및 기술자격증을 발급받으려는 사람

② 제1항의 수수료는 공공복리를 증진하기 위하여 필요하면 대통령령으로 정하는 바에 따라 감면할 수 있다.

[전문개정 2008. 6. 13.]

제7장 무선종사자 〈개정 2008. 6. 13.〉

제70조(무선종사자의 자격) ① 무선종사자가 되려는 사람은 국가기술자격에 관한 법령 또는 대통령령으로 정하는 바에 따라 시행하는 기술자격검정에 합격하여야 한다. 〈개정 2020. 6. 9.〉

② 과학기술정보통신부장관은 제1항에 따른 기술자격검정에 합격한 사람에게 대통령령으로 정하는 바에 따라 기술자격증을 발급한다. 〈개정 2013. 3. 23., 2017. 7. 26., 2020. 6. 9.〉

③ 무선종사자의 자격종목 및 자격종목별 종사범위는 대통령령으로 정한다.

④ 무선국의 무선설비는 무선종사자가 아니면 이를 운용하거나 그 공사를 하여서는 아니 된다. 다만, 선박이나 항공기가 항행 중이어서 무선종사자를 보충할 수 없거나 그 밖에 대통령령으로 정하는 경우에는 그러하지 아니하다.

⑤ 제2항에 따라 기술자격증을 발급받은 사람은 다른 사람에게 그 기술자격증을 빌려주어서는 아니 되고, 누구든지 그 기술자격증

을 빌려서는 아니 된다. 〈신설 2019. 12. 10.〉

⑥ 누구든지 제5항에 따라 금지된 행위를 알선해서는 아니 된다. 〈신설 2019. 12. 10.〉

[전문개정 2008. 6. 13.]

제70조의2(부정행위자에 대한 조치) 과학기술정보통신부장관은 제70조제1항에 따른 무선종사자 기술자격검정에서 부정행위를 한 응시자에 대하여는 그 검정을 정지시키거나 무효로 하고, 해당 검정 시행일부터 3년간 응시자격을 정지한다. 〈개정 2017. 7. 26.〉

[본조신설 2015. 12. 22.]

제71조(무선종사자의 배치) 시설자는 대통령령으로 정하는 자격 및 정원배치기준에 따라 무선종사자를 무선국에 배치하여야 한다. 다만, 다음 각 호의 어느 하나에 해당하는 사람은 무선국에 배치하여서는 아니 된다. 〈개정 2014. 6. 3., 2020. 6. 9.〉

1. 피성년후견인

2. 「형법」 중 내란의 죄와 외환의 죄, 「군형법」 중 이적의 죄 또는 「국가보안법」을 위반하여 금고 이상의 형을 선고받고 그 집행이 끝나거나 집행을 받지 아니하기로 확정된 후 5년이 지나지 아니한 자

[전문개정 2008. 6. 13.]

제71조의2(조사 및 조치) ① 과학기술정보통신부장관은 다음 각 호의 어느 하나에 해당하는 경우 소속 공무원으로 하여금 이를 조사 또는 시험하게 할 수 있다. 〈개정 2013. 3. 23., 2015. 1. 20., 2017. 7. 26.〉

1. 무선설비 및 고압송전선, 그 밖에 전기적 설비에 의한 혼신 또는 전자파장해가 있거나 무선설비등에서 발생하는 전자파가 제47조의2제1항에 따른 전자파 인체보호기준을 초과한 사실을 알게 된 경우

2. 적합성평가를 받은 기자재가 적합성평가 기준대로 제조·수입·판매되고 있는지 확인이 필요한 경우

3. 제19조·제19조의2·제24조·제25조·제29조·제45조·제52조·제58조·제58조의2 또는 제58조의10을 위반한 자가 있다고 인정되는 경우

② 과학기술정보통신부장관은 제1항에 따른 조사 또는 시험을 위하여 필요한 경우 관련 자료 또는 해당 기자재의 제출을 요구할 수 있으며, 필요한 경우 소속 공무원으로 하여금 해당 무선설비 또는

기자재의 설치 장소, 해당 기관의 사무실, 사업장 등 그 밖에 필요한 장소에 출입하여 설비를 조사 또는 시험하게 할 수 있다. 〈개정 2013. 3. 23., 2017. 7. 26.〉

③ 과학기술정보통신부장관은 제2항에 따라 무선설비 또는 기자재의 설치 장소, 해당 기관의 사무실, 사업장 등 그 밖에 필요한 장소에 출입하는 경우에는 조사 7일 전까지 조사 목적, 방법, 기간 등이 포함된 조사계획을 해당 무선국 시설자 또는 출입 기관의 장에게 알려야 한다. 다만, 긴급하거나 사전에 알렸을 때 증거 인멸 등 조사의 목적을 달성할 수 없다고 인정하는 때에는 그러하지 아니하다. 〈개정 2013. 3. 23., 2017. 7. 26.〉

④ 제1항에 따른 조사 또는 시험을 하는 공무원은 그 권한을 표시하는 증표를 지니고 이를 관계인에게 보여주어야 한다.

⑤ 과학기술정보통신부장관은 제1항에 따른 조사 또는 시험 결과 위반 사실이 확인되었을 때에는 그 시설자, 제조·수입·판매·대여하는 자, 판매·대여할 목적으로 진열·보관·운송하거나 무선국·방송통신망에 설치하는 자에게 개선·시정·수거·철거·파기 또는 생산중지·수입중지·판매중지·사용중지 등 필요한 조치를 명하거나 관계 중앙행정기관의 장에게 필요한 조치를 명하도록 요청할 수 있다. 〈개정 2013. 3. 23., 2017. 7. 26.〉

⑥ 제1항부터 제5항까지의 규정에 따른 조사·시험 및 조치의 절차와 방법 등에 관하여 필요한 사항은 대통령령으로 정한다. 〈개정 2015. 12. 22.〉

[본조신설 2010. 7. 23.]

제8장 보칙 〈개정 2008. 6. 13.〉

제72조(무선국의 개설허가 취소 등) ① 시설자등이 다음 각 호의 어느 하나에 해당하는 경우에는 무선국의 개설허가나 개설신고 또는 주파수 사용승인은 그 효력을 상실한다. 〈개정 2014. 6. 3.〉

1. 제11조 및 제12조에 따라 주파수할당을 받은 시설자가 제15조의2에 따라 주파수할당이 취소되거나 제16조제1항에 따른 재할당을 받지 못하는 경우

2. 제20조제1항제1호부터 제3호까지의 규정에 따른 결격사유에 해당하게 된 경우

3. 제22조제1항에 따른 재승인이나 재허가를 받지 못하는 경우

② 과학기술정보통신부장관 또는 방송통신위원회는 시설자가 다음 각 호의 어느 하나에 해당하는 때에는 무선국 개설허가의 취소 또는 개설신고한 무선국의 폐지를 명하거나 6개월 이내의 기간을 정하여 무선국의 운용정지, 무선국의 운용허용시간, 주파수 또는 안테나공급전력의 제한을 명할 수 있다. 다만, 제1호 및 제2호에 해당하는 경우에는 무선국의 취소 또는 폐지를 명하여야 한다. 〈개정 2007. 12. 21., 2008. 2. 29., 2008. 6. 13., 2010. 7. 23., 2013. 3. 23., 2015. 12. 1., 2017. 7. 26., 2020. 6. 9., 2021. 10. 19.〉

1. 시설자가 제20조제1항 각 호의 어느 하나에 해당하게 된 경우

2. 거짓이나 그 밖의 부정한 방법으로 제21조에 따른 무선국의 개설허가 또는 변경허가를 받은 경우

3. 제21조제4항에 따른 무선국의 허가증 또는 제22조의2제2항에 따른 무선국 신고증명서에 적혀있는 준공기한(제24조제2항에 따라 기한을 연장한 경우에는 그 기한)이 지난 후 30일이 지날 때까지 준공신고를 마치지 아니한 경우

4. 제23조제2항에 따른 인가를 받지 아니하거나 제3항에 따른 신고를 하지 아니하고 무선국을 운용한 경우

4의2. 제19조의2제1항제3호의 무선국을 제24조제1항에 따른 준공신고를 하지 아니하고 운용하거나 제25조제3항(제58조제3항 단서에 따라 준용되는 경우를 포함한다)을 위반하여 재검사를 받지 아니하고 운용한 때

4의3. 제24조제3항 단서 및 제25조제3항 단서(제58조제3항 단서에 따라 준용되는 경우를 포함한다)에 따른 기한(검사기관의 사정으로 발생한 지연 일수는 검사기간 산정에서 제외한다)까지 재검사를 신청하지 아니하거나 재검사 신청 후 재검사에 합격하지 못한 경우

5. 제24조제4항 및 제5항(제58조제3항 본문에 따라 준용되는 경우를 포함한다)에 따른 검사를 거부하거나 방해한 경우

6. 제25조제1항을 위반하여 준공검사를 받지 아니하고 무선국을 운용한 경우

6의2. 삭제 〈2010. 7. 23.〉

7. 정당한 사유 없이 계속하여 6개월 이상 무선국의 운용을 휴지

한 경우
8. 전파사용료를 내지 아니한 경우
9. 제25조제2항을 위반하여 허가 또는 신고 사항의 범위를 벗어나 무선국을 운용한 경우
10. 제28조제1항을 위반하여 의무선박국 및 의무항공기국이 갖추어야 할 사용주파수 및 전파형식 등의 무선국의 조건을 갖추지 아니한 경우
11. 제30조제1항을 위반하여 통신보안에 관한 사항을 지키지 아니한 경우
12. 제31조제1항을 위반하여 외국의 실험국과 통신을 한 경우
13. 제31조제2항을 위반하여 실험국과 아마추어국이 암어를 사용하여 통신을 한 경우
14. 제45조를 위반하여 무선설비의 기술기준이 적합하지 아니한 경우
15. 제47조를 위반하여 무선설비를 안전시설기준에 따라 설치하지 아니한 경우
16. 제48조제1항을 위반하여 승인을 받지 아니하고 무선설비를 다른 사람에게 임대·위탁운용하거나 다른 사람과 공동으로 사용한 경우
17. 제69조제1항을 위반하여 수수료를 내지 아니한 경우
18. 제70조제3항을 위반하여 무선종사자가 종사범위를 벗어나 무선설비를 운용하거나 공사를 한 경우
19. 제70조제4항을 위반하여 무선종사자가 아닌 자가 무선설비를 운용하거나 공사를 한 경우
20. 제71조를 위반하여 무선종사자를 무선국에 배치하지 아니하거나 제71조 각 호의 어느 하나에 해당하는 사람을 무선국에 배치한 경우

③ 과학기술정보통신부장관 또는 방송통신위원회는 다음 각 호의 어느 하나에 해당하는 경우에는 무선국 개설허가의 취소 또는 개설신고한 무선국의 폐지를 명하거나 무선국의 변경·운용제한 또는 운용정지를 명할 수 있다. 〈개정 2008. 6. 13., 2013. 3. 23., 2017. 7. 26.〉
1. 비상사태가 발생한 경우

2. 혼신을 방지하기 위하여 필요한 경우

3. 제6조의2에 따라 주파수회수 또는 주파수재배치를 한 경우

④ 과학기술정보통신부장관 또는 방송통신위원회는 제1항의 경우에는 효력상실의 뜻을, 제2항이나 제3항에 따른 처분을 한 경우에는 처분내용과 그 사유를 시설자에게 서면으로 알려주어야 한다. 〈개정 2008. 6. 13., 2013. 3. 23., 2017. 7. 26.〉

⑤ 제2항과 제3항에 따른 무선국 개설허가의 취소 또는 개설신고한 무선국의 폐지 명령 등에 대한 세부적인 기준, 그 밖에 필요한 사항은 대통령령으로 정한다. 〈신설 2008. 6. 13.〉

[제목개정 2008. 6. 13.]

제73조(과징금의 부과 · 징수) ① 과학기술정보통신부장관 또는 방송통신위원회는 제72조제2항에 따라 무선국의 운용정지 또는 주파수 등의 제한을 명하여야 하는 경우에 그 정지나 제한이 해당 무선국의 이용자에게 심한 불편을 주거나 공익을 해칠 우려가 있으면 그 정지 또는 제한을 갈음하여 3천만원 이하의 과징금을 부과 · 징수할 수 있다. 〈개정 2013. 3. 23., 2017. 7. 26.〉

② 과학기술정보통신부장관은 제58조의7제2항에 따라 지정시험기관 업무의 전부 또는 일부의 정지를 명하여야 하는 경우로서 그 업무정지가 해당 시험기관의 이용자에게 심한 불편을 주거나 그 밖에 공익을 저해할 우려가 있는 경우에는 그 업무정지를 갈음하여 5억원 이하의 과징금을 부과 · 징수할 수 있다. 〈신설 2024. 1. 23.〉

③ 제1항 및 제2항에 따른 과징금을 부과하는 위반행위의 종류와 그 정도에 따른 과징금의 금액, 그 밖에 필요한 사항은 대통령령으로 정한다. 〈개정 2024. 1. 23.〉

④ 과학기술정보통신부장관 또는 방송통신위원회는 제1항 및 제2항에 따른 과징금을 내야 할 자가 내지 아니하면 기간을 정하여 독촉하고, 그 지정된 기간에 과징금을 내지 아니하면 국세 체납처분의 예에 따라 징수한다. 〈개정 2013. 3. 23., 2017. 7. 26., 2024. 1. 23.〉

⑤ 제1항 및 제2항에 따른 과징금의 부과 · 징수에 관하여는 제72조제4항을 준용한다. 〈개정 2024. 1. 23.〉

[전문개정 2008. 6. 13.]

제74조 삭제 〈2010. 7. 23.〉

第75조 삭제 〈2010. 7. 23.〉

第76조(무선종사자의 기술자격의 취소 등) ① 과학기술정보통신부장관은 무선종사자가 다음 각 호의 어느 하나에 해당하면 대통령령으로 정하는 바에 따라 기술자격을 취소하거나 3년의 범위에서 업무종사의 정지를 명할 수 있다. 다만, 제1호에 해당하는 경우에는 기술자격을 취소하여야 한다. 〈개정 2010. 7. 23., 2013. 3. 23., 2015. 12. 22., 2017. 7. 26.〉

1. 거짓이나 그 밖의 부정한 방법으로 무선종사자의 기술자격을 취득한 경우

1의2. 다른 사람에게 무선종사자의 명의를 사용하게 하거나 기술자격증을 빌려준 사람

2. 제25조제1항을 위반하여 준공검사를 받지 아니하고 무선국을 운용한 경우

3. 제25조제2항을 위반하여 허가 또는 신고 사항의 범위를 벗어나 무선국을 운용한 경우

4. 제27조를 위반하여 과학기술정보통신부장관이 정하여 고시하는 호출방법, 응답방법, 운용시간, 청취의무, 그 밖의 통신방법 등을 지키지 아니하고 운용한 경우

5. 제28조제2항을 위반하여 조난통신·긴급통신·안전통신을 수신하고도 필요한 조치를 하지 아니한 경우

6. 제28조제3항을 위반하여 선박국이 해안국의 통신권에 들어왔을 때와 통신권을 벗어날 때에 해안국에 그 사실을 알리지 아니한 경우

7. 제28조제4항을 위반하여 항공기국이 항공국과 연락을 하지 아니한 경우

8. 제30조제1항을 위반하여 통신보안사항을 지키지 아니하거나 같은 조 제2항에 따른 통신보안교육을 받지 아니한 경우

9. 제31조제2항을 위반하여 실험국과 아마추어국이 암어를 사용하여 통신을 한 경우

10. 제70조제3항을 위반하여 무선종사자가 그 종사범위를 벗어나 무선설비를 운용하거나 공사를 한 경우

② 제1항에 따라 기술자격이 취소된 사람은 취소된 날부터 3년간 무선종사자 기술자격을 받을 수 없다. 〈신설 2015. 12. 22.〉

③ 제1항에 따른 무선종사자의 기술자격의 취소 등에 대한 세부적인 기준, 그 밖에 필요한 사항은 대통령령으로 정한다. 〈개정 2015. 12. 22.〉

[전문개정 2008. 6. 13.]

제77조(청문) 과학기술정보통신부장관 또는 방송통신위원회는 다음 각 호의 어느 하나에 해당하는 처분을 하려면 청문을 하여야 한다. 〈개정 2010. 7. 23., 2013. 3. 23., 2014. 6. 3., 2015. 12. 1., 2015. 12. 22., 2017. 7. 26.〉

1. 제6조의2에 따른 주파수회수 또는 주파수재배치
2. 제14조제8항에 따른 주파수이용권의 양수 또는 임차에 대한 승인 취소
3. 제15조의2에 따른 주파수할당의 취소
4. 제41조제7항에 따른 위성주파수이용권의 양도 또는 임대 등에 대한 승인 취소
5. 제42조의2제4항에 따른 우주국 무선설비의 양도 또는 임대에 대한 승인 취소
6. 제58조의4에 따른 적합성평가의 취소
7. 제58조의7제2항 및 제3항에 따른 지정시험기관의 업무정지 명령 또는 지정 취소
8. 제72조제2항에 따른 무선국 개설허가의 취소 또는 개설신고한 무선국의 폐지, 무선국 운용정지 또는 무선국의 운용허용시간 · 주파수 · 안테나공급전력의 제한 명령
9. 제76조에 따른 기술자격의 취소 또는 업무종사의 정지 명령

[전문개정 2008. 6. 13.]

제78조(권한의 위임 · 위탁) ① 이 법에 따른 과학기술정보통신부장관의 권한은 대통령령으로 정하는 바에 따라 그 일부를 소속 기관의 장에게 위임할 수 있다. 〈개정 2013. 3. 23., 2017. 7. 26.〉

② 과학기술정보통신부장관은 대통령령으로 정하는 바에 따라 제7조, 제7조의2, 제18조, 제24조제1항 · 제4항 및 제5항(제58조에 따라 준용되는 경우를 포함한다), 제25조의2제1항(제58조에 따라 준용되는 경우를 포함한다), 제47조의2제4항 · 제5항 및 제58조의2, 제63조부터 제65조까지, 제69조 및 제70조제1항 · 제2항에 따른 업무의 일부를 진흥원 · 협회 또는 「전기통신사업법」에 따른 기간통신

사업자에게 위탁할 수 있다. 〈개정 2010. 7. 23., 2013. 3. 23., 2017. 7. 26.〉

③ 이 법에 따른 방송통신위원회의 권한은 그 일부를 대통령령으로 정하는 바에 따라 소속 기관의 장에게 위임할 수 있다. 〈신설 2013. 3. 23., 2017. 7. 26., 2021. 6. 8.〉

④ 이 법에 따른 방송통신위원회의 업무는 그 일부를 대통령령으로 정하는 바에 따라 진흥원 또는 협회에 위탁할 수 있다. 〈신설 2021. 6. 8.〉

[전문개정 2008. 6. 13.]

제79조(다른 법률의 준용) ① 삭제 〈2010. 7. 23.〉

② 전파 관리 업무에 사용되는 안테나와 그 부속설비의 건설이나 보수에 관하여는 「전기통신사업법」 제45조, 제72조부터 제74조까지, 제76조부터 제78조까지, 제80조, 제95조제6호 및 제104조제1항제1호 · 제2호를 준용한다. 다만, 「도로법」에 따른 도로, 「하천법」에 따른 하천 또는 「항만법」에 따른 항만에 이를 건설하거나 보수하려면 미리 소관 관리청과 협의하여야 한다. 〈개정 2009. 6. 9., 2010. 3. 22., 2015. 12. 1.〉

[전문개정 2008. 6. 13.]

제9장 벌칙 〈개정 2008. 6. 13.〉

제80조(벌칙) ① 무선설비나 전선로에 주파수가 9킬로헤르츠 이상인 전류가 흐르는 통신설비(케이블전송설비 및 평형2선식 나선전송설비를 제외한 통신설비를 말한다)를 이용하여 「대한민국헌법」 또는 「대한민국헌법」에 따라 설치된 국가기관을 폭력으로 파괴할 것을 주장하는 통신을 한 자는 1년 이상 15년 이하의 징역에 처한다. 〈개정 2014. 6. 3., 2015. 12. 1.〉

② 제1항의 미수범은 처벌한다.

③ 제1항의 죄를 저지를 목적으로 예비하거나 음모한 자는 10년 이하의 징역에 처한다. 〈개정 2014. 6. 3., 2020. 6. 9.〉

[전문개정 2008. 6. 13.]

제81조(벌칙) ① 다음 각 호의 어느 하나에 해당하는 자는 10년 이하의 징역 또는 1억원 이하의 벌금에 처한다. 〈개정 2014. 6. 3.〉

1. 조난통신 · 긴급통신 또는 안전통신을 발신하여야 할 사태에 이

르렀는데도 그 선장이나 기장이 필요한 명령을 하지 아니하거나 무선통신 업무에 종사하는 자로서 그 명령을 받고 지체 없이 이를 발신하지 아니한 자

2. 무선통신 업무에 종사하는 자로서 제28조제2항에 따른 조난통신의 조치를 하지 아니하거나 지연시킨 자

3. 조난통신의 조치를 방해한 자

② 제1항제2호 및 제3호의 미수범은 처벌한다.

[전문개정 2008. 6. 13.]

第82조(벌칙) ① 다음 각 호 어느 하나의 업무에 제공되는 무선국의 무선설비를 손괴(損壞)하거나 물품의 접촉, 그 밖의 방법으로 무선설비의 기능에 장해를 주어 무선통신을 방해한 자는 10년 이하의 징역 또는 1억원 이하의 벌금에 처한다. 〈개정 2014. 6. 3.〉

1. 전기통신 업무
2. 방송 업무
3. 치안유지 업무
4. 기상 업무
5. 전기공급 업무
6. 철도·선박·항공기의 운행 업무

② 제1항에 따른 무선설비 외의 무선설비에 대하여 제1항에 해당하는 행위를 한 자는 5년 이하의 징역 또는 5천만원 이하의 벌금에 처한다. 〈개정 2014. 6. 3.〉

③ 제1항과 제2항의 미수범은 처벌한다.

[전문개정 2008. 6. 13.]

第83조(벌칙) ① 삭제 〈2015. 12. 22.〉

② 선박이나 항공기의 조난이 없음에도 불구하고 무선설비로 조난통신을 한 자는 5년 이하의 징역에 처한다.

③ 무선통신 업무에 종사하는 자가 제2항에 따른 행위를 하면 10년 이하의 징역 또는 1억원 이하의 벌금에 처한다. 〈개정 2015. 12. 22.〉

[전문개정 2008. 6. 13.]

第84조(벌칙) 다음 각 호의 어느 하나에 해당하는 자는 3년 이하의 징역 또는 3천만원 이하의 벌금에 처한다. 〈개정 2010. 7. 23., 2014. 6. 3., 2015. 3. 27., 2015. 12. 22., 2020. 6. 9., 2024.

1. 23.〉

1. 제19조제1항에 따른 허가를 받지 아니하거나 제19조의2제1항에 따른 신고를 하지 아니하고 같은 항 제3호 및 제4호의 무선국을 개설하거나 운용한 자

1의2. 제29조제5항에 따른 인가를 받지 아니하고 전파차단장치를 제조·수입 또는 판매한 자

2. 제41조제3항에 따른 승인을 받지 아니하고 위성주파수이용권의 전부 또는 일부를 양도·양수 또는 임대·임차하거나 위성주파수 등의 이용을 중단한 자

3. 제42조의2제1항에 따른 승인을 받지 아니하고 우주국 무선설비의 전부나 일부를 양도·양수하거나 임대·임차(무선설비를 위탁운용하거나 다른 자와 공동으로 사용하는 경우를 포함한다)한 자

4. 제58조제1항에 따른 허가를 받지 아니하고 같은 항 제2호에 따른 통신설비를 설치하거나 운용한 자

5. 제58조의2제2항, 제3항 및 제9항에 따른 적합성평가를 받지 아니한 기자재를 판매하거나 판매할 목적으로 제조·수입한 자

6. 제58조의10제1항을 위반하여 적합성평가를 받은 기자재를 복제·개조 또는 변조한 자

[전문개정 2008. 6. 13.]

제85조 삭제 〈2015. 12. 22.〉

제86조(벌칙) 다음 각 호의 어느 하나에 해당하는 자는 1년 이하의 징역 또는 1천만원 이하의 벌금에 처한다. 〈개정 2006. 12. 26., 2007. 1. 3., 2007. 12. 21., 2008. 6. 13., 2010. 7. 23., 2014. 6. 3., 2019. 12. 10., 2020. 6. 9., 2021. 10. 19., 2024. 1. 23.〉

1. 제24조제4항 및 제5항(제58조제3항 본문에 따라 준용되는 경우를 포함한다), 제47조의2제5항 및 제71조의2제1항 및 제2항(제47조의3제4항에 따라 준용되는 경우를 포함한다)에 따른 검사·측정·조사·시험 또는 현장 출입을 거부하거나 방해한 자

1의2. 삭제 〈2010. 7. 23.〉

2. 삭제 〈2010. 7. 23.〉

3. 제47조의2제6항에 따른 명령을 이행하지 아니한 자

4. 제52조제1항에 따른 승인을 얻지 아니하고 건조물 또는 인공구조물을 건설한 자

4의2. 제58조의2제2항, 제3항 및 제9항을 위반하여 적합성평가를 받지 아니한 기자재를 판매·대여할 목적으로 진열·보관 또는 운송하거나 무선국·방송통신망에 설치한 자

5. 제58조의4제1항 및 제71조의2제5항에 따른 명령을 이행하지 아니한 자

5의2. 제58조의10제2항을 위반하여 복제 또는 개조·변조한 기자재를 판매·대여하거나 판매·대여할 목적으로 진열·보관 또는 운송하거나 무선국·방송통신망에 설치한 자

5의3. 제70조제5항을 위반하여 무선종사자의 기술자격증을 다른 사람에게 빌려주거나 빌린 사람

5의4. 제70조제6항을 위반하여 무선종사자의 기술자격증을 빌려주거나 빌리는 것을 알선한 사람

6. 제72조제2항 또는 제3항(제58조제3항에 따라 준용되는 경우를 포함한다)에 따라 운용정지 명령을 받은 무선국·무선설비 또는 제58조제1항제2호에 따른 통신설비를 운용한 자

[제목개정 2007. 12. 21.]

제86조(벌칙) 다음 각 호의 어느 하나에 해당하는 자는 1년 이하의 징역 또는 1천만원 이하의 벌금에 처한다. 〈개정 2006. 12. 26., 2007. 1. 3., 2007. 12. 21., 2008. 6. 13., 2010. 7. 23., 2014. 6. 3., 2019. 12. 10., 2020. 6. 9., 2021. 10. 19., 2024. 1. 23., 2024. 10. 22.〉

1. 제24조제4항 및 제5항(제58조제3항 본문에 따라 준용되는 경우를 포함한다), 제47조의2제5항 및 제71조의2제1항 및 제2항(제47조의3제4항에 따라 준용되는 경우를 포함한다)에 따른 검사·측정·조사·시험 또는 현장 출입을 거부하거나 방해한 자

1의2. 삭제 〈2010. 7. 23.〉

2. 삭제 〈2010. 7. 23.〉

3. 제47조의2제6항에 따른 명령을 이행하지 아니한 자

4. 제52조제1항에 따른 승인을 얻지 아니하고 건조물 또는 인공구조물을 건설한 자

4의2. 제58조의2제2항, 제3항 및 제9항을 위반하여 적합성평가를 받지 아니한 기자재를 판매·대여할 목적으로 운송하거나 무선국·방송통신망에 설치한 자

5. 제58조의4제1항 및 제71조의2제5항에 따른 명령을 이행하지 아니한 자

5의2. 제58조의10제2항을 위반하여 복제 또는 개조·변조한 기자재를 판매·대여하거나 판매·대여할 목적으로 진열·보관 또는 운송하거나 무선국·방송통신망에 설치한 자

5의3. 제70조제5항을 위반하여 무선종사자의 기술자격증을 다른 사람에게 빌려주거나 빌린 사람

5의4. 제70조제6항을 위반하여 무선종사자의 기술자격증을 빌려주거나 빌리는 것을 알선한 사람

6. 제72조제2항 또는 제3항(제58조제3항에 따라 준용되는 경우를 포함한다)에 따라 운용정지 명령을 받은 무선국·무선설비 또는 제58조제1항제2호에 따른 통신설비를 운용한 자

[제목개정 2007. 12. 21.]

[시행일: 2025. 4. 23.] 제86조

제87조(벌칙) 다음 각 호의 어느 하나에 해당하는 자는 100만원 이하의 벌금에 처한다. 〈개정 2010. 7. 23.〉

1. 제24조의2제1항제1호부터 제3호까지의 무선국을 제19조제1항에 따른 허가를 받지 아니하고 개설하거나 운용한 자

2. 제72조제3항(제58조제3항에 따라 준용되는 경우를 포함한다)에 따라 운용이 정지된 제58조제1항제1호에 따른 설비를 운용한 자

[전문개정 2008. 6. 13.]

제88조(양벌규정) 법인의 대표자나 법인 또는 개인의 대리인, 사용인, 그 밖의 종업원이 그 법인 또는 개인의 업무에 관하여 제84조 또는 제86조의 위반행위를 하면 그 행위자를 벌하는 외에 그 법인 또는 개인에게도 해당 조문의 벌금형을 과(科)한다. 다만, 법인 또는 개인이 그 위반행위를 방지하기 위하여 해당 업무에 관하여 상당한 주의와 감독을 게을리하지 아니한 경우에는 그러하지 아니하다.

[전문개정 2010. 7. 23.]

제89조(벌칙 적용에서 공무원 의제) 다음 각 호의 어느 하나에 해당하는 사람은 「형법」 제129조부터 제132조까지의 규정에 따른 벌칙을 적용할 때에는 공무원으로 본다. 〈개정 2017. 7. 26.〉

1. 제6조의2제3항에 따른 주파수심의위원회의 위원 중 공무원이 아닌 사람

2. 제58조의5제1항에 따라 적합성평가 시험 업무를 취급하는 사람

3. 제78조제2항·제3항에 따라 과학기술정보통신부장관 또는 방송통신위원회로부터 위탁받은 업무에 종사하는 사람

[전문개정 2015. 12. 22.]

제89조의2(과태료) 제19조제3항에 따라 신규로 이용계약을 체결한 가입자의 수와 전체 가입자의 수를 통보하지 아니하거나 거짓으로 통보한 자에게는 1천만원 이하의 과태료를 부과한다.

[본조신설 2008. 6. 13.]

제89조의3(과태료) 다음 각 호의 어느 하나에 해당하는 자에게는 500만원 이하의 과태료를 부과한다. 〈개정 2024. 1. 23.〉

1. 제24조제7항을 위반하여 무선국을 검사받지 아니하고 운용하는 자

2. 제48조의2제1항의 명령을 위반하여 무선국을 공동으로 사용하지 아니하거나 환경친화적으로 설치하지 아니하고 사용한 자

3. 제58조의2제4항을 위반하여 자기적합확인을 하지 아니하고 자기적합확인 대상 기자재를 판매하거나 판매할 목적으로 제조·수입한 자

[본조신설 2010. 7. 23.]

<u>제89조의3(과태료) 다음 각 호의 어느 하나에 해당하는 자에게는 500만원 이하의 과태료를 부과한다. 〈개정 2024. 1. 23., 2024. 10. 22.〉</u>

<u>1. 제24조제7항을 위반하여 무선국을 검사받지 아니하고 운용하는 자</u>

<u>2. 제48조의2제1항의 명령을 위반하여 무선국을 공동으로 사용하지 아니하거나 환경친화적으로 설치하지 아니하고 사용한 자</u>

<u>2의2. 제58조의2제2항, 제3항 및 제9항을 위반하여 적합성평가를 받지 아니한 기자재를 판매·대여할 목적으로 진열·보관한 자</u>

<u>3. 제58조의2제4항을 위반하여 자기적합확인을 하지 아니하고 자기적합확인 대상 기자재를 판매하거나 판매할 목적으로 제조·수입한 자</u>

<u>[본조신설 2010. 7. 23.]</u>

<u>[시행일: 2025. 4. 23.] 제89조의3</u>

제90조(과태료) 다음 각 호의 어느 하나에 해당하는 자에게는 300

만원 이하의 과태료를 부과한다. 〈개정 2008. 6. 13., 2010. 7. 23., 2012. 5. 23., 2014. 6. 3., 2015. 12. 1., 2021. 10. 19., 2024. 1. 23.〉

1. 제18조의2제3항에 따른 사용승인서에 포함된 전파의 형식, 점유주파수대역폭 및 주파수, 안테나공급전력, 안테나의 형식·구성 및 이득에 관한 사항을 위반하여 운용한 경우

1의2. 제19조의2제1항제1호 및 제2호에 따른 무선국을 신고하지 아니하고 운용한 자

2. 제19조의2제1항제3호의 무선국을 제24조제1항을 위반하여 준공신고를 하지 아니하고 운용하거나 제25조제3항(제58조제3항 단서에 따라 준용되는 경우를 포함한다)을 위반하여 재검사를 받지 아니하고 운용하는 자

2의2. 제25조제1항을 위반하여 무선설비를 운용한 자

3. 제25조제2항 각 호 외의 부분 본문을 위반하여 무선국의 허가 또는 신고 사항을 벗어나 무선국을 운용한 경우

3의2. 삭제 〈2010. 7. 23.〉

4. 제47조의2제8항을 위반하여 전자파 등급을 표시하지 아니한 자

5. 제58조제1항제1호에 따른 설비를 허가받지 아니하고 운용한 자

5의2. 제58조의2제4항을 위반하여 자기적합확인을 하지 아니하고 자기적합확인 대상 기자재를 판매·대여할 목적으로 진열·보관 또는 운송하거나 무선국·방송통신망에 설치한 자

5의3. 제58조의2제5항을 위반하여 적합등록, 자기적합확인, 자기적합확인 변경 후 관련 서류를 보관하지 아니한 자

5의4. 제58조의2제8항을 위반하여 제58조의2제2항, 제3항 및 제9항에 따른 적합성평가를 받은 후 적합성평가표시를 하지 아니하고 판매·대여한 자나 판매·대여할 목적으로 진열·보관 또는 운송하거나 무선국·방송통신망에 설치한 자

5의5. 제58조의6제1항에 따른 검사 및 현장 출입을 거부하거나 방해한 자

5의6. 제58조의6제1항 및 제71조의2제2항(제47조의3제4항에 따라 준용되는 경우를 포함한다)에 따른 자료 또는 기자재 제출 요구를 거부하거나 방해한 자

5의7. 제58조의11제1항에 따른 보고를 하지 아니하거나 거짓으

로 보고한 자

5의8. 제58조의12제1항에 따른 표시를 하지 아니한 자

5의9. 제58조의12제3항에 따른 명령을 이행하지 아니한 자

5의10. 제71조의2제5항에 따른 명령을 위반하여 무선국을 운용한 자

6. 제72조제2항 또는 제3항(제58조제3항에 따라 준용되는 경우를 포함한다)에 따른 운용의 제한을 위반한 자

[제목개정 2008. 6. 13.]

제91조(과태료) 다음 각 호의 어느 하나에 해당하는 자에게는 200만원 이하의 과태료를 부과한다. 〈개정 2020. 6. 9.〉

1. 제28조제2항을 위반하여 긴급통신 · 안전통신 또는 비상통신에 관한 의무를 이행하지 아니한 자

2. 제29조제2항 본문을 위반하여 무선국을 운용한 자

3. 제30조제1항에 따른 통신보안사항을 지키지 아니하거나 같은 조 제2항에 따른 통신보안교육을 받지 아니한 자

4. 제45조와 제47조를 위반하여 무선설비의 기술기준 또는 안전시설기준에 적합하지 아니한 무선설비를 운용한 자

5. 제47조의2제3항을 위반하여 전자파 강도의 측정 결과를 보고하지 아니하거나 거짓으로 보고한 자

6. 제70조제4항 본문을 위반하여 무선설비를 운용하거나 공사를 한 자

7. 제76조에 따라 업무종사의 정지를 당한 후 그 기간에 무선설비를 운용하거나 그 공사를 한 자

[전문개정 2008. 6. 13.]

제92조(과태료) 다음 각 호의 어느 하나에 해당하는 자에게는 100만원 이하의 과태료를 부과한다. 〈개정 2010. 7. 23., 2024. 1. 23.〉

1. 제14조제3항을 위반하여 승인을 받지 아니한 자

2. 제23조제2항을 위반하여 인가를 받지 아니하거나 같은 조 제3항을 위반하여 신고를 하지 아니한 자

3. 제25조의2제1항을 위반하여 신고를 하지 아니한 자

4. 제58조의2제6항을 위반하여 변경신고를 하지 아니한 자

5. 제58조의2제7항을 위반하여 변경하려는 사항을 서면으로 관리하지 아니하거나 공개하지 아니한 자

6. 제58조의2제8항을 위반하여 제58조의2제4항에 따라 자기적합확인을 한 후 적합성평가표시 및 자기적합확인을 표시하지 아니하고 판매 · 대여한 자나 판매 · 대여할 목적으로 진열 · 보관 또는 운송하거나 무선국 · 방송통신망에 설치한 자

7. 제58조의2제9항에 따른 잠정인증의 조건을 이행하지 아니한 자

[전문개정 2008. 6. 13.]

제93조(과태료의 부과 · 징수) 제89조의2, 제89조의3 및 제90조부터 제92조까지의 규정에 따른 과태료는 대통령령으로 정하는 바에 따라 과학기술정보통신부장관 또는 방송통신위원회가 부과 · 징수한다. 〈개정 2013. 3. 23., 2017. 7. 26.〉

[전문개정 2010. 7. 23.]

부칙 〈제6197호, 2000. 1. 21.〉

제1조 (시행일) 이 법은 2000년 4월 1일부터 시행한다.

제2조 (방송수신장해건축물에 관한 경과조치) 이 법 시행당시 법률 제4193호 전파법중개정법률 제74조의4의 규정에 의한 방송수신장애 건축물의 적용대상인 건축물에 대하여는 제36조의 규정을 적용한다.

제3조 (주파수할당에 관한 경과조치) 이 법 시행당시 전기통신사업법 제5조의 규정에 의하여 기간통신사업자로 허가받은 자가 정보통신부장관으로부터 부여받은 주파수는 제12조의 규정에 의하여 할당받은 주파수로 본다.

제4조 (무선국의 개설허가에 관한 경과조치) 이 법 시행당시 종전의 규정에 의하여 무선국의 개설허가를 신청한 자에 대하여는 제21조제2항 및 제34조제2항의 규정에 불구하고 종전의 규정에 의한다.

제5조 (전자파장해검정을 받은 기기에 관한 경과조치) 법률 제5218호 전파법중개정법률 시행당시 전자파장해검정을 받은 기기는 제57조의 규정에 의하여 전자파적합등록을 한 것으로 본다.

제6조 (무선종사자자격증에 관한 경과조치) 이 법 시행당시 종전의 규정에 의하여 교부받은 무선종사자자격증은 제70조제2항의 규정에 의한 기술자격증으로 본다.

제7조 (전파장해방지구역에 관한 경과조치) 법률 제5637호 전파법중개정법률 시행당시 종전의 규정에 의하여 지정된 전자파장해방지

구역에 관하여는 동법 제74조의2 및 제74조의3의 규정에 불구하고 정보통신부장관이 정하여 고시하는 기한까지 동법 시행전의 규정에 의한다.
제8조 (과징금·벌칙 및 과태료에 관한 경과조치) 이 법 시행전의 행위에 대한 과징금·벌칙 및 과태료의 적용에 있어서는 종전의 규정에 의한다.
제9조 (다른 법률의 개정) 정보화촉진기본법중 다음과 같이 개정한다.
제34조제1항에 제3호의2를 다음과 같이 신설한다.
3의2. 전파법 제11조제2항의 규정에 의한 주파수할당대금 및 동법 제17조제2항의 규정에 의하여 산정된 금액
제34조제2항에 제3호의2를 다음과 같이 신설한다.
3의2. 전파방송의 연구개발 및 지원사업
제10조 (다른 법령과의 관계) 이 법 시행당시 다른 법령에서 종전의 규정을 인용하고 있는 경우 이 법중 그에 해당하는 규정이 있는 때에는 종전의 규정에 갈음하여 이 법의 해당 규정을 인용한 것으로 본다.

부칙 〈제6315호, 2000. 12. 29.〉 (품질경영및공산품안전관리법)
제1조(시행일) 이 법은 2001년 7월 1일부터 시행한다.
제2조 내지 제6조 생략
제7조 (다른 법률의 개정) ①및 ②생략
③전파법중 다음과 같이 개정한다.
제57조제1항제3호중 "품질경영촉진법"을 "품질경영및공산품안전관리법"으로 한다.
④생략

부칙 〈제6893호, 2003. 5. 29.〉 (소방기본법)
제1조 (시행일) 이 법은 공포후 1년이 경과한 날부터 시행한다.
제2조 내지 제4조 생략
제5조 (다른 법률의 개정) ①내지 ⑰생략
⑱전파법중 다음과 같이 개정한다.
제57조제1항제6호중 "소방법"을 "소방시설설치유지및안전관리에

관한법률"로 한다.

⑲내지 ㉓생략

제6조 생략

부칙 〈제6909호, 2003. 5. 29.〉 (의료기기법)

제1조 (시행일) 이 법은 공포후 1년이 경과한 날부터 시행한다.

제2조 내지 제5조 생략

제6조 (다른 법률의 개정) ①내지 ⑦생략

⑧전파법중 다음과 같이 개정한다.

제57조제1항제7호를 다음과 같이 한다.

7. 의료기기법에 의한 품목허가를 받은 의료기기

⑨생략

부칙 〈제7264호, 2004. 12. 30.〉

①(시행일) 이 법은 공포후 6월이 경과한 날부터 시행한다.

②(주파수 사용승인의 유효기간 기산일에 관한 경과조치) 이 법 시행 전에 제19조제5항의 규정에 따라 주파수 사용승인을 얻은 자에 대하여는 이 법 시행일에 사용승인을 얻은 것으로 본다.

③(벌칙에 관한 경과조치) 이 법 시행전의 행위에 대한 벌칙의 적용에 있어서는 종전의 규정에 의한다.

부칙 〈제7265호, 2004. 12. 30.〉 (정보화촉진기본법)

제1조 (시행일) 이 법은 2005년 1월 1일부터 시행한다.

제2조 생략

제3조 (다른 법률의 개정) ①및 ②생략

③전파법중 다음과 같이 개정한다.

제11조제2항중 "정보화촉진기금(이하 "정보화촉진기금"이라 한다)"을 "정보통신진흥기금"으로 한다.

④생략

부칙 〈제7441호, 2005. 3. 31.〉 (전기용품안전 관리법)

제1조 (시행일) 이 법은 공포 후 6월이 경과한 날부터 시행한다.

제2조 내지 제4조 생략

제5조 (다른 법률의 개정) ①생략

②전파법중 다음과 같이 개정한다.

제57조제1항제2호중 "전기용품안전관리법에 의한 형식승인을 얻은 전기용품"을 "「전기용품안전 관리법」 제5조의 규정에 의한 안전인증 및 제5조의2의 규정에 의한 안전검사"로 한다.

부칙 〈제7559호, 2005. 5. 31.〉

이 법은 공포 후 6월이 경과한 날부터 시행한다.

부칙 〈제7796호, 2005. 12. 29.〉 (국가공무원법)

제1조 (시행일) 이 법은 2006년 7월 1일부터 시행한다.

제2조 내지 제5조 생략

제6조 (다른 법률의 개정) ①내지 〈53〉생략

〈54〉전파법 일부를 다음과 같이 개정한다.

제59조의2제3항제1호중 "3급 이상의 공무원"을 "3급 이상 공무원(고위공무원단에 속하는 일반직공무원을 포함한다)"으로 한다.

〈55〉내지 〈68〉생략

부칙 〈제7815호, 2005. 12. 30.〉

제1조 (시행일) 이 법은 공포 후 6개월이 경과한 날부터 시행한다.

제2조 (주파수 이용기간에 관한 경과조치) 이 법 시행 전에 제12조의 규정에 의하여 주파수할당을 받은 자는 제15조제1항의 개정규정에 불구하고 이 법 시행일부터 5년의 이용기간이 부여된 것으로 본다.

제3조 (재할당의 특례) 부칙 제2조의 규정에 의하여 이 법 시행일부터 5년의 이용기간이 부여된 것으로 보는 자로서 이 법 시행 전에 정보통신부령이 정하는 전기통신역무를 제공하기 위하여 「전기통신사업법」 제5조의 규정에 의하여 허가를 받은 기간통신사업자에게 주파수의 이용기간이 만료되어 재할당하는 경우에는 제11조의 개정규정에 의하여 대가에 의한 주파수할당을 한다.

제4조 (한국전파진흥원의 설립등기 및 경과조치 등) ①종전의 제66조의 규정에 의하여 설립된 한국무선국관리사업단(이하 "사업단"이라 한다)의 장은 이 법 시행 후 지체 없이 제66조의 개정규정에 의한 한국전파진흥원의 정관을 작성하여 정보통신부장관의 승인을 얻

어야 한다.

②사업단의 장은 제1항의 규정에 의한 승인을 얻은 때에는 지체 없이 진흥원의 설립등기를 하여야 한다.

③제2항의 규정에 의하여 진흥원의 설립등기가 완료된 때에는 「민법」 중 법인의 해산 및 청산에 관한 규정에 불구하고 사업단은 해산된 것으로 본다.

④사업단의 장이 제1항의 규정에 의한 승인을 얻는 경우 사업단의 재산과 권리·의무의 포괄승계에 관하여 이사회의 의결을 거쳐 정보통신부장관의 승인을 얻은 때에는 진흥원의 설립등기일에 사업단의 재산과 권리·의무는 진흥원이 이를 포괄승계한다. 이 경우 승계받은 재산의 가액은 설립등기일 전일의 장부가액으로 한다.

⑤제2항의 규정에 의한 설립등기가 완료된 때에 진흥원이 승계받는 재산과 권리·의무에 관한 등기부 그 밖의 공부상에 표시된 사업단의 명의는 이를 진흥원의 명의로 본다.

⑥제2항의 규정에 의한 설립등기가 완료된 때에는 이 법 시행 전에 사업단이 행한 행위는 이를 진흥원이 행한 행위로, 사업단에 대하여 행한 행위는 이를 진흥원에 대하여 행한 행위로 본다.

⑦제2항의 규정에 의한 설립등기가 완료된 때에는 사업단의 임·직원은 이 법에 의한 진흥원의 임·직원으로 선임 또는 임명된 것으로 본다. 이 경우 진흥원의 임원의 임기는 종전의 규정에 의하여 사업단의 임원으로 선임된 때부터 기산한다.

⑧사업단의 장은 진흥원의 설립준비를 위하여 필요한 경우에는 이 법 시행일 전이라도 제1항의 규정에 의한 정관작성 등 설립준비에 관한 행위를 할 수 있다.

제5조 (벌칙에 관한 경과조치) 이 법 시행 전의 행위에 대한 벌칙의 적용에 있어서는 종전의 규정에 의한다.

제6조 (다른 법률의 개정 등) ①방송법 일부를 다음과 같이 개정한다.

제103조제1항중 “무선국관리사업단”을 “한국전파진흥원”으로 한다.

②이 법 시행 당시 다른 법령에서 종전의 제66조의 규정에 의한 한국무선관리사업단을 인용한 경우에는 제66조의 개정규정에 의한 한국전파진흥원을 인용한 것으로 본다.

부칙 〈제8091호, 2006. 12. 26.〉

이 법은 공포 후 6개월이 경과한 날부터 시행한다.

부칙 〈제8199호, 2007. 1. 3.〉

이 법은 공포 후 3개월이 경과한 날부터 시행한다.

부칙 〈제8221호, 2007. 1. 3.〉 (선박안전법)

제1조 (시행일) 이 법은 공포 후 10개월이 경과한 날부터 시행한다. 〈단서 생략〉

제2조 내지 제15조 생략

제16조 (다른 법률의 개정) ①내지 ⑥생략

⑦전파법 일부를 다음과 같이 개정한다.

제20조제2항제2호중 "「선박안전법」 제4조"를 "「선박안전법」 제29조"로 한다.

⑧생략

부칙 〈제8486호, 2007. 5. 25.〉 (산업표준화법)

제1조 (시행일) 이 법은 공포 후 1년이 경과한 날부터 시행한다.

제2조 부터 제8조까지 생략

제9조 (다른 법률의 개정) ①부터 ⑬까지 생략

⑭ 전파법 일부를 다음과 같이 개정한다.

제57조제1항제1호를 다음과 같이 하고, 제63조제1항 각 호 외의 부분 단서중 "「산업표준화법」 제10조의 규정에 의한 한국산업규격이 제정되어 있는 사항에 대하여는 그 규격"을 "「산업표준화법」 제12조에 따른 한국산업표준이 제정되어 있는 사항에 대하여는 그 표준"으로 한다.

1. 「산업표준화법」 제15조에 따라 인증을 받은 품목

⑮부터 ㉒까지 생략

제10조 생략

부칙 〈제8770호, 2007. 12. 21.〉 (전기용품안전 관리법)

제1조 (시행일) 이 법은 2009년 1월 1일부터 시행한다.

제2조 및 제3조 생략

제4조 (다른 법률의 개정) ① 생략

② 삭제 〈2008. 6. 13.〉
제5조 생략

부칙 〈제8776호, 2007. 12. 21.〉
①(시행일) 이 법은 공포 후 6개월이 경과한 날부터 시행한다.
②(무선국의 개설에 관한 경과조치) 이 법 시행 전에 개설허가를 받은 무선국 중 제19조제1항제3호의 개정규정에 따라 같은 항 각 호 외의 부분 단서에 따른 개설신고의 대상이 되는 무선국은 이 법에 따른 개설신고를 한 것으로 보며, 이 법 시행 전에 개설신고를 한 무선국 중 제19조제1항의 개정규정에 따라 같은 항 각 호 외의 부분 본문의 개설허가의 대상이 되는 무선국은 이 법 시행일부터 6개월 이내에 이 법에 따른 개설허가를 받아야 한다.
③(벌칙 및 과태료에 관한 경과조치) 이 법 시행 전의 행위에 대한 벌칙 또는 과태료의 적용에 있어서는 종전의 규정에 따른다.
④(다른 법률의 개정) 토지이용규제 기본법 일부를 다음과 같이 개정한다.
별표에 연번 213을 다음과 같이 신설한다.

213	「전파법」 제52조제1항	무선방위측정장치보호구역

부칙 〈제8867호, 2008. 2. 29.〉 (방송통신위원회의 설치 및 운영에 관한 법률)
제1조(시행일 등) 이 법은 공포한 날부터 시행한다. 〈단서 생략〉
제2조 부터 제6조까지 생략
제7조(다른 법률의 개정) ① 부터 ⑪ 까지 생략
⑫ 전파법 일부를 다음과 같이 개정한다.
제34조제1항을 삭제한다.
제44조제3항 중 "과학기술부장관"을 "교육과학기술부장관"으로 한다.
제47조의2제7항 중 "정보통신부령"을 "대통령령"으로 한다.
제52조제1항 후단 중 "정보통신부장관"을 "방송통신위원회"로 한다.
제59조의2제1항 각 호 외의 부분 중 "정보통신부"를 "방송통신위원회"로 한다.

제2조제8호, 제7조의2제1항, 제24조제1항, 제26조제2항, 제46조제6항, 제47조의2제3항 및 제4항 전단 중 "정보통신부장관에게"를 각각 "방송통신위원회에"로 한다.

제2조제8호, 제19조제5항 및 제89조 중 "정보통신부장관으로부터"를 각각 "방송통신위원회로부터"로 한다.

제5조제1항 각 호 외의 부분, 제6조제1항 각 호 외의 부분, 제9조제1항 각 호 외의 부분 · 제3항 전단, 제10조제1항 각 호 외의 부분 전단 · 제3항, 제11조제1항 각 호 외의 부분, 제12조 각 호 외의 부분, 제15조제1항, 제17조제1항 · 제2항, 제18조제1항, 제21조제2항 각 호 외의 부분 · 제3항부터 제5항까지, 제24조제2항 전단 · 제3항 · 제4항 전단 · 제5항 · 제6항, 제34조제2항 각 호 외의 부분, 제35조제3항, 제37조제1항 · 제2항, 제38조, 제39조제2항, 제40조제1항 · 제2항, 제43조, 제46조제4항, 제47조의2제1항, 제48조제2항, 제49조제1항, 제50조제1항 · 제2항, 제51조제1항 · 제2항, 제53조제1항 · 제2항, 제54조제1항 후단 · 제2항, 제55조제1항, 제58조제2항, 제60조제1항, 제61조제1항, 제62조 각 호 외의 부분, 제63조제1항 각 호 외의 부분 본문, 제64조 각 호 외의 부분, 제65조, 제67조제1항 각 호 외의 부분 본문, 제68조제2항, 제70조제2항, 제72조제2항 각 호 외의 부분 · 제3항 각 호 외의 부분 · 제4항, 제73조제1항 · 제3항, 제74조제1항 각 호 외의 부분, 제76조 각 호 외의 부분, 제77조 각 호 외의 부분, 제78조제2항 및 제93조제3항 중 "정보통신부장관은"을 각각 "방송통신위원회는"으로 한다.

제5조제2항, 제10조제2항, 제14조제3항, 제18조제1항 · 제2항, 제19조제1항 각 호 외의 부분 단서 · 제3항, 제21조제5항, 제23조제2항 · 제3항, 제24조제4항 전단 · 후단, 제32조제1항, 제39조제1항, 제56조, 제60조제2항, 제63조제2항, 제68조제2항, 제69조제1항 각 호 외의 부분 · 제2항, 제70조제1항 · 제2항 및 제76조 각 호 외의 부분 중 "정보통신부령"을 각각 "대통령령"으로 한다.

제6조제2항, 제6조의2제1항 각 호 외의 부분 · 제3항, 제7조제1항 각 호 외의 부분 본문 · 제2항부터 제4항까지 · 제5항 본문, 제7조의2제2항 본문, 제8조제1항, 제9조제2항, 제10조제1항 각 호 외의 부분 후단, 제11조제2항 각 호 외의 부분 · 제4항부터 제6항까지, 제14조제4항, 제16조제1항 각 호 외의 부분 본문 · 제2항 · 제3항, 제

41조제3항, 제44조제1항부터 제3항까지, 제47조의2제5항 · 제6항, 제58조제4항 및 제59조제1항 중 "정보통신부장관은"을 각각 "방송통신위원회는"으로 한다.

제8조제2항, 제20조제2항제5호 · 제6호나목, 제46조제1항 본문 · 제4항, 제52조제2항 및 제93조제1항 중 "정보통신부장관이"를 각각 "방송통신위원회가"로 한다.

제10조제2항, 제18조제2항, 제19조제1항 단서 · 제3항 · 제4항, 제21조제1항, 제23조제3항, 제32조제1항, 제39조제1항, 제54조제1항 전단, 제57조제1항본문 및 제93조제2항 중 "정보통신부장관에게"를 각각 "방송통신위원회에"로 한다.

제14조제3항, 제19조제1항 본문 · 제2항, 제23조제2항, 제26조제1항, 제48조제1항, 제58조제1항 각 호 외의 부분 및 제78조제1항 중 "정보통신부장관"을 각각 "방송통신위원회"로 한다.

제27조, 제28조제2항 · 제4항, 제45조, 제46조제1항 단서 · 제3항, 제47조, 제53조제1항 · 제2항, 제57조제1항 각 호 외의 부분 단서 및 제74조제1항 각 호 외의 부분 · 제2항 중 "정보통신부령이"를 각각 "방송통신위원회 고시로"로 한다.

제28조제1항, 제30조제2항, 제36조제2항, 제46조제2항 전단 및 제55조제2항 중 "정보통신부령으로"를 각각 "방송통신위원회 고시로"로 한다.

제30조제1항 및 제46조제6항 중 "정보통신부령이"를 각각 "방송통신위원회 고시로"로 한다.

제52조제1항, 제59조의2제1항제5호 · 제3항 각 호 외의 부분 · 제3항제6호 및 제66조제4항제5호 중 "정보통신부장관이"를 각각 "방송통신위원회가"로 한다.

제78조제1항 중 "소속기관의 장에게 위임"을 "소속기관의 장 또는 체신청장에게 위임 · 위탁"으로 한다.

⑬ 법률 제8776호 전파법 일부개정법률 일부를 다음과 같이 개정한다.

제19조제1항 각 호 외의 부분 본문 중 "정보통신부장관"을 "방송통신위원회"로 하고, 같은 항 각 호 외의 부분 단서 중 "정보통신부장관에게"를 "방송통신위원회에"로 한다.

제20조의2제1항제2호 단서 중 "정보통신부장관이"를 "방송통신위

원회가"로 한다.

제21조제2항 각 호 외의 부분 중 "정보통신부장관은"을 "방송통신위원회는"으로 한다.

⑭ 부터 ⑳ 까지 생략

제8조 부터 제12조까지 생략

부칙 〈제9128호, 2008. 6. 13.〉

제1조(시행일) 이 법은 공포 후 6개월이 경과한 날부터 시행한다. 다만, 제57조제1항제2호의 개정규정은 2009년 1월 1일부터 시행한다.

제2조(주파수이용권 양수·임차에 관한 경과조치) 이 법 시행 전에 주파수이용권의 양수·임차를 한 경우의 주파수이용권의 양수·임차 승인에 관하여는 제14조제3항의 개정규정에도 불구하고 종전의 규정에 따른다.

제3조(벌칙 및 과태료에 관한 경과조치) 이 법 시행 전의 행위에 대한 벌칙 및 과태료의 적용에 있어서는 종전의 규정에 따른다.

제4조(다른 법률의 개정) ① 정보화촉진기본법 일부를 다음과 같이 개정한다.

제34조제1항제3호의2 중 "같은 법 제11조제6항"을 "같은 법 제11조제5항"으로 한다.

② 법률 제8770호 전기용품안전 관리법 전부개정법률 일부를 다음과 같이 개정한다.

법률 제8770호 전기용품안전 관리법 전부개정법률 부칙 제4조제2항을 삭제한다.

부칙 〈제9455호, 2009. 2. 6.〉

①(시행일) 이 법은 공포 후 3개월이 경과한 날부터 시행한다.

②(무선국 개설허가의 유효기간에 관한 경과조치) 이 법 시행 당시 종전의 규정에 따라 무선국의 개설허가를 받은 자의 허가에 관한 유효기간은 제22조제1항의 개정규정에도 불구하고 종전의 규정에 따른다.

부칙 〈제9482호, 2009. 3. 13.〉

이 법은 공포한 날부터 시행한다.

부칙 〈제9535호, 2009. 3. 25.〉 (전기용품안전 관리법)

제1조(시행일) 이 법은 2010년 1월 1일부터 시행한다. 〈단서 생략〉

제2조 생략

제3조(다른 법률의 개정) ① 생략

② 전파법 일부를 다음과 같이 개정한다.

제57조제1항제2호를 다음과 같이 한다.

2. 「전기용품안전 관리법」 제3조에 따른 안전인증, 제5조에 따른 안전검사, 제11조에 따른 자율안전확인신고등, 제12조에 따른 안전검사 및 제14조의3에 따른 공급자적합성확인

부칙 〈제9773호, 2009. 6. 9.〉 (항만법)

제1조(시행일) 이 법은 공포 후 6개월이 경과한 날부터 시행한다. 〈단서 생략〉

제2조 부터 제8조까지 생략

제9조(다른 법률의 개정) ① 부터 ⑱ 까지 생략

⑲ 전파법 일부를 다음과 같이 개정한다.

제79조제2항 단서 중 "「항만법」에 따른 지정항만"을 "「항만법」에 따른 항만"으로 한다.

⑳ 부터 ㉗ 까지 생략

제10조 생략

부칙 〈제9780호, 2009. 6. 9.〉 (항공법)

제1조(시행일) 이 법은 공포 후 3개월이 경과한 날부터 시행한다. 〈단서 생략〉

제2조 부터 제10조까지 생략

제11조(다른 법률의 개정) ① 부터 ⑫ 까지 생략

⑬ 전파법 일부를 다음과 같이 개정한다.

제22조제2항 및 제28조제1항 중 "선박이나 항공기"를 각각 "선박, 항공기 또는 경량항공기"로 한다.

⑭ 부터 ⑲ 까지 생략

제12조 생략

부칙 〈제10166호, 2010. 3. 22.〉 (전기통신사업법)

제1조(시행일) 이 법은 공포 후 6개월이 경과한 날부터 시행한다.
제2조 부터 제6조까지 생략
제7조(다른 법률의 개정) ① 부터 ⑤ 까지 생략
⑥ 전파법 일부를 다음과 같이 개정한다.

제10조제1항제1호 중 "제4조제2항"을 "제5조제2항"으로 하고, 제13조제2호 중 "제5조의2"를 "제7조"로 하며, 제15조의2제1항제2호 중 "제15조"를 "제20조"로 한다.

제19조제2항 전단 중 "「전기통신기본법」 제2조제7호에 따른 전기통신역무를 제공받기 위한 무선국으로서 대통령령으로 정하는 무선국을 개설하려는 자가 해당 전기통신역무"를 "「전기통신사업법」 제2조제6호에 따른 전기통신역무를 제공받기 위한 무선국으로서 대통령령으로 정하는 무선국을 개설하려는 자가 해당 전기통신역무"로 한다.

제79조제2항 본문 중 "「전기통신사업법」 제33조의3, 제39조부터 제41조까지, 제44조, 제45조, 제47조, 제51조, 제70조제6호 및 제73조제2호 · 제3호"를 "「전기통신사업법」 제45조, 제72조부터 제74조까지, 제76조부터 제78조까지, 제80조, 제95조제6호 및 제104조제1항제1호 · 제2호"로 한다.

⑦ 부터 ⑨ 까지 생략
제8조 및 제9조 생략

부칙 〈제10393호, 2010. 7. 23.〉

제1조(시행일) 이 법은 공포 후 6개월이 경과한 날부터 시행한다. 다만, 제7조제6항 · 제7항, 제11조제5항 · 제6항 · 제7항 및 제67조제1항 중 정보통신진흥기금 및 방송통신발전기금에 관한 개정규정은 2011년 1월 1일부터 시행한다.
제2조(무선국의 개설에 관한 경과조치) 이 법 시행 전에 개설허가를 받은 무선국 중 제19조의2제1항제4호의 개정규정에 따라 같은 항 각 호 외의 부분 전단에 따른 개설신고의 대상이 되는 무선국은 이 법에 따른 개설신고를 한 것으로 본다.
제3조(형식검정 · 형식등록 · 전자파적합등록 · 형식승인 등에 관한 경과조치) ① 이 법 시행 당시 종전의 규정에 따라 형식검정 · 형식등록 · 전자파적합등록을 신청 중인 무선설비의 기기나 종전의 「전기통

신기본법」 제33조에 따른 형식승인을 신청 중인 전기통신기자재에 대하여는 종전의 규정에 따라 형식검정 · 형식등록 · 전자파적합등록을 하거나 형식승인을 한다.

② 제1항 및 이 법 시행 당시 종전의 규정에 따라 형식검정 · 형식등록 · 전자파적합등록을 받은 무선설비의 기기나 제1항 및 종전의 「전기통신기본법」 제33조에 따른 형식승인을 받은 전기통신기자재는 제58조의2의 개정규정에 따른 적합성평가를 받은 방송통신기자재등으로 본다.

제4조(벌칙 등에 관한 경과조치) 이 법 시행 전의 종전의 「전파법」 위반행위에 대하여 벌칙 또는 과태료를 적용할 때에는 종전의 「전파법」에 따른다.

제5조(명칭 변경에 따른 경과조치) ① 이 법 시행 당시의 한국전파진흥원은 이 법에 따른 한국방송통신전파진흥원으로 본다.

② 이 법 시행 당시 한국전파진흥원의 명의로 행한 행위, 그 밖의 법률관계에 있어서는 한국방송통신전파진흥원의 명의로 행한 것으로 본다.

③ 이 법 시행 당시 등기부, 그 밖의 공부상에 표시된 한국전파진흥원의 명의는 한국방송통신전파진흥원의 명의로 본다.

제6조(다른 법률의 개정) ① 전기통신기본법 일부를 다음과 같이 개정한다.

제33조, 제33조의2, 제33조의3, 제34조의2, 제35조, 제36조, 제45조의2, 제48조, 제49조 및 제51조부터 제53조까지를 각각 삭제한다.

② 산업표준화법 일부를 다음과 같이 개정한다.

제26조제4호를 다음과 같이 하고, 같은 조 제5호를 삭제한다.

4. 「전파법」 제58조의2에 따른 적합성평가

제7조(다른 법률의 개정에 따른 경과조치) 이 법 시행 전의 종전의 「전기통신기본법」 위반행위에 대하여 벌칙 또는 과태료를 적용할 때에는 종전의 「전기통신기본법」에 따른다.

제8조(다른 법령과의 관계) 이 법 시행 당시 다른 법령에서 종전의 「전파법」 · 「전기통신기본법」 또는 그 규정을 인용한 경우에 이 법 가운데 그에 해당하는 규정이 있으면 종전의 규정을 갈음하여 이 법 또는 이 법의 해당 규정을 인용한 것으로 본다.

부칙 〈제10564호, 2011. 4. 7.〉 (의료기기법)

제1조(시행일) 이 법은 공포 후 6개월이 경과한 날부터 시행한다. 〈단서 생략〉

제2조 부터 제7조까지 생략

제8조(다른 법률의 개정) ① 생략

② 전파법 일부를 다음과 같이 개정한다.

제58조의3제1항제4호바목 중 "품목허가를 받은"을 "품목류별 또는 품목별 허가를 받거나 신고한"으로 한다.

③부터 ⑥까지 생략

제9조 생략

부칙 〈제11037호, 2011. 8. 4.〉 (소방시설 설치·유지 및 안전관리에 관한 법률)

제1조(시행일) 이 법은 공포 후 6개월이 경과한 날부터 시행한다.

제2조 부터 제5조까지 생략

제6조(다른 법률의 개정) ①부터 ⑳까지 생략

㉑ 전파법 일부를 다음과 같이 개정한다.

제58조의3제1항제4호마목 중 "「소방시설설치유지 및 안전관리에 관한 법률」"을 "「소방시설 설치·유지 및 안전관리에 관한 법률」"로 한다.

㉒부터 ㉕까지 생략

부칙 〈제11451호, 2012. 5. 23.〉

이 법은 공포 후 6개월이 경과한 날부터 시행한다.

부칙 〈제11712호, 2013. 3. 23.〉

제1조(시행일) 이 법은 공포한 날부터 시행한다.

제2조(경과조치) ① 이 법 시행 전에 방송통신위원회가 행한 고시·행정처분, 그 밖의 방송통신위원회의 행위와 방송통신위원회에 대한 신청·신고, 그 밖의 행위 중 그 소관이 방송통신위원회로부터 미래창조과학부장관으로 이관되는 사항에 관한 행위는 미래창조과학부장관의 행위 또는 미래창조과학부장관에 대한 행위로 본다.

② 이 법 시행 당시 그 소관이 방송통신위원회로부터 미래창조과

학부장관으로 이관되는 사항에 관한 방송통신위원회규칙은 이를 대체하는 미래창조과학부령이 제정·시행되기 전까지는 미래창조과학부령으로 본다.

부칙 〈제12726호, 2014. 6. 3.〉

제1조(시행일) 이 법은 공포 후 6개월이 경과한 날부터 시행한다. 다만, 제71조제1호, 제80조제1항·제3항, 제81조제1항, 제82조제1항·제2항, 제83조제1항·제3항, 제84조 각 호 외의 부분, 제85조 및 제86조의 개정규정은 공포한 날부터 시행한다.

제2조(주파수분배의 변경에 따른 이용자 지원 등에 관한 적용례) 제9조의2의 개정규정은 주파수분배 변경에 따른 주파수를 사용할 수 있는 기간이 2011년 6월 1일 이후로 특정된 경우부터 적용한다.

제3조(주파수 사용승인을 받아 개설된 무선국의 시험성적서 제출에 관한 적용례) 제25조제4항의 개정규정은 이 법 시행 후 무선국을 개설하는 경우부터 적용한다.

제4조(주파수 사용승인에 관한 경과조치) 이 법 시행 당시 종전의 규정에 따라 주파수 사용승인을 받은 자는 제18조의2제3항의 개정규정에 따라 주파수 사용승인을 받은 것으로 본다.

제5조(금치산자 등의 무선국 배치에 관한 경과조치) 제71조제1호의 개정규정에도 불구하고 같은 개정규정 시행 당시 이미 금치산 또는 한정치산의 선고를 받고 법률 제10429호 민법 일부개정법률 부칙 제2조에 따라 금치산 또는 한정치산 선고의 효력이 유지되는 사람에 대하여는 종전의 규정에 따른다.

부칙 〈제13012호, 2015. 1. 20.〉

이 법은 공포 후 3개월이 경과한 날부터 시행한다. 다만, 제1조, 제47조의2제1항·제2항, 제71조의2제1항제1호의 개정규정은 공포한 날부터 시행한다.

부칙 〈제13233호, 2015. 3. 27.〉

이 법은 공포한 날부터 시행한다.

부칙 〈제13519호, 2015. 12. 1.〉

제1조(시행일) 이 법은 공포 후 6개월이 경과한 날부터 시행한다.
제2조(다른 법률의 개정) ① 방송법 일부를 다음과 같이 개정한다.
제2조제3호마목 중 "공중선전력"을 "안테나공급전력"으로 한다.
② 전기통신사업법 일부를 다음과 같이 개정한다.
제72조제1항 전단 중 "공중선과"를 "안테나와"로 한다.

부칙 <제13588호, 2015. 12. 22.>
제1조(시행일) 이 법은 공포 후 6개월이 경과한 날부터 시행한다.
제2조(무선국 개설의 결격사유에 관한 경과조치) 이 법 시행 당시 제19조 또는 제19조의2에 따라 허가를 받거나 신고하여 무선국을 개설한 법인의 대표자는 이 법 시행일부터 1년 이내에 제20조제1항 제8호의 개정규정에 따른 결격사유를 해소하여야 한다.
제3조(위성주파수에 대한 주파수이용권의 양수·임차 승인에 관한 경과조치) 이 법 시행 당시 제14조제3항에 따라 위성주파수에 대한 주파수이용권의 양수·임차 승인을 받은 자는 제41조의 개정규정에 따라 위성주파수이용권에 대한 양수·임차의 승인을 받은 것으로 본다.
제4조(우주국 무선설비의 임대 승인 등에 관한 경과조치) 이 법 시행 당시 종전의 제48조제1항에 따라 우주국 무선설비의 임대, 위탁운용 또는 다른 자와의 공동사용에 대하여 미래창조과학부장관의 승인을 받은 자는 제42조의2의 개정규정에 따라 우주국 무선설비의 임대에 대하여 승인을 받은 것으로 본다.

부칙 <제13859호, 2016. 1. 27.> (전기용품 및 생활용품 안전관리법)
제1조(시행일) 이 법은 공포 후 1년이 경과한 날부터 시행한다.
제2조 부터 제17조까지 생략
제18조(다른 법률의 개정) ①부터 ③까지 생략
④ 전파법 일부를 다음과 같이 개정한다.
제58조의3제1항제4호다목을 삭제한다.
⑤ 및 ⑥ 생략
제19조 생략

부칙 <제14116호, 2016. 3. 29.> (항공안전법)

제1조(시행일) 이 법은 공포 후 1년이 경과한 날부터 시행한다. 〈단서 생략〉
제2조 부터 제53조까지 생략
제54조(다른 법률의 개정) ①부터 ⑯까지 생략
⑰ 전파법 일부를 다음과 같이 개정한다.
제20조제2항제3호 중 "「항공법」 제145조 단서 및 제148조"를 "「항공안전법」 제101조 단서 및 「항공사업법」 제55조"로 한다.
법률 제13588호 전파법 일부개정법률 제22조제2항 중 "「항공법」"을 "「항공안전법」"으로 한다.
⑱부터 ㉓까지 생략
제55조 생략

부칙 〈제14578호, 2017. 3. 14.〉
이 법은 공포한 날부터 시행한다.

부칙 〈제14839호, 2017. 7. 26.〉 (정부조직법)
제1조(시행일) ① 이 법은 공포한 날부터 시행한다. 다만, 부칙 제5조에 따라 개정되는 법률 중 이 법 시행 전에 공포되었으나 시행일이 도래하지 아니한 법률을 개정한 부분은 각각 해당 법률의 시행일부터 시행한다.
제2조 부터 제4조까지 생략
제5조(다른 법률의 개정) ①부터 〈195〉까지 생략
〈196〉 전파법 일부를 다음과 같이 개정한다.
제2조제1항제8호, 제5조제1항 각 호 외의 부분, 제6조제1항 각 호 외의 부분, 같은 조 제2항, 제6조의2제1항 각 호 외의 부분, 제6조의3제1항 본문, 같은 조 제2항 본문, 제7조제1항 각 호 외의 부분 본문, 같은 조 제2항부터 제4항까지, 같은 조 제5항 본문, 제7조의2제1항, 같은 조 제2항 본문, 제8조제1항 · 제2항 · 제4항, 같은 조 제5항 전단, 제9조제1항 각 호 외의 부분, 같은 조 제2항, 같은 조 제3항 전단, 같은 조 제4항, 제9조의2제1항 · 제4항, 제9조의3제1항 · 제2항, 같은 조 제3항 각 호 외의 부분 본문, 제10조제1항 각 호 외의 부분, 같은 조 제2항 후단, 같은 조 제3항부터 제5항까지, 제11조제1항 본문, 같은 조 제2항, 같은 조 제3항 전단, 같은 조

제4항 각 호 외의 부분, 같은 조 제5항, 제12조 각 호 외의 부분, 제14조제3항 · 제4항 · 제7항, 같은 조 제8항 각 호 외의 부분 본문, 제15조제1항, 제15조의2제1항 각 호 외 부분 본문, 같은 조 제2항, 제16조제1항 각 호 외의 부분 본문, 같은 조 제2항 · 제3항, 제16조의2, 제17조제1항 · 제2항, 제18조제1항 · 제2항, 제18조의2제1항 · 제2항, 같은 조 제3항 각 호 외의 부분, 같은 조 제4항, 제18조의3제1항 각 호 외의 부분, 제18조의4, 제18조의5 각 호 외의 부분, 제18조의6제1항부터 제3항까지, 같은 조 제4항 각 호 외의 부분, 같은 항 제3호, 같은 조 제5항, 제18조의7제1항 전단, 같은 조 제2항, 제18조의8제1항 · 제2항, 같은 조 제3항 각 호 외의 부분 본문, 제18조의9제1항제3호, 제19조제1항 전단, 같은 조 제2항 전단, 같은 조 제3항 · 제5항, 제19조의2제1항 각 호 외의 부분 전단, 같은 조 제2항, 제20조제2항제5호, 같은 항 제6호나목, 제20조의2제1항제2호라목, 제21조제1항, 같은 조 제2항 각 호 외의 부분, 같은 조 제3항부터 제5항까지, 제22조의2제1항 전단, 같은 조 제2항, 제23조제2항 본문, 같은 조 제3항 본문, 제24조제1항 각 호 외의 부분 본문, 같은 조 제2항 전단, 같은 조 제3항 본문, 같은 조 제4항 각 호 외의 부분, 같은 조 제5항 · 제8항, 제24조의2제1항 각 호 외의 부분, 같은 조 제2항, 제25조제4항, 제25조의2제1항 본문, 제27조, 제28조제1항, 같은 조 제2항 각 호 외의 부분, 같은 조 제4항, 제30조제1항 · 제2항, 제34조제2항 각 호 외의 부분, 같은 조 제3항, 제34조의2 각 호 외의 부분, 제37조제1항 · 제2항, 제38조, 제39조제1항, 같은 조 제2항 각 호 외의 부분, 같은 조 제3항 · 제4항, 제40조제1항 · 제2항, 제41조제3항 전단, 같은 조 제4항, 같은 조 제7항 각 호 외의 부분 본문, 제42조의2제1항 전단, 같은 조 제4항 각 호 외의 부분 본문, 제43조, 제44조제1항부터 제3항까지, 제44조의2제1항부터 제3항까지, 제44조의3 각 호 외의 부분, 제44조의4제1항 · 제2항, 제47조의2제1항 각 호 외의 부분, 같은 조 제3항, 같은 조 제4항 전단, 같은 조 제5항 · 제6항, 제47조의3제3항, 같은 조 제5항부터 제7항까지, 제48조제1항, 제48조의2제1항, 제49조제1항, 제50조제1항 · 제2항, 제51조 각 호 외의 부분, 제52조제1항, 같은 조 제2항 본문, 제54조제1항 전단 및 후단, 같은 조 제2항, 제55조제1항 · 제2항, 제56조제1항, 같은 조 제2항 본문, 같은 조

제3항, 제58조제1항 각 호 외의 부분 전단, 같은 조 제2항·제4항, 제58조의2제1항제7호, 같은 조 제2항, 같은 조 제3항 본문 및 단서, 같은 조 제5항 전단, 같은 조 제7항 각 호 외의 부분, 제58조의3제1항제3호, 제58조의4제1항 각 호 외의 부분, 같은 조 제2항 각 호 외의 부분, 제58조의5제1항 각 호 외의 부분, 같은 항 제3호, 같은 조 제2항부터 제4항까지, 제58조의6제1항, 제58조의7제1항, 같은 조 제2항 각 호 외의 부분, 같은 조 제3항 각 호 외의 부분, 제58조의8제1항·제3항, 제58조의9제1항·제2항, 제58조의11, 제58조의12제3항, 제60조제1항, 제61조제1항, 제62조 각 호 외의 부분, 제63조제1항 각 호 외의 부분 본문, 제64조 각 호 외의 부분, 제65조, 제66조제4항제5호, 제66조의3제1항제2호, 제67조제1항 각 호 외의 부분 본문, 같은 항 제7호, 제68조제2항, 제70조제2항, 제70조의2, 제71조의2제1항 각 호 외의 부분, 같은 조 제2항, 같은 조 제3항 본문, 같은 조 제5항, 제72조제2항 각 호 외의 부분 본문, 같은 조 제3항 각 호 외의 부분, 같은 조 제4항, 제73조제1항·제3항, 제76조제1항 각 호 외의 부분 본문, 같은 항 제4호, 제77조 각 호 외의 부분, 제78조제1항·제2항, 제89조제3호 및 제93조 중 "미래창조과학부장관"을 각각 "과학기술정보통신부장관"으로 한다.

제18조의7제1항 전단, 제37조제1항, 제45조 및 제47조 중 "미래창조과학부령"을 각각 "과학기술정보통신부령"으로 한다.

제18조의9제1항 각 호 외의 부분 및 제78조제3항 중 "미래창조과학부"를 각각 "과학기술정보통신부"로 한다.

제18조의9제2항 중 "미래창조과학부차관"을 "과학기술정보통신부차관"으로 한다.

〈197〉부터 〈382〉까지 생략

제6조 생략

부칙 〈제15373호, 2018. 2. 21.〉

제1조(시행일) 이 법은 공포 후 1개월이 경과한 날부터 시행한다.

제2조(시설자의 지위승계 인가에 관한 적용례) 제23조제4항 및 제5항의 개정규정(제58조제3항에서 준용하는 경우를 포함한다)은 이 법 시행 후 지위승계 인가를 신청하는 경우부터 적용한다.

부칙 〈제16019호, 2018. 12. 24.〉 (전기통신사업법)

제1조(시행일) 이 법은 공포 후 6개월이 경과한 날부터 시행한다. 〈단서 생략〉

제2조 생략

제3조(다른 법률의 개정) ①부터 ③까지 생략

④ 전파법 일부를 다음과 같이 개정한다.

제13조제2호 중 "기간통신사업 허가"를 "기간통신사업 등록"으로 한다.

제14조제7항 중 "과학기술정보통신부장관의 인가를 받아"를 "과학기술정보통신부장관의 인가를 받거나 신고하여"로 한다.

제15조의2제1항제2호 중 "기간통신사업의 허가가"를 "기간통신사업의 등록이"로 한다.

⑤부터 ⑦까지 생략

부칙 〈제16756호, 2019. 12. 10.〉

이 법은 공포 후 6개월이 경과한 날부터 시행한다.

부칙 〈제17347호, 2020. 6. 9.〉 (법률용어 정비를 위한 과학기술정보방송통신위원회 소관 32개 법률 일부개정을 위한 법률)

이 법은 공포한 날부터 시행한다.

부칙 〈제17355호, 2020. 6. 9.〉

이 법은 공포 후 6개월이 경과한 날부터 시행한다.

부칙 〈제18199호, 2021. 6. 8.〉

이 법은 공포 후 6개월이 경과한 날부터 시행한다. 다만, 제20조의 개정규정은 공포 후 1년이 경과한 날부터 시행한다.

부칙 〈제18480호, 2021. 10. 19.〉

이 법은 공포 후 6개월이 경과한 날부터 시행한다.

부칙 〈제18522호, 2021. 11. 30.〉 (소방시설 설치 및 관리에 관한 법률)

제1조(시행일) 이 법은 공포 후 1년이 경과한 날부터 시행한다. 〈단서 생략〉
제2조 부터 제13조까지 생략
제14조(다른 법률의 개정) ①부터 ㊸까지 생략
㊹ 전파법 일부를 다음과 같이 개정한다.
제58조의3제1항제4호마목 중 "「소방시설 설치ㆍ유지 및 안전관리에 관한 법률」"을 "「소방시설 설치 및 관리에 관한 법률」"로 한다.
㊺부터 〈54〉까지 생략
제15조 생략

부칙 〈제18957호, 2022. 6. 10.〉 (수상레저기구의 등록 및 검사에 관한 법률)
제1조(시행일) 이 법은 공포 후 1년이 경과한 날부터 시행한다.
제2조 부터 제11조까지 생략
제12조(다른 법률의 개정) ①부터 ③까지 생략
④ 전파법 일부를 다음과 같이 개정한다.
제20조제2항제2호 중 "「수상레저안전법」"을 "「수상레저기구의 등록 및 검사에 관한 법률」"로 한다.
제22조제2항 중 "「수상레저안전법」"을 "「수상레저기구의 등록 및 검사에 관한 법률」"로 한다.
⑤ 및 ⑥ 생략
제13조 생략

부칙 〈제20067호, 2024. 1. 23.〉
제1조(시행일) 이 법은 공포 후 6개월이 경과한 날부터 시행한다.
제2조(다른 법령과의 관계) 이 법 시행 당시 다른 법령에서 종전의 「전파법」의 규정을 인용한 경우 이 법 중 그에 해당하는 규정이 있는 때에는 종전의 규정을 갈음하여 이 법의 해당 규정을 인용한 것으로 본다.

부칙 〈제20144호, 2024. 1. 26.〉 (우주항공청의 설치 및 운영에 관한 특별법)
제1조(시행일) 이 법은 공포 후 4개월이 경과한 날부터 시행한다.

〈단서 생략〉
제2조 부터 제9조까지 생략
제10조(다른 법률의 개정) ①부터 ④까지 생략
⑤ 전파법 일부를 다음과 같이 개정한다.
제44조제1항부터 제3항까지 중 “과학기술정보통신부장관”을 각각 “우주항공청장”으로 한다.
제51조 각 호 외의 부분 중 “과학기술정보통신부장관”을 “과학기술정보통신부장관과 우주항공청장”으로 한다.
제61조제1항 중 “연구”를 “다음 각 호의 연구(제2항에 따른 우주전파와 관련한 연구는 제외한다)”로 하고, 같은 항에 각 호를 다음과 같이 신설한다.
1. 기술기준의 연구
2. 전파의 전파(傳播) 분석 및 주파수할당 기법의 연구
3. 위성망의 혼신조정 기준에 관한 연구
4. 전자파장해 및 전파가 인체에 미치는 위해에 관한 연구
5. 전자파 흡수율의 측정에 관한 연구
6. 전파기기의 측정방법 및 측정기술에 관한 연구

제61조제2항을 다음과 같이 한다.
② 우주항공청장은 우주전파와 관련하여 다음 각 호의 연구를 수행하여야 한다.
1. 우주전파 수신기술 연구 및 수신자료 분석
2. 지자기(地磁氣) 및 전리층(電離層)의 관측
3. 태양 흑점의 관측
4. 제2호와 제3호에 따른 관측 결과의 분석 및 예보 · 경보

⑥부터 ⑧까지 생략
제11조 및 제12조 생략

전파법 시행령

[시행 2024. 12. 17.] [대통령령 제35067호, 2024. 12. 17., 일부개정]

제113조(기술자격증의 재발급)
제114조(기술자격증의 정정)
제115조(자격종목 및 종사범위)
제116조(무선종사자가 아닌 자의 운용 또는 공사범위)
제116조의2(부정행위의 기준)
제117조(무선종사자의 자격 · 정원 배치기준)
제117조의2(수입기자재의 조사 및 조치)
제117조의3(조사 및 조치의 절차 등)

제8장 보칙

제118조(행정처분의 기준)
제119조(시정지시 등)
제120조(과징금의 부과 · 납부)
제121조(과징금의 부과기준 등)
제122조(과징금의 독촉)
제123조(권한의 위임 · 위탁)
제123조의2(규제의 재검토)
제123조의3(고유식별정보의 처리)
제124조(과태료의 부과기준)

**개정 예정 법률 밑줄 별도 표시.

전파법 시행령

[시행 2024. 12. 17.] [대통령령 제35067호, 2024. 12. 17., 일부개정]

제1장 총칙

제1조(목적) 이 영은 「전파법」에서 위임된 사항과 그 시행에 필요한 사항을 규정함을 목적으로 한다.

제2조(정의) 이 영에서 사용하는 용어의 뜻은 다음과 같다. 〈개정 2013. 3. 23., 2016. 6. 21., 2017. 7. 26., 2021. 1. 5.〉

1. 삭제 〈2008. 6. 20.〉
2. "송신설비"란 전파를 보내는 설비로서 송신장치와 송신안테나계로 구성되는 설비를 말한다.
3. "수신설비"란 전파를 받는 설비로서 수신장치와 수신안테나계로 구성되는 설비를 말한다.
4. "송신장치"란 무선통신의 송신을 위한 고주파 에너지를 발생하는 장치와 이에 부가되는 장치를 말한다.
5. "송신안테나계"란 송신장치에서 발생하는 고주파 에너지를 공간에 복사하는 설비를 말한다.
6. "안테나공급전력"이란 안테나의 급전선(전파에너지를 전송하기 위하여 송신장치 또는 수신장치와 안테나 사이를 연결하는 선을 말한다)에 공급되는 전력을 말한다.
7. "실효복사전력(實效輻射電力)"이란 안테나공급전력에 주어진 방향에서의 반파장 다이폴 안테나의 상대이득(相對利得)을 곱한 것을 말한다.
8. "중파방송"이란 300킬로헤르츠(㎑)부터 3메가헤르츠(㎒)까지의 주파수대역 중 방송용으로 분배된 주파수의 전파를 이용하여 음성·음향 등을 보내는 방송을 말한다.

9. "단파방송"이란 3메가헤르츠(㎒)부터 30메가헤르츠(㎒)까지의 주파수대역 중 방송용으로 분배된 주파수의 전파를 이용하여 음성·음향 등을 보내는 방송을 말한다.

10. "초단파방송"이란 30메가헤르츠(㎒)부터 300메가헤르츠(㎒)까지의 주파수대역 중 방송용으로 분배된 주파수의 전파를 이용하여 음성·음향 등을 보내는 방송으로서 제11호 및 제12호의 방송에 해당하지 아니하는 방송을 말한다.

11. "텔레비전방송"이란 정지 또는 이동하는 사물의 순간적 영상과 이에 따르는 음성·음향 등을 보내는 방송을 말한다.

12. "데이터방송"이란 데이터와 이에 따르는 영상·음성·음향 등을 보내는 방송으로서 제8호부터 제11호까지의 방송에 해당하지 아니하는 방송을 말한다.

13. "방송구역"이란 방송을 양호하게 수신할 수 있는 구역으로서 전계강도(電界强度)가 과학기술정보통신부장관이 정하여 고시하는 기준 이상인 구역을 말한다.

14. "블랭킷에어리어"란 방송국의 송신안테나로부터 발사되는 강한 전파로 다른 전파와의 간섭이 일어나는 지역을 말한다. 이 경우 중파방송의 경우에는 지상파의 전계강도가 미터마다 1볼트 이상인 지역을 말한다.

15. "연주소"란 방송사항의 제작·편성 및 조정에 필요한 설비와 그 종사자의 총체를 말한다.

16. "무선측위(無線測位)"란 전파의 전파특성(傳播特性)을 이용하여 위치·속도 및 기타 사물의 특징에 관한 정보를 취득하는 것을 말한다.

17. "무선항행"이란 항행을 위하여 하는 무선측위를 말한다(장애물의 탐지를 포함한다).

18. "무선탐지"란 무선항행 외의 무선측위를 말한다.

19. "무선방향탐지"란 무선국 또는 물체의 방향을 결정하기 위하여 전파를 수신하여 하는 무선측위를 말한다.

20. "레이다"란 결정하려는 위치에서 반사 또는 재발사되는 무선신호와 기준신호와의 비교를 기초로 하는 무선측위 설비를 말한다.

제2장 전파자원의 확보

제3조(국제등록대상주파수 등) ① 「전파법」(이하 "법"이라 한다) 제5조제2항에 따른 등록대상 주파수는 「국제전기통신연합 전파 규칙」이 정하는 바에 따른다.

② 제1항에 따른 등록대상 주파수를 사용하는 무선국을 개설하려는 자는 과학기술정보통신부장관에게 해당 주파수에 대한 국제등록 신청을 요청하여야 한다. 국제등록을 한 사항을 변경하는 경우에도 또한 같다. 〈개정 2013. 3. 23., 2017. 7. 26.〉

③ 제2항에 따라 주파수의 국제등록을 요청한 자는 국제전기통신연합이 정하는 등록비용을 부담하여야 한다.

제4조(주파수 이용 현황의 조사·확인) ① 법 제6조제2항에 따른 주파수 이용 현황의 조사·확인은 다음 각 호의 사항을 대상으로 하여 매년 실시한다. 〈개정 2008. 12. 9., 2017. 12. 12.〉

1. 주파수분배·주파수할당·주파수지정 및 주파수사용승인의 현황

2. 주파수 이용과 관련한 사회·경제적 지표

3. 주파수 이용기술개발 및 관련 산업의 동향

4. 무선설비의 이용 및 운영 실태

4의2. 제25조에 따라 신고하지 아니하고 개설할 수 있는 무선국용 무선기기의 이용 및 운영실태

5. 법 제8조에 따른 전파진흥기본계획의 수립에 관한 사항

② 과학기술정보통신부장관은 제1항에 따른 이용현황의 조사를 위하여 필요한 경우에는 다음 각 호의 어느 하나에 해당하는 자에게 필요한 자료의 제출을 요청할 수 있다. 〈개정 2013. 3. 23., 2017. 7. 26., 2017. 12. 12.〉

1. 해당 시설자 또는 법 제18조의2제3항에 따라 주파수의 사용승인을 받은 자(이하 "시설자등"이라 한다)

2. 제25조 각 호의 어느 하나에 해당하는 무선기기를 수입·제조·판매한 자와 이용자

③ 과학기술정보통신부장관은 제2항 각 호의 어느 하나에 해당하는 자를 대상으로 법 제6조제1항 각 호의 사항에 대한 수요를 조사·분석하고 그 결과를 전파자원의 이용효율 개선을 위한 기초자료로 활용할 수 있다. 〈신설 2017. 12. 12.〉

제5조(주파수회수 또는 주파수재배치의 공고 등) ① 과학기술정보통

신부장관은 법 제6조의2제1항에 따라 주파수회수 또는 주파수재배치를 하려는 때에는 다음 각 호의 사항을 관보, 인터넷 홈페이지 또는 일간신문 등을 통하여 공고하여야 한다. 〈개정 2013. 3. 23., 2017. 7. 26.〉

1. 주파수회수 또는 주파수재배치의 목적
2. 주파수회수 또는 주파수재배치의 대상
3. 주파수회수 또는 주파수재배치의 시행시기
4. 손실보상금의 산정기준
5. 손실보상금의 청구 및 지급방법
6. 그 밖에 주파수회수 또는 주파수재배치의 시행에 필요한 사항

② 과학기술정보통신부장관은 제1항에 따른 공고를 할 때에는 시설자등에게 그 공고에 따른 의견서를 제출할 수 있다는 뜻을 통지하여야 한다. 다만, 송달이 불가능하거나 통상의 방법으로 시설자등의 주소·거소·영업소·사무소 또는 전자우편주소를 확인할 수 없어 통지할 수 없는 경우에는 제1항에 따른 공고일부터 30일이 경과한 날에 그 통지가 시설자등에게 도달한 것으로 본다. 〈개정 2013. 3. 23., 2017. 7. 26.〉

제6조(주파수 이용실적의 판단기준) 법 제6조의2제1항 및 제2항에 따른 주파수 이용실적의 판단기준은 다음 각 호와 같다.

1. 해당주파수의 이용현황 및 수요전망
2. 전파이용기술의 발전추세
3. 국제적인 주파수의 사용동향
4. 국가안보 또는 인명안전 등의 공익적 필요성

제7조(주파수 대역정비의 요건) 과학기술정보통신부장관이 법 제6조의2제2항에 따라 동일한 용도 안에서 주파수 대역정비를 실시할 수 있는 요건은 다음 각 호의 어느 하나로 한다. 〈개정 2013. 3. 23., 2017. 7. 26.〉

1. 새로운 서비스의 도입 등을 위하여 여유 주파수의 확보가 필요한 경우
2. 전파이용기술의 발전 등으로 점유주파수대폭의 변경이 필요한 경우
3. 혼신의 방지를 위하여 필요한 경우
4. 그 밖에 주파수 이용효율의 개선 등을 위하여 대역정비가 필

요하다고 인정되는 경우

제7조의2(주파수심의위원회의 구성과 운영 등) ① 법 제6조의2제3항에 따른 주파수심의위원회(이하 이 조에서 "위원회"라 한다)는 위원장을 포함한 7명 이내의 위원으로 구성하고, 위원은 다음 각 호의 사람으로 한다. 〈개정 2017. 7. 26.〉

1. 국무조정실, 과학기술정보통신부 및 방송통신위원회의 고위공무원단에 속하는 공무원 중에서 해당 기관의 장이 지명하는 사람 각 1명

2. 다음 각 목의 어느 하나에 해당하는 사람 중에서 위원장이 위촉하는 사람

가. 「고등교육법」 제2조에 따른 학교에서 전자공학·전파공학 등 주파수 관련 학과의 교수로 5년 이상 재직 중인 사람

나. 공인된 연구기관에서 주파수와 관련된 분야의 연구원으로 5년 이상 재직하였거나 재직 중에 있는 사람

② 제1항제2호에 따른 위원의 임기는 2년으로 하되, 한차례만 연임할 수 있다.

③ 제1항제1호에 따라 위원을 지명한 자는 해당 위원이 다음 각 호의 어느 하나에 해당하는 경우에는 그 지명을 철회할 수 있다. 〈신설 2015. 12. 31.〉

1. 심신장애로 인하여 직무를 수행할 수 없게 된 경우
2. 직무와 관련된 비위사실이 있는 경우
3. 직무태만, 품위손상이나 그 밖의 사유로 인하여 위원으로 적합하지 아니하다고 인정되는 경우
4. 위원 스스로 직무를 수행하는 것이 곤란하다고 의사를 밝히는 경우

④ 위원장은 제1항제2호에 따른 위원이 제3항 각 호의 어느 하나에 해당하는 경우에는 해당 위원을 해촉(解囑)할 수 있다. 〈신설 2015. 12. 31.〉

⑤ 위원회에 간사위원 1명을 두며, 간사위원은 제1항제1호에 따라 과학기술정보통신부의 고위공무원단에 속하는 공무원 중에서 과학기술정보통신부장관이 지명하는 사람이 된다. 〈개정 2015. 12. 31., 2017. 7. 26.〉

⑥ 위원회의 회의는 재적위원 과반수의 출석으로 개의(開議)하고,

출석위원 과반수의 찬성으로 의결한다. 〈개정 2015. 12. 31.〉

⑦ 위원장이 부득이한 사유로 직무를 수행할 수 없을 때에는 위원장이 미리 지명하는 위원이 그 직무를 대행한다. 〈개정 2015. 12. 31.〉

⑧ 제1항부터 제7항까지에서 규정한 사항 외에 위원회의 구성과 운영 등에 필요한 사항은 위원회 의결을 거쳐 위원장이 정한다. 〈개정 2015. 12. 31.〉

[본조신설 2013. 3. 23.]

제8조(손실보상금의 산정기준 및 청구절차 등) ① 법 제7조제1항 각 호 외의 부분 본문 및 같은 조 제4항에 따른 손실보상금의 산정기준은 각각 별표 1과 같다. 〈개정 2017. 12. 12.〉

② 법 제7조제1항 각 호 외의 부분 본문 및 같은 조 제4항에 따라 손실보상을 청구하려는 시설자등은 제5조제1항에 따른 공고일부터 120일 이내에 손실의 내용을 적은 손실보상청구서에 그 증명서류를 첨부하여 과학기술정보통신부장관에게 제출하여야 한다. 〈개정 2012. 11. 23., 2013. 3. 23., 2017. 7. 26., 2017. 12. 12.〉

1. 삭제 〈2012. 11. 23.〉
2. 삭제 〈2012. 11. 23.〉

③ 과학기술정보통신부장관은 제2항에 따른 손실보상청구서를 받은 날부터 60일 이내에 시설자등과 법 제6조의2에 따라 새로 주파수할당·주파수지정 또는 주파수 사용승인을 받은 자(이하 "신규이용자"라 한다)에게 손실보상금액을 결정·통지하여야 한다. 다만, 그 기간에 손실보상금액을 결정·통지할 수 없는 정당한 사유가 있는 경우에는 그 사유를 통지하고 1회에 한하여 30일의 범위에서 그 기간을 연장할 수 있다. 〈개정 2013. 3. 23., 2017. 7. 26., 2017. 12. 12.〉

④ 과학기술정보통신부장관 또는 법 제7조제4항에 따라 직접 손실을 보상하는 신규이용자는 주파수회수 또는 주파수재배치의 시행일까지 시설자등에게 제3항에 따른 손실보상금을 지급하여야 한다. 〈개정 2013. 3. 23., 2017. 7. 26., 2017. 12. 12.〉

⑤ 삭제 〈2017. 12. 12.〉

제9조(징수금의 징수) 과학기술정보통신부장관은 법 제7조제2항에 따라 시설자등에게 보상한 금액을 징수하려는 때에는 징수금액 및

납부기한 등을 명시하여 한국은행에 개설되는 「방송통신발전 기본법」 제24조에 따른 방송통신발전기금(이하 "방송통신발전기금"이라 한다)의 출납관리를 위한 계정에 납부할 것을 신규이용자에게 서면으로 알려야 한다. 〈개정 2009. 8. 18., 2010. 12. 31., 2013. 3. 23., 2017. 7. 26.〉

제10조(주파수할당 대가의 반환금액의 산정 및 배분기준) ①법 제7조제5항 본문에 따른 주파수할당대가의 반환 금액의 산정기준은 별표 2와 같다. 〈개정 2010. 12. 31.〉

② 법 제7조제5항에 따른 주파수할당 대가 반환금액의 배분은 해당 주파수할당 대가가 방송통신발전기금 및 「정보통신산업진흥법」 제41조에 따른 정보통신진흥기금(이하 "정보통신진흥기금"이라 한다)의 수입금으로 각각 편입된 금액규모를 기준으로 한다. 〈신설 2010. 12. 31.〉

[제목개정 2010. 12. 31.]

제3장 전파자원의 분배 및 할당

제10조의2(주파수분배의 변경에 따른 지원의 대상, 방법 및 절차 등) ① 법 제9조의2제2항에 따른 지원의 대상은 주파수분배의 변경으로 인하여 사용할 수 없게 되는 방송통신기자재를 이미 구매하여 사용하고 있는 자 중 방송통신기자재의 내용연수와 주파수분배의 변경을 위한 예고기간 등을 고려하여 과학기술정보통신부장관이 정하여 고시하는 요건을 충족하는 자로 한다. 〈개정 2017. 7. 26.〉

② 법 제9조의2제2항에 따른 지원은 다음 각 호의 방법으로 한다. 이 경우 구체적인 금액 산정, 방송통신기자재의 변경이나 개조 방법 등 세부적인 지원 방법에 대해서는 과학기술정보통신부장관이 정하여 고시한다. 〈개정 2017. 7. 26.〉

1. 방송통신기자재의 평균 사용기간, 내구연한, 판매금액 등을 종합적으로 고려하여 산정한 금액의 지원

2. 방송통신기자재의 변경 또는 개조를 통하여 다른 주파수를 이용할 수 있도록 지원

③ 법 제9조의2제2항에 따른 지원을 받으려는 무선설비의 이용자는 제1항에 따른 지원 대상임을 증명하는 자료를 첨부하여 과학기술정보통신부장관에게 지원을 신청하여야 한다. 이 경우 지원의 절

차 등에 필요한 세부사항은 과학기술정보통신부장관이 정하여 고시한다. 〈개정 2017. 7. 26.〉

[본조신설 2014. 12. 3.]

제10조의3(비면허무선기기지원센터의 지정과 운영) ① 법 제9조의3 제1항에서 "전문인력과 시설 등 대통령령으로 정하는 요건을 갖춘 기관 또는 단체"란 다음 각 호의 어느 하나에 해당하는 기관 또는 단체를 말한다.

1. 법 제66조제1항에 따른 한국방송통신전파진흥원(이하 "진흥원"이라 한다)

2. 법 제66조의2제1항에 따른 한국전파진흥협회(이하 "협회"라 한다)

3. 별표 2의2에 따른 지정기준을 갖춘 기관 또는 단체

② 법 제9조의3에 따른 비면허무선기기지원센터(이하 "센터"라 한다)는 주파수분배의 변경으로 사용할 수 없는 방송통신기자재에 대하여 다음 각 호의 사업을 수행한다.

1. 법 제9조의2제2항에 따른 금전의 지원 또는 변경·개조의 지원

2. 방송통신기자재의 실태조사

3. 방송통신기자재의 이용종료와 관련된 홍보 및 이용자 애로사항 해소 지원 등에 관한 사항

③ 센터는 제2항제2호에 따른 실태조사를 위하여 해당 방송통신기자재를 수입·제조·판매한 자와 이용자에게 필요한 자료 제출 등의 협조를 요청할 수 있다.

④ 과학기술정보통신부장관은 법 제9조의3제1항 또는 제3항에 따라 센터를 지정하거나 센터의 지정을 취소한 경우에는 그 사실을 인터넷 홈페이지에 게시하여야 한다. 〈개정 2017. 7. 26.〉

[본조신설 2014. 12. 3.]

제11조(주파수할당의 공고) ① 과학기술정보통신부장관은 법 제10조제1항에 따라 주파수할당을 하려는 때에는 다음 각 호의 사항을 공고하여야 한다. 다만, 제3호는 법 제11조제1항 단서에 따른 대가산정 주파수할당의 경우에만 해당하고, 제6호의2 및 제6호의3은 법 제11조제1항 본문에 따른 가격경쟁 주파수할당(이하 "가격경쟁주파수할당"이라 한다)에만 해당한다. 〈개정 2008. 12. 9., 2010. 12. 31., 2013. 3. 23., 2014. 12. 3., 2017. 7. 26.〉

1. 할당대상 주파수 및 대역폭
2. 할당방법 및 시기
3. 주파수할당 대가
4. 주파수 이용기간
5. 주파수용도 및 기술방식에 관한 사항
5의2. 주파수할당을 신청할 수 있는 자의 범위
6. 제13조제2항에 따라 붙이는 조건
6의2. 가격경쟁주파수할당의 방법 및 절차
6의3. 법 제11조제2항에 따른 최저경쟁가격(이하 "최저경쟁가격"이라 한다)
7. 그 밖에 주파수할당에 관하여 필요한 사항

② 법 제10조제2항에 따른 위성주파수와 위성궤도(이하 "위성주파수등"이라 한다)의 할당 공고에 관하여는 제1항을 준용한다. 이 경우 제1항제1호의 "할당대상 주파수"는 "할당대상 위성주파수등"으로 본다. 〈신설 2016. 6. 21.〉

③ 제1항 및 제2항에 따른 공고는 주파수할당을 하는 날부터 1월 전까지 하여야 한다. 〈개정 2016. 6. 21.〉

제12조(주파수할당 신청) ① 법 제10조제3항에 따라 주파수할당을 신청하는 경우에는 다음 각 호의 서류(전자문서를 포함한다)를 제출하여야 한다. 〈개정 2010. 12. 31., 2016. 6. 21.〉

1. 법인(설립예정법인을 포함한다. 이하 이 조, 제17조 및 제19조에서 같다)의 정관
2. 법인의 주주명부 및 주주 등의 주식 등의 소유에 관한 서류
3. 주파수이용계획서
4. 법 제10조제1항 또는 제2항에 따라 주파수할당 공고에서 정하는 서류

② 제1항에 따른 주파수할당 신청을 받은 과학기술정보통신부장관은 「전자정부법」 제36조제1항에 따른 행정정보의 공동이용을 통하여 법인 등기사항증명서를 확인하여야 한다. 〈개정 2010. 5. 4., 2010. 11. 2., 2010. 12. 31., 2013. 3. 23., 2017. 7. 26.〉

③ 제1항 및 제2항에서 규정한 사항 외에 주파수할당의 신청 절차 및 방법 등에 관하여 필요한 세부사항은 과학기술정보통신부장관이 정하여 고시한다. 〈신설 2010. 12. 31., 2013. 3. 23., 2017.

7. 26.〉

[제목개정 2010. 12. 31.]

제13조(전파자원의 독과점방지) ① 법 제10조제4항에서 "대통령령으로 정하는 특수관계에 있는 자"란 「독점규제 및 공정거래에 관한 법률 시행령」 제14조제1항 각 호의 어느 하나에 해당하는 자를 말한다. 〈개정 2010. 12. 31., 2016. 6. 21., 2021. 12. 28., 2024. 3. 26.〉

② 법 제10조제4항에 따라 과학기술정보통신부장관이 주파수할당을 하는 경우 붙일 수 있는 조건은 다음 각 호의 어느 하나와 같다. 〈개정 2013. 3. 23., 2016. 6. 21., 2017. 7. 26.〉

1. 주파수할당을 받은 자 및 제1항에 해당하는 자가 할당받을 수 있는 주파수의 총량에 관한 사항. 이 경우 주파수의 총량은 새로 할당하는 주파수 및 그와 역무의 대체성이 있는 이미 할당한 주파수의 양을 고려하여 정한다.

2. 제1호에 따른 총량을 초과하는 주파수의 회수시기 및 방법에 관한 사항

3. 할당받은 주파수를 이용하여 제공하는 역무의 제공시기 · 제공지역 및 품질수준에 관한 사항

제14조(주파수할당 대가의 산정기준 및 부과절차 등) ① 법 제11조제3항 후단에 따른 주파수할당 대가의 산정기준은 별표 3과 같다. 다만, 할당대상 주파수와 동일하거나 유사한 용도의 주파수가 가격경쟁주파수할당의 방식에 따라 할당된 적이 있는 경우에는 다음 각 호의 사항을 고려하여 주파수할당 대가를 산정할 수 있다. 〈개정 2010. 12. 31., 2013. 3. 23., 2014. 12. 3., 2017. 7. 26.〉

1. 동일하거나 유사한 용도의 주파수에 대한 주파수할당 대가

2. 할당대상 주파수의 특성 및 대역폭

3. 할당대상 주파수의 이용기간 · 용도 및 기술방식

4. 그 밖에 할당대상 주파수의 수요전망 등 과학기술정보통신부장관이 필요하다고 인정하는 사항

② 과학기술정보통신부장관은 통신요금의 절감을 위하여 필요한 경우에는 「전기통신사업법」에 따른 기간통신사업자(이하 "기간통신사업자"라 한다)의 전기통신서비스에 대한 요금 인하실적 및 인하계획 등을 고려하여 제1항에 따라 산정한 주파수할당 대가를 조정할

수 있다. 〈신설 2018. 4. 10., 2020. 6. 23.〉

③ 과학기술정보통신부장관은 주파수할당 대가를 부과하는 경우 납부금 및 납부기한 등을 명시하여 한국은행에 개설되는 방송통신발전기금 및 정보통신진흥기금의 출납관리를 위한 각 계정에 납부할 것을 서면으로 알려야 한다. 〈개정 2010. 12. 31., 2013. 3. 23., 2017. 7. 26., 2018. 4. 10.〉

④ 주파수할당대가의 산정 및 부과에 관한 세부사항은 과학기술정보통신부장관이 정하여 고시한다. 〈개정 2013. 3. 23., 2017. 7. 26., 2018. 4. 10.〉

[제목개정 2010. 12. 31.]

제14조의2(최저경쟁가격의 결정방법) 최저경쟁가격은 다음 각 호의 사항을 고려하여 결정한다. 이 경우 별표 3에서 정한 방식을 참조하여 결정할 수 있다. 〈개정 2019. 12. 17.〉

1. 제14조제1항제1호부터 제3호까지에 관한 사항
2. 할당대상 주파수를 이용한 서비스의 예상매출액
3. 할당대상 주파수에 대한 수요

[본조신설 2010. 12. 31.]

제15조(보증금) ① 법 제11조제4항에 따른 보증금(이하 "보증금"이라 한다)은 다음 각 호의 구분에 따라 산정한다. 〈개정 2010. 12. 31.〉

1. 제14조제1항 본문에 따른 주파수할당의 경우: 별표 3 제2호에 따라 예상매출액을 기준으로 산정한 납부금의 100분의 10에 해당하는 금액
2. 제14조제1항 단서에 따른 주파수 할당의 경우: 주파수할당 대가의 100분의 10에 해당하는 금액
3. 가격경쟁주파수할당의 경우: 최저경쟁가격의 100분의 10에 해당하는 금액

② 보증금은 현금 또는 「국가를 당사자로 하는 계약에 관한 법률 시행령」 제37조제2항 각 호의 어느 하나의 보증서 등으로 납부하게 하여야 한다.

③ 과학기술정보통신부장관은 제2항에 따라 납부된 보증금의 목적이 되는 주파수를 할당한 경우 법 제11조제5항에 따른 사유에 해당하지 아니할 때에는 지체 없이 이를 반환하여야 한다. 〈개정 2008. 12. 9., 2013. 3. 23., 2017. 7. 26.〉

제15조의2(수입금의 배분 등) 법 제11조제5항 및 제6항에 따라 보증금 및 주파수할당 대가를 방송통신발전기금 및 정보통신진흥기금에 배분하는 경우에는 그 배분비율의 편차가 30퍼센트를 넘지 아니하는 범위에서 과학기술정보통신부장관이 방송통신위원회와 협의하여 고시하는 비율에 따른다. 〈개정 2013. 3. 23., 2017. 7. 26.〉

[본조신설 2010. 12. 31.]

제16조(주파수이용권의 양도ㆍ임대) ① 법 제14조제2항 본문에서 “대통령령으로 정하는 기간”이란 주파수할당을 받은 날부터 3년을 말한다. 〈개정 2010. 12. 31.〉

② 법 제14조제2항 단서에서 “대통령령으로 정하는 사유에 해당하는 경우”란 주파수이용권 양도의 경우에는 제1호 및 제2호에 해당하는 경우를 말하며, 주파수이용권 임대의 경우에는 제3호에 해당하는 경우를 말한다. 〈개정 2010. 12. 31.〉

1. 주파수할당을 받은 자가 파산한 경우
2. 경제적 여건의 급변에 대처하거나 사업의 효율화를 위하여 주파수할당을 받은 자가 합병되거나 그가 영위하는 사업의 전부 또는 일부를 양도하는 경우
3. 법 제16조에 따라 재할당을 받은 경우

제17조(주파수이용권의 양수ㆍ임차의 승인신청 등) ① 법 제14조제3항에 따라 주파수이용권을 양수하거나 임차하려는 자는 미리 다음 각 호의 서류(전자문서를 포함한다)를 갖추어 과학기술정보통신부장관에게 승인신청을 하여야 한다. 〈개정 2008. 12. 9., 2013. 3. 23., 2017. 7. 26.〉

1. 주파수이용권 양도ㆍ양수계약서 사본 또는 주파수이용권 임대ㆍ임차계약서 사본
2. 법인의 정관
3. 법인의 주주명부 및 주주 등의 주식 등의 소유에 관한 서류
4. 주파수이용계획서(임대인의 주파수이용계획을 포함한다)
5. 법 제10조제1항에 따라 주파수할당 공고에서 정하는 서류
6. 이용자 보호대책
7. 제16조제2항제1호 또는 제2호에 해당하는 것을 증명하는 서류(법 제14조제2항 단서에 따른 사유로 주파수이용권을 양수받은 자만 해당한다)

② 제1항에 따른 주파수이용권의 양수·임차의 승인신청 절차에 관하여 제12조제2항을 준용한다.

③ 과학기술정보통신부장관은 제1항에 따른 승인신청을 받으면 신청을 받은 날부터 30일 이내에 법 제12조 각 호의 사항을 고려하여 승인 여부를 결정하고, 그 결과를 신청인에게 알려야 한다. 〈개정 2013. 3. 23., 2017. 7. 26.〉

제18조(재할당) ① 법 제16조제1항 본문에 따라 주파수할당을 받은 자가 주파수이용기간이 만료되어 주파수재할당을 받으려면 주파수이용기간 만료 6개월 전에 재할당신청을 하여야 한다. 〈개정 2010. 12. 31.〉

② 제1항에 따른 주파수 재할당의 신청절차 및 그 할당 대가의 산정·징수 등에 관하여는 제12조 및 제14조를 준용한다. 〈개정 2010. 12. 31.〉

제19조(전환의 절차 등) ① 법 제17조제1항에 따라 전환을 받으려는 자는 다음 각 호의 서류를 갖추어 과학기술정보통신부장관에게 전환신청(전자문서로 된 신청서를 포함한다)을 하여야 한다. 〈개정 2013. 3. 23., 2017. 7. 26.〉

1. 법인의 정관
2. 법인의 주주명부 및 주주 등의 주식 등의 소유에 관한 서류
3. 주파수이용계획서

② 과학기술정보통신부장관은 제1항에 따른 신청을 받은 날부터 6개월 이내에 전환대상의 여부, 전환의 시기 및 주파수할당대가 등을 결정하여 신청인 및 이해관계인에게 미리 그 결정 내용을 알려야 한다. 〈개정 2013. 3. 23., 2017. 7. 26.〉

③ 제2항에 따른 통지를 받은 신청인은 그 통지를 받은 날부터 3개월 이내에 서면으로 전환신청을 철회할 수 있다.

④ 과학기술정보통신부장관은 제3항에 따른 철회가 없는 경우에는 주파수를 전환하게 하고 전환의 대상 및 시기, 주파수 이용기간, 주파수할당대가 그 밖에 전환에 필요한 사항을 관보, 인터넷 홈페이지 또는 일간신문 등에 공고하여야 한다. 〈개정 2013. 3. 23., 2017. 7. 26.〉

⑤ 제1항에 따른 주파수할당 전환신청절차에 관하여는 제12조제2항을 준용하고, 제4항에 따라 전환을 받은 신청인이 납부하여야 할

주파수할당대가의 산정 및 징수에 관하여는 제14조를 준용한다.

제20조(주파수이용권관리대장의 서식 등) ① 법 제18조제1항에 따라 주파수이용권관리대장에 적어야 할 사항 등은 과학기술정보통신부령으로 정한다. 〈개정 2013. 3. 23., 2014. 12. 3., 2017. 7. 26.〉

② 법 제18조제2항에 따라 주파수이용권관리대장을 열람하거나 그 사본을 발급받으려는 자는 주파수이용권관리대장열람(발급)신청서를 과학기술정보통신부장관에게 제출하여야 한다. 〈개정 2010. 12. 31., 2013. 3. 23., 2017. 7. 26.〉

제20조의2(주파수 사용승인의 신청 등) ① 법 제18조의2에 따라 주파수 사용승인을 받으려는 자는 다음 각 호의 사항을 적은 신청서를 과학기술정보통신부장관에게 제출하여야 한다. 승인받은 사항 중 다음 각 호의 사항을 변경하려는 경우에도 또한 같다. 〈개정 2016. 6. 21., 2017. 7. 26.〉

1. 용도
2. 전파의 형식, 점유주파수대역폭 및 주파수(위성주파수의 경우에는 위성궤도를 포함한다)
3. 안테나공급전력
4. 안테나의 형식·구성 및 이득
5. 사용지역

② 과학기술정보통신부장관은 제1항에 따른 신청에 대한 승인을 위하여 필요한 경우 제1항에 따른 신청을 한 자에게 무선설비의 시설개요서(승인받은 사항의 변경을 신청한 경우는 제외한다)와 사용승인 변경내역서(승인받은 사항의 변경을 신청한 경우만 해당한다)의 제출을 요청할 수 있다. 〈개정 2017. 7. 26.〉

③ 법 제18조의2제4항에 따라 사용승인을 받은 주파수를 반납하려는 자는 무선국 폐지 등으로 인하여 해당 주파수를 사용하지 아니하는 경우 지체 없이 과학기술정보통신부장관에게 주파수 반납을 통지하여야 한다. 〈개정 2017. 7. 26.〉

[본조신설 2014. 12. 3.]

제20조의3(공공용 주파수 수급계획의 수립) 법 제18조의6제1항에서 "대통령령으로 정하는 기관·단체"란 다음 각 호의 어느 하나에 해당하는 기관 또는 단체를 말한다.

1.「공공기관의 운영에 관한 법률」 제4조에 따른 공공기관

2.「지방공기업법」에 따른 지방직영기업, 지방공사 및 지방공단

3.「고등교육법」 제2조에 따라 설치된 학교

[본조신설 2016. 6. 21.]

제20조의4(공공용 주파수 이용계획서 등) ① 관계 중앙행정기관, 지방자치단체 및 제20조의3에 따른 기관·단체(이하 "관계중앙행정기관등"이라 한다)의 장이 법 제18조의6제2항에 따라 작성하는 다음 연도의 공공용 주파수 이용계획서에는 다음 각 호의 내용이 포함되어야 한다.

1. 주파수의 이용 목적 및 주파수를 이용하려는 업무

2. 주파수대역, 주파수의 대역폭, 소요량 및 그 산출근거

3. 통신망 구축·운용계획을 포함한 연도별·지역별 주파수 이용계획

4. 전파이용기술방식 및 표준화에 관한 사항

5. 주파수 이용의 공익적 필요성 및 사회적·경제적 파급 효과

6. 통신망 구축·운용비용 및 전파사용료 등 주파수를 이용하기 위한 재원의 확보계획

② 제1항에 따른 공공용 주파수 이용계획서의 작성에 필요한 세부 사항은 과학기술정보통신부장관이 정하여 고시한다. 〈개정 2017. 7. 26.〉

[본조신설 2016. 6. 21.]

제20조의5(공공용 주파수 수급계획의 수립을 위한 자료제공의 요청) 과학기술정보통신부장관은 법 제18조의6제3항에 따라 공공용 주파수 이용계획서의 적정성 여부에 대하여 평가를 실시하기 위하여 필요한 경우에는 관계중앙행정기관등의 장에게 관련 자료의 제출을 요청할 수 있다. 〈개정 2017. 7. 26.〉

[본조신설 2016. 6. 21.]

제20조의6(공공용 주파수 정책협의회의 협의·조정) 법 제18조의6제4항제1호에서 "대통령령으로 정하는 경우"란 다음 각 호의 어느 하나에 해당하는 경우로서 공공용 주파수의 이용에 관한 우선 순위 조정 및 주파수 이용 협의 등이 필요한 경우(법 제18조의2에 따라 주파수의 사용승인을 받는 경우는 제외한다)를 말한다.

1. 주파수대역이 300메가헤르츠(MHz) 미만인 경우: 주파수의 대역폭이 1메가헤르츠(MHz) 이상인 경우

2. 주파수대역이 300메가헤르츠(㎒) 이상이고 3기가헤르츠(㎓) 미만인 경우: 주파수의 대역폭이 10메가헤르츠(㎒)를 초과하는 경우

3. 주파수대역이 3기가헤르츠(㎓) 이상이고 30기가헤르츠(㎓) 미만인 경우: 주파수의 대역폭이 30메가헤르츠(㎒)를 초과하는 경우

4. 주파수대역이 30기가헤르츠(㎓) 이상인 경우: 주파수의 대역폭이 150메가헤르츠(㎒)를 초과하는 경우

[본조신설 2016. 6. 21.]

제20조의7(공공용 주파수 수급계획의 변경) 과학기술정보통신부장관은 법 제18조의7제2항에 따라 공공용 주파수 수급계획을 변경한 경우에는 법 제18조의7제1항에 따라 해당 공공용 주파수 수급계획의 변경요청서를 제출한 관계중앙행정기관등의 장에게 그 사실을 알려야 한다. 〈개정 2017. 7. 26.〉

[본조신설 2016. 6. 21.]

제20조의8(공공용 주파수 적정성 조사·분석기관의 지정 등) ① 법 제18조의8제1항에서 “대통령령으로 정하는 요건을 갖춘 기관 또는 단체”란 다음 각 호의 요건을 모두 갖춘 기관 또는 단체를 말한다.

1. 「공공기관의 운영에 관한 법률」 제4조에 따른 공공기관일 것

2. 전파 관련 사업을 주된 업무로 할 것

3. 별표 3의2에 따른 공공용 주파수의 적정성 조사·분석을 위한 인력 및 시설기준을 갖출 것

② 법 제18조의8제1항에 따른 공공용 주파수 적정성 조사·분석기관은 다음 각 호의 업무를 수행한다.

1. 공공용 주파수의 효율적 이용을 위한 공공용 주파수의 수요조사 및 분석

2. 법 제18조의6제3항 및 제18조의7제1항 후단에 따른 평가를 위한 주파수 소요량과 이용현황의 조사·분석

3. 공공용 주파수의 효율적 이용을 위한 조사·연구 등 공공용 주파수의 수급계획 수립의 지원

③ 과학기술정보통신부장관은 법 제18조의8제1항 또는 제3항에 따라 공공용 주파수 적정성 조사·분석기관을 지정하거나 지정을 취소한 경우에는 그 사실을 관보에 게재하거나 과학기술정보통신부의 인터넷 홈페이지에 게시하여야 한다. 〈개정 2017. 7. 26.〉

[본조신설 2016. 6. 21.]

제20조의9(공공용 주파수 정책협의회) ① 법 제18조의9제1항에 따른 공공용 주파수 정책협의회(이하 "정책협의회"라 한다)의 효율적인 운영을 위하여 정책협의회에 간사 1명을 두며, 간사는 과학기술정보통신부 소속 4급 이상 공무원 중에서 과학기술정보통신부장관이 지명한다. 〈개정 2017. 7. 26.〉

② 제1항에서 규정한 사항 외에 정책협의회의 운영에 필요한 사항은 정책협의회의 의결을 거쳐 위원장이 정한다.

[본조신설 2016. 6. 21.]

제4장 전파자원의 이용

제1절 무선국의 허가 및 운용 등

제21조(허가받은 것으로 보는 무선국) 법 제19조제2항 전단에서 "대통령령으로 정하는 무선국"이란 다음 각 호의 어느 하나에 해당하는 무선국을 말한다. 〈개정 2013. 3. 23., 2014. 12. 3., 2017. 7. 26., 2022. 12. 27.〉

1. 법 제10조에 따라 과학기술정보통신부장관이 할당한 주파수를 이용하는 무선국
2. 「전기통신사업법」 제86조제2항에 따른 승인을 받은 협정에 의하여 이용하는 위성휴대통신용 무선국

[전문개정 2010. 12. 31.]

제22조(이용계약의 체결통보) 전기통신사업자는 법 제19조제3항에 따라 이용계약을 체결한 경우에는 매 분기 말일부터 15일 이내에 다음 각 호의 사항을 과학기술정보통신부장관에게 통보하여야 한다. 〈개정 2013. 3. 23., 2015. 11. 20., 2017. 7. 26., 2020. 6. 30.〉

1. 해당 분기 중 신규로 이용계약을 체결한 가입자의 수
2. 매 분기 말일 기준의 가입자의 수
3. 「병역법」에 따른 징집 또는 지원에 따라 입영한 현역병[같은 법 제24조제2항 또는 제25조제1항(같은 항 제2호 중 경찰대학 졸업예정자로서 의무경찰대에 복무하도록 추천을 받은 자는 제외한다)에 따라 전환복무하는 자를 포함한다] 또는 「대체역의 편입 및 복무 등에 관한 법률」에 따라 소집된 대체복무요원으로서 제21조에 따른 무선국의 이용을 정지한 가입자의 수
4. 이용계약에 따른 이용요금의 연체로 인하여 제21조에 따른 무

선국의 이용이 정지된 가입자의 수

[전문개정 2010. 12. 31.]

제23조(주파수 사용승인을 받아 개설하는 무선국) 법 제19조제5항에 따라 주파수 사용승인을 받아 개설할 수 있는 무선국은 다음 각 호의 어느 하나에 해당하는 무선국으로 한다. 이 경우 제1호의 무선국으로서 국가안보상 필요할 때에는 우선적으로 승인할 수 있다. 〈개정 2014. 12. 3.〉

1. 「군용전기통신법」 제3조에 따라 국방부장관이 관리·운용하는 무선국

2. 외국의 국가원수 등이 대한민국을 방문하는 중에 의전·경호 등의 목적으로 사용하기 위하여 외교부장관의 요청에 따라 개설하는 무선국

3. 주한 외국공관이 대한민국에서 해당 국가의 외교 및 영사업무를 위하여 외교부장관의 요청에 따라 개설하는 무선국

4. 국내에서 열리는 국제적 또는 국가적 행사를 위하여 관계 국가기관의 장의 요청에 따라 외국인이 그 행사기간 중에 개설하는 무선국

5. 「대한민국과 아메리카합중국간의 상호방위조약 제4조에 따른 시설과 구역 및 대한민국에서의 합중국군대의 지위에 관한 협정」에 따라 아메리카합중국 군대가 관리·운용하는 무선국 중 같은 협정 제3조제2호에 따른 약정의 적용을 받는 무선국

6. 국가안전보장과 관련된 정보 및 보안업무를 관장하는 기관의 장이 그 업무를 위하여 관리·운용하는 무선국

[전문개정 2010. 12. 31.]

제24조(신고하고 개설할 수 있는 무선국) ① 법 제19조의2제1항제1호 및 제2호에 따라 신고하고 개설할 수 있는 무선국은 다음 각 호의 어느 하나에 해당하는 무선기기를 사용하는 무선국으로 한다. 〈개정 2012. 11. 23., 2016. 6. 21., 2024. 3. 26.〉

1. 간이무선국용 무선설비 중 휴대용 무선기기. 다만, 차량·선박 등 이동체에 설치하는 경우는 제외한다.

2. 전파천문업무를 하는 수신전용 무선기기

3. 이동국·육상이동국용 무선설비 중 휴대용 무선기기. 다만, 차량·선박 등 이동체에 설치하는 경우는 제외한다.

4. 다른 일반지구국으로부터 주파수, 출력, 전파형식 등 송신의 제어를 받는 일반지구국의 무선기기

5. 건물 등 일정한 구역 내에서만 4,720메가헤르츠(MHz) 이상 4,820메가헤르츠(MHz) 이하 또는 28.9기가헤르츠(GHz) 이상 29.5기가헤르츠(GHz) 이하의 주파수를 이용하는 육상국·기지국 또는 이동중계국을 설치하는 자가 해당 무선국과 통신하기 위하여 개설하는 이동국·육상이동국용 무선기기

② 법 제19조의2제1항제3호에 따라 신고하고 개설할 수 있는 무선국은 다음 각 호의 어느 하나에 해당하는 무선국을 말한다. 〈개정 2012. 11. 23., 2013. 3. 23., 2016. 6. 21., 2017. 7. 26.〉

1. 「전기통신사업법」 제2조제11호 본문에 따른 기간통신역무를 제공하기 위한 무선국 중 다음 각 목의 어느 하나에 해당하는 무선국

가. 이동통신

나. 휴대인터넷

다. 위치기반서비스

라. 무선데이터통신

마. 서비스제공지역이 전국인 주파수공용통신 및 무선호출

바. 그 밖에 국가간·지역간 전파혼신 방지 등을 위하여 과학기술정보통신부장관이 무선국의 설치장소, 운영시간, 주파수 또는 안테나공급전력 등을 제한할 필요가 없다고 인정하여 고시하는 무선국

2. 「방송법」 제2조제2호나목에 따른 종합유선방송사업을 하기 위한 무선국 또는 같은 조 제13호에 따른 전송망사업을 하기 위한 무선국

③ 법 제19조의2제1항제4호에 따라 신고하고 개설할 수 있는 무선국은 다음 각 호의 어느 하나에 해당하는 무선국을 말한다.

1. 위성방송보조국

2. 지하·터널내에 개설하는 지상파방송보조국

[전문개정 2010. 12. 31.]

제25조(신고하지 아니하고 개설할 수 있는 무선국) 법 제19조의2제2항에서 "대통령령으로 정하는 무선국"이란 다음 각 호의 어느 하나에 해당하는 무선기기를 사용하는 무선국을 말한다. 〈개정 2013. 3. 23., 2016. 6. 21., 2017. 7. 26.〉

1. 표준전계발생기·헤테르다인방식 주파수 측정장치, 그 밖의 측

정용 소형발진기

2. 법 제58조의2제1항에 따른 적합성평가(이하 "적합성평가"라 한다)를 받은 무선기기로서 개인의 일상생활에 자유로이 사용하기 위하여 과학기술정보통신부장관이 정한 주파수를 이용하여 개설하는 생활무선국용 무선기기

3. 제24조제1항제2호에 따른 무선기기 외의 수신전용 무선기기

4. 적합성평가를 받은 무선기기로서 다른 무선국의 통신을 방해하지 아니하는 출력의 범위에서 사용할 목적으로 과학기술정보통신부장관이 용도 및 주파수와 안테나공급전력 또는 전계강도 등을 정하여 고시하는 무선기기

[전문개정 2010. 12. 31.]

제26조(외국인 등의 무선국개설) 법 제20조제2항제4호다목에서 "대통령령으로 정하는 것"이란 다음 각 호의 어느 하나에 해당하는 무선국을 말한다.

1. 기지국
2. 육상이동국
3. 간이무선국

[전문개정 2010. 12. 31.]

제27조(무선국의 개설조건) ① 실험국은 법 제20조의2제1항에 따른 개설조건 외에 다음 각 호의 개설조건을 갖추어야 한다.

1. 신청인이 그 실험을 수행할 적정한 능력을 가지고 있을 것
2. 실험의 목적과 내용이 과학기술의 진보·발전 또는 과학지식의 보급에 공헌할 합리적인 가능성이 있을 것
3. 실험의 목적과 내용이 공공복리를 해하지 아니할 것
4. 신청인이 그 실험의 목적을 달성하기 위하여 전파의 발사를 필요로 하고, 합리적인 실험의 계획과 이를 실행하기 위한 적당한 설비를 갖추고 있을 것

② 아마추어국은 법 제20조의2제1항에 따른 개설조건 외에 다음 각 호의 개설조건을 갖추어야 한다. 〈개정 2016. 6. 21., 2017. 12. 12.〉

1. 신청인이 다음 각 목의 어느 하나에 해당하는 자일 것

가. 해당 아마추어국의 무선설비를 운용할 수 있는 무선종사자의 자격이 있는 사람(외국에서 아마추어무선기사 자격을 취득하고

국내에 잠시 머무르는 동안 해당 자격의 아마추어국을 운용하려는 사람으로서 과학기술정보통신부장관이 지정하는 단체의 추천을 받은 사람을 포함한다)

나. 아마추어업무의 건전한 보급발달의 도모를 목적으로 하는 사단법인으로서 다음 요건을 구비한 자

1) 영리를 목적으로 하지 아니할 것

2) 목적, 명칭, 사무소, 자산, 이사의 임면과 사원자격의 득실에 관한 사항을 명시한 정관이 작성되고, 적당하다고 인정되는 대표자가 선임되어 있을 것

3) 아마추어국의 무선설비를 운용할 수 있는 무선종사자의 자격이 있는 사람이 포함되어 있을 것

다. 해당 아마추어국의 무선설비를 운용할 수 있는 3명 이상의 무선종사자의 자격을 가진 사람을 구성원으로 하는 단체

2. 무선설비의 안테나공급전력이 1킬로와트(이동하는 아마추어국의 경우에는 50와트) 이하일 것

3. 아마추어국 운용의 목적과 내용이 공공복리를 해하지 아니할 것

③ 중계를 목적으로 개설하는 아마추어국은 제2항에 따른 개설조건 외에 다음 각 호의 개설조건을 갖추어야 한다.

1. 신청인이 제2항제1호나목에 해당하는 자이거나 아마추어국 간의 중계를 위하여 아마추어업무용 위성을 설치한 자일 것

2. 시설의 유지·관리에 적합한 대책을 갖출 것

[전문개정 2010. 12. 31.]

제28조(업무의 분류) ①법 제20조의2제3항에 따라 무선국이 하는 업무는 다음 각 호와 같이 분류한다. 〈개정 2016. 6. 21., 2021. 1. 5.〉

1. 고정업무: 일정한 고정지점 간의 무선통신업무

2. 방송업무

가. 지상파방송업무: 공중이 직접 수신하도록 할 목적으로 지상의 송신설비를 이용하여 송신하는 무선통신업무

나. 위성방송업무: 공중이 직접 수신하도록 할 목적으로 인공위성의 송신설비를 이용하여 송신하는 무선통신업무

다. 지상파방송보조업무: 지상파방송의 난시청을 해소할 목적으

로 지상의 송신설비를 이용하여 지상파방송신호를 중계하는 무선통신업무

라. 위성방송보조업무: 위성방송의 난시청을 해소할 목적으로 지상의 송신설비를 이용하여 위성방송신호를 중계하는 무선통신업무

3. 육상이동업무: 기지국과 육상이동국 간, 육상이동국 상호 간 또는 이동중계국의 중계에 의한 이들 상호 간의 무선통신업무

4. 해상이동업무: 선박국과 해안국 간, 선박국 상호 간 또는 선상통신국 상호 간의 무선통신업무[구명부기국 및 비상위치지시용(위성)무선표지국이 하는 업무를 포함한다]

5. 항공이동업무: 항공기국과 항공국 간 또는 항공기국 상호 간의 무선통신업무[구명부기국 및 비상위치지시용(위성)무선표지국이 하는 업무를 포함한다]

6. 이동업무: 이동국과 육상국 간, 이동국 상호 간 또는 이동중계국의 중계에 의한 이들 상호 간의 무선통신업무

7. 무선측위업무: 무선측위를 위한 다음 각 목의 무선통신업무

가. 무선항행업무: 무선항행을 위한 무선측위업무

1) 해상무선항행업무: 선박을 위한 무선항행업무

2) 항공무선항행업무: 항공기를 위한 무선항행업무

3) 무선표지업무: 이동체에 개설한 무선국에 대하여 전파를 발사하여 그 전파발사 위치에서의 방향 또는 방위를 그 무선국이 결정하게 할 수 있도록 하기 위한 무선항행업무

나. 무선탐지업무: 무선항행업무 외의 무선측위업무

8. 기상원조업무: 기상(氣象) 및 수상(水象)의 관측과 조사를 위한 무선통신업무

9. 표준주파수 및 시보업무: 과학·기술, 그 밖의 목적을 위하여 공중이 수신 가능하도록 높은 정확도를 가진 표준주파수 및 시각정보를 송신하는 무선통신업무

10. 무선조정업무: 무선에 의한 원격조정을 하는 업무

11. 무선조정이동업무: 무선조정국과 무선조정이동국 간, 무선조정이동국 상호 간 또는 무선조정중계국의 중계에 의한 이들 상호 간의 무선통신업무

12. 아마추어업무: 금전상의 이익을 목적으로 하지 아니하고 개인적인 무선기술의 흥미에 따라 하는 자기훈련과 기술연구 목적의 통

신업무

13. 비상통신업무: 지진 · 태풍 · 홍수 · 해일 · 눈피해[雪害] · 화재, 그 밖의 비상사태가 발생하거나 발생할 우려가 있는 경우에 인명구조 · 재해구호 · 교통통신의 확보 또는 질서유지를 위하여 하는 무선통신업무

14. 우주무선통신업무: 우주국 · 수동위성 또는 우주 내에 있는 그 밖의 물체를 이용하여 하는 무선통신업무

15. 고정위성업무: 우주국을 이용하여 특정한 고정지점의 지구국 상호 간의 우주무선통신업무

16. 육상이동위성업무: 우주국과 육상이동지구국 간, 우주국을 이용하는 육상이동지구국 상호 간 또는 우주국을 이용하는 일정한 고정지점의 지구국과 육상이동지구국 간의 우주무선통신업무

17. 해상이동위성업무: 우주국과 선박지구국 간, 우주국을 이용하는 선박지구국 상호 간 또는 우주국을 이용하는 일정한 고정지점의 지구국과 선박지구국 간의 우주무선통신업무(구명부기국 및 비상위치지시용위성무선표지국이 하는 업무를 포함한다)

18. 항공이동위성업무: 우주국과 항공기지구국 간, 우주국을 이용하는 항공기지구국 상호 간 또는 우주국을 이용하는 일정한 고정지점의 지구국과 항공기지구국 간의 우주무선통신업무(구명부기국 및 비상위치지시용위성무선표지국이 하는 업무를 포함한다)

19. 이동위성업무: 우주국과 이동지구국 간, 우주국을 이용하는 이동지구국 상호 간, 우주국을 이용하는 일정한 고정지점의 지구국과 이동지구국 간 또는 우주국 상호 간의 우주무선통신업무

20. 무선측위위성업무: 우주국을 이용하여 무선측위를 하는 우주무선통신업무

21. 표준주파수 및 시보 위성업무: 우주국을 이용하여 표준주파수 및 시각정보를 보내는 우주무선통신업무

22. 전파천문업무: 전파를 이용하여 하는 천문업무

23. 삭제 〈2016. 6. 21.〉

24. 삭제 〈2016. 6. 21.〉

25. 삭제 〈2016. 6. 21.〉

26. 삭제 〈2016. 6. 21.〉

27. 삭제 〈2016. 6. 21.〉

28. 삭제 〈2016. 6. 21.〉
29. 삭제 〈2016. 6. 21.〉
30. 삭제 〈2016. 6. 21.〉
31. 삭제 〈2016. 6. 21.〉

② 과학기술정보통신부장관은 전파자원의 이용 및 전파이용에 관한 기술개발을 촉진하기 위하여 필요한 경우에는 주파수의 이용현황 등을 고려하여 제1항 각 호에서 정한 무선국의 업무 외에 무선국의 업무를 정하여 고시할 수 있다. 〈신설 2016. 6. 21., 2017. 7. 26.〉

[전문개정 2010. 12. 31.]

제29조(무선국의 분류) ①법 제20조의2제3항에 따라 무선국은 다음 각 호와 같이 분류한다. 〈개정 2013. 3. 23., 2016. 6. 21., 2017. 7. 26., 2017. 12. 12.〉

1. 고정국: 고정업무를 하는 무선국
2. 방송국
   가. 지상파방송국: 지상파방송업무를 하는 무선국
   나. 위성방송국: 위성방송업무를 하는 무선국
   다. 지상파방송보조국: 지상파방송보조업무를 하는 무선국
   라. 위성방송보조국: 위성방송보조업무를 하는 무선국
3. 육상이동국: 육상(하천이나 그 밖에 이에 준하는 수역을 포함한다)에서 육상이동업무를 하는 무선국
4. 선박국: 선박에 개설하여 해상이동업무를 하는 무선국
5. 선상통신국: 선박의 선내통신, 구명정의 구조훈련 또는 구조작업이 이루어지는 때의 선박과 그 구명정이나 구명뗏목 간의 통신, 끄는 배와 끌리는 배 또는 미는 배와 밀리는 배로 구성되는 선단(船團) 내의 통신과 밧줄연결 및 계류지시를 목적으로 해상이동업무를 하는 저전력의 무선국
6. 구명부기국: 구명정·구명복, 그 밖의 구명설비에 개설하여 해상이동(위성)업무 또는 항공이동(위성)업무를 하는 무선국
7. 항공기국: 항공기에 개설하여 항공이동업무를 하는 무선국
8. 이동국: 이동체에 개설하거나 휴대하여 이동업무를 행하는 무선국으로서 육상이동국·선박국·선상통신국·구명부기국 및 항공기국에 해당하지 아니하는 무선국
9. 기지국: 육상이동국과의 통신 또는 이동중계국의 중계에 의한

통신을 하기 위하여 육상의 일정한 고정지점에 개설하는 무선국. 다만, 재난상황 또는 심각한 통신장애 등에 대비하기 위하여 이동체에 개설하거나 휴대 가능한 형태로 개설하는 무선국을 포함한다.

10. 해안국: 선박국과 통신을 하기 위하여 육상의 일정한 고정지점에 개설하는 무선국

11. 항공국: 항공기국과 통신을 하기 위하여 육상의 일정한 고정지점에 개설하는 무선국. 다만, 선박상 또는 지구위성상에 개설하는 경우에는 이동하는 무선국을 포함한다.

12. 육상국: 육상의 일정한 고정지점에 개설하여 이동업무를 하는 무선국으로서 기지국 · 해안국 · 항공국 및 이동중계국에 해당하지 아니하는 무선국. 다만, 재난상황 또는 심각한 통신장애 등에 대비하기 위하여 이동체에 개설하거나 휴대 가능한 형태로 개설하는 무선국을 포함한다.

13. 이동중계국: 기지국과 육상이동국, 육상국과 이동국, 육상이동국 상호 간 및 이동국 상호 간의 통신을 중계하기 위한 다음 각 목의 어느 하나에 해당하는 무선국

가. 육상의 일정한 고정 지점에 개설하는 무선국

나. 선박에 개설하는 무선국

다. 자동차에 개설하여 육상의 일정하지 아니한 지점에서 정지 중에 운용하는 무선국

14. 무선항행육상국: 무선항행업무를 하는 이동하지 아니하는 무선국

15. 무선항행이동국: 무선항행업무를 하는 이동하는 무선국

16. 무선표지국: 무선표지업무를 하는 무선국

17. 비상위치지시용무선표지국: 탐색과 구조작업을 쉽게 하기 위하여 비상위치지시용 무선표지설비만을 사용하여 전파를 발사하는 무선표지국

18. 무선탐지육상국: 무선탐지업무를 하는 이동하지 아니하는 무선국

19. 무선탐지이동국: 무선탐지업무를 하는 이동하는 무선국

20. 무선방향탐지국: 무선방향탐지를 하는 무선국

21. 무선측위국: 무선측위업무를 하는 무선국으로서 무선항행육상국 · 무선항행이동국 · 무선표지국 · 비상위치지시용무선표지국 · 무선

탐지육상국·무선탐지이동국 및 무선방향탐지국에 해당하지 아니하는 무선국

22. 기상원조국: 기상원조업무를 하는 무선국

23. 표준주파수 및 시보국: 표준주파수 및 시보업무를 하는 무선국

24. 무선조정국: 무선조정업무 및 무선조정이동업무를 하는 무선국

25. 무선조정이동국: 이동체에 개설하여 무선조정이동업무를 하는 무선국

26. 무선조정중계국: 무선조정국과 무선조정이동국 간, 무선조정이동국 상호 간의 무선통신을 중계하는 다음 각 목의 어느 하나에 해당하는 무선국

가. 육상의 일정한 고정지점에 개설한 무선국

나. 이동체에 개설하여 이동 중 또는 일정하지 아니한 지점에서 정지 중에 운용하는 무선국

27. 아마추어국: 개인적인 무선기술에의 흥미에 따라 자기훈련과 기술연구에 전용하는 무선국

28. 비상국: 비상통신업무만을 하는 것을 목적으로 개설하는 무선국

29. 우주국: 인공위성에 개설하여 위성방송업무 외의 우주무선통신업무를 하는 무선국

30. 일반지구국: 육상의 일정한 고정 지점에 개설하여 고정위성업무 또는 위성방송업무를 하는 지구국

31. 기지지구국: 육상의 일정한 고정 지점에 개설하여 육상이동위성업무를 하는 지구국

32. 해안지구국: 육상의 일정한 고정 지점에 개설하여 해상이동위성업무를 하는 지구국

33. 항공지구국: 육상의 일정한 고정 지점에 개설하여 항공이동위성업무를 하는 지구국

34. 육상지구국: 육상의 일정한 고정 지점에 개설하여 이동위성업무를 하는 지구국으로서 기지지구국·해안지구국 및 항공지구국에 해당하지 아니하는 지구국

35. 육상이동지구국: 육상(하천이나 그 밖에 이에 준하는 수역을 포함한다)의 이동체에 개설하거나 휴대하여 육상이동위성업무를 하는 지구국

36. 선박지구국: 선박에 개설하여 해상이동위성업무를 하는 지구국

37. 항공기지구국: 항공기에 개설하여 항공이동위성업무를 하는 지구국

38. 이동지구국: 이동체에 개설하거나 휴대하여 이동위성업무를 하는 지구국으로서 육상이동지구국·선박지구국 및 항공기지구국에 해당하지 아니하는 지구국

39. 비상위치지시용위성무선표지국: 위성을 이용하는 비상위치지시용무선표지국

40. 전파천문국: 전파천문업무를 하는 무선국

41. 실험국: 과학 또는 기술의 발전을 위한 실험에 전용하는 무선국

42. 실용화시험국: 해당 무선통신업무를 실용에 옮길 목적으로 시험적으로 개설하는 무선국

43. 간이무선국: 일정 지역에서 간단한 업무연락을 위하여 사용할 목적으로 과학기술정보통신부장관이 정하여 고시한 전파형식·주파수 및 안테나공급전력 등의 기준에 적합한 무선국

② 과학기술정보통신부장관은 전파자원의 이용 및 전파이용에 관한 기술개발을 촉진하기 위하여 필요한 경우에는 제1항 각 호에서 정한 무선국 외에 무선국을 정하여 고시할 수 있다. 〈신설 2016. 6. 21., 2017. 7. 26.〉

[전문개정 2010. 12. 31.]

제29조의2(전파형식의 표시 등) 전파형식의 표시는 별표 4에 따르고, 주파수의 표시는 별표 5에 따른다.

[본조신설 2010. 12. 31.]

제30조(허가신청의 단위) ① 무선국의 허가신청은 제29조의 무선국의 분류에 따라 송신설비의 설치장소(휴대용 무선기기를 이용한 무선국의 경우에는 송신장치)별로 하여야 한다. 〈개정 2010. 12. 31.〉

② 방송국의 허가신청은 제1항에 따르는 것 외에 중파방송·단파방송·초단파방송·텔레비전방송·데이터방송 등 방송별로 하거나 주파수별로(단파방송의 경우는 제외한다) 하여야 한다. 다만, 하나의 주파수로 여러 방송을 할 수 있는 경우에는 방송별로 허가신청을 하여야 한다.

③ 이동하는 무선국 중 개인이 개설하는 아마추어국과 송신장치마다 신청하는 것이 불합리하다고 인정되는 무선국에 대하여는 제1항에도 불구하고 둘 이상의 송신장치를 포함하여 단일무선국으로 신청

할 수 있다.

④ 과학기술정보통신부장관은 무선국의 허가신청을 간소화하기 위하여 필요한 경우에는 제1항 및 제2항 단서에도 불구하고 과학기술정보통신부장관이 정하여 고시하는 바에 따라 통신망별 또는 설치장소나 주파수별로 허가를 신청하게 할 수 있다. 〈개정 2013. 3. 23., 2017. 7. 26.〉

제31조(허가의 신청) ① 법 제21조제1항에 따라 무선국의 개설허가를 받으려는 자는 허가신청서(전자문서로 된 신청서를 포함한다)에 다음 각 호의 서류(전자문서를 포함한다)를 첨부하여 과학기술정보통신부장관에게 제출하여야 한다. 〈개정 2010. 12. 31., 2013. 3. 23., 2014. 12. 3., 2017. 7. 26., 2023. 6. 7.〉

1. 무선설비의 시설개요서와 공사설계서(법 제24조의2제1항제1호 및 제3호에 따른 무선국은 제외한다)

2. 「여권법」에 따른 여권의 사본(법 제20조제1항제1호부터 제3호까지에 해당하는 자로서 제3항제2호에 따라 확인할 수 없는 경우만 해당한다)

3. 「수상레저기구의 등록 및 검사에 관한 법률」 제8조제1항에 따른 동력수상레저기구 등록증 사본 등 무선국의 시설자에게 무선설비가 설치되는 이동체에 대한 소유권 또는 점유권이 있는지를 확인할 수 있는 서류(제3항에 따라 행정정보의 공동이용을 통하여 확인할 수 있는 서류는 제외한다)

② 무선국의 개설허가신청이 다음 각 호의 어느 하나에 해당하는 경우에는 제1항에도 불구하고 무선국의 수에 관계없이 허가신청서 1부와 제1항 각 호의 서류 각 1부만을 제출할 수 있다. 다만, 제2호의 경우에는 방송국별로, 제3호의 경우에는 항공기지구국별로, 제4호의 경우에는 실험국 및 실용화시험국별로 설치장소·안테나형식 또는 안테나공급전력 등이 일부 다를 때에는 그 명세를 별도로 제출하여야 한다. 〈개정 2010. 12. 31., 2016. 6. 21., 2017. 7. 26.〉

1. 제24조제1항제1호 단서 및 제3호 단서에 따른 휴대용 무선기기로서 같은 종별에 속하는 둘 이상의 무선국을 동시에 허가신청하는 경우

2. 지상파방송보조국(제24조제3항제2호에 따른 지하·터널내에 개설하는 지상파방송보조국은 제외한다)을 둘 이상 동시에 허가신청

하는 경우

3. 전기통신역무를 제공하기 위하여 항공기지구국을 둘 이상 동시에 허가신청하는 경우

4. 사용지역·용도 등에 관하여 과학기술정보통신부장관이 정하여 고시하는 요건을 갖춘 소규모의 실험국 또는 실용화시험국으로서 같은 무선국 종별에 속하는 둘 이상의 무선국을 동시에 허가신청하는 경우

③ 제1항에 따라 허가신청을 받은 과학기술정보통신부장관은 「전자정부법」 제36조제1항에 따른 행정정보의 공동이용을 통하여 다음 각 호의 서류를 확인하여야 한다. 다만, 신청인(법인의 경우 대표자를 말한다)·방송편성책임자가 제2호부터 제7호까지의 확인에 동의하지 아니하는 경우에는 해당 서류를 첨부하도록 하여야 한다. 〈개정 2010. 5. 4., 2010. 11. 2., 2013. 3. 23., 2014. 8. 27., 2014. 12. 3., 2017. 7. 26.〉

1. 법인 등기사항증명서(기존의 무선국 시설자가 추가로 무선국의 개설허가를 받으려는 경우에는 그 대표자 또는 임원이 변경된 경우만 해당한다)

2. 「출입국관리법」 제88조에 따른 외국인등록사실증명(법 제20조제1항제1호부터 제3호까지에 해당하는 자만 해당한다)

3. 법인의 대표자·방송편성책임자의 가족관계기록사항에 관한 증명서(위성방송국 개설허가 신청의 경우만 해당한다)

4. 「자동차관리법」 제5조에 따른 자동차등록원부

5. 「건설기계관리법」 제3조에 따른 건설기계등록증

6. 「어선법」 제13조에 따른 선박국적증서, 선적증서 또는 등록필증

7. 「선박법」 제8조에 따른 선박국적증서

④ 법 제19조제1항 후단 및 제21조제1항에 따라 다음 각 호의 사항에 대하여 변경허가를 받으려는 자는 변경허가 신청서(전자문서로 된 신청서를 포함한다)에 무선설비의 공사설계서(제1호·제2호·제4호 및 제8호를 변경하는 경우는 제외한다) 및 무선국 변경내역서(전자문서를 포함한다)를 첨부하여 과학기술정보통신부장관에게 제출하여야 한다. 〈신설 2010. 12. 31., 2013. 3. 23., 2016. 6. 21., 2017. 7. 26.〉

1. 무선국의 목적

2. 통신의 상대방 및 통신사항(방송국의 경우에는 방송사항 및 방송구역을 말한다)

3. 무선설비의 설치 장소(무선설비가 설치된 차량을 교체하는 경우는 제외한다)

4. 호출부호 또는 호출명칭

5. 전파의 형식, 점유주파수대폭 및 주파수(간이무선국이 같은 주파수대역 내에서 주파수를 변경하는 경우는 제외한다)

6. 안테나공급전력

7. 안테나의 형식·구성 및 이득(아마추어국의 경우에는 안테나 형식만 해당한다)

8. 운용허용시간

9. 송신장치의 증설(아마추어국으로서 안테나공급전력 10와트 이하의 송신장치는 제외한다)

10. 무선기기의 대치(과학기술정보통신부장관 고시로 정하는 무선기기는 제외한다)

⑤ 제4항에 따라 위성방송국 변경허가 신청을 받은 과학기술정보통신부장관은 「전자정부법」 제36조제1항에 따른 행정정보의 공동이용을 통하여 다음 각 호의 서류를 확인하여야 한다. 다만, 신청인이 제2호의 확인에 동의하지 아니하는 경우에는 해당 서류를 첨부하도록 하여야 한다. 〈신설 2014. 8. 27., 2017. 7. 26.〉

1. 법인 등기사항증명서

2. 법인의 대표자의 가족관계기록사항에 관한 증명서

제32조 삭제 〈2010. 12. 31.〉

제33조(허가증의 기재사항) ① 법 제21조제4항에 따라 무선국의 허가증에 적을 사항은 다음 각 호와 같다. 〈개정 2010. 12. 31., 2014. 12. 3., 2016. 6. 21.〉

1. 허가연월일 및 허가번호

2. 시설자의 성명 또는 명칭

3. 무선국의 종별 및 명칭

4. 무선국의 목적

5. 통신의 상대방 및 통신사항(방송국의 경우에는 방송사항 및 방송구역을 말한다)

6. 무선설비의 설치장소

7. 허가의 유효기간

8. 호출부호 또는 호출명칭

9. 전파의 형식·점유주파수대폭 및 주파수(아마추어국 등 주파수 대역으로 표시가 가능한 무선국의 경우에는 주파수 대역으로 표시할 수 있다)

10. 안테나공급전력

11. 안테나의 형식·구성 및 이득(아마추어국의 경우에는 안테나 형식만 해당한다)

12. 운용허용시간

13. 무선종사자의 자격 및 정원

14. 무선국의 준공기한

15. 시험전파의 발사기간 및 내용(시험전파의 발사를 신청한 경우만 해당한다)

16. 무선기기의 명칭 및 기기일련번호(아마추어국의 경우에는 무선기기의 명칭만 해당한다)

② 시설자는 허가증의 정정을 받으려는 때에는 과학기술정보통신부장관에게 정정신청을 하여야 한다. 〈개정 2013. 3. 23., 2017. 7. 26.〉

③ 시설자는 허가증의 파손·오손·분실 등으로 허가증의 재발급을 받으려는 때에는 과학기술정보통신부장관에게 재발급신청을 하여야 한다. 〈개정 2010. 12. 31., 2013. 3. 23., 2017. 7. 26.〉

④ 제33조제1항 각 호에 따른 허가증 기재사항 중 제31조제4항 각 호 외의 사항을 변경하려는 경우에는 허가변경명세서(전자문서로 된 명세서를 포함한다)를 과학기술정보통신부장관에게 제출하여야 한다. 〈신설 2014. 12. 3., 2017. 7. 26.〉

⑤ 시설자가 제4항에 따라 허가변경명세서를 제출한 경우 과학기술정보통신부장관은 허가증을 변경하여 발급하여야 한다. 〈신설 2014. 12. 3., 2017. 7. 26.〉

제34조(고시대상무선국) 법 제21조제5항에 따라 무선국의 개설허가를 한 경우에 고시하여야 할 무선국은 다음 각 호와 같다. 다만, 제2호부터 제4호까지에 해당하는 무선국 중 국방 또는 치안에 사용되는 무선국의 경우에는 그러하지 아니하다.

1. 방송국(지상파방송보조국 및 위성방송보조국은 제외한다)

2. 해안국
3. 항공국
4. 육상에 개설하는 무선측위국
5. 표준주파수 및 시보국

제35조(무선국의 고시사항) ① 법 제21조제5항에 따라 제34조에 따른 고시대상무선국을 허가한 경우에 고시하여야 하는 사항은 다음 각 호와 같다. 〈개정 2016. 6. 21.〉
1. 허가연월일 및 허가번호
2. 시설자의 성명 또는 명칭
3. 무선국의 명칭 및 종별과 무선설비의 설치장소
4. 호출부호 또는 호출명칭
5. 주파수, 전파의 형식, 점유주파수대폭 및 안테나공급전력

② 과학기술정보통신부장관은 제1항에 따라 고시한 사항에 변경이 있는 경우 지체 없이 이를 고시하여야 한다. 〈개정 2013. 3. 23., 2017. 7. 26.〉

제36조(무선국 개설허가의 유효기간) ① 법 제22조제1항에 따른 무선국 개설허가의 유효기간은 다음 각 호와 같다. 〈개정 2008. 12. 9., 2010. 7. 26., 2010. 12. 31., 2014. 12. 3., 2016. 6. 21., 2016. 6. 30., 2017. 3. 29., 2018. 12. 18., 2022. 12. 27., 2023. 6. 7.〉
1. 실험국 및 실용화시험국: 1년
2. 이동국 · 육상국 · 육상이동국 · 기지국 · 이동중계국 · 선박국[「선박안전법」, 「어선법」 또는 「수상레저기구의 등록 및 검사에 관한 법률」에 따라 선박에 의무적으로 개설하여야 하는 무선국(이하 "의무선박국"이라 한다)은 제외한다] · 선상통신국 · 무선표지국 · 무선측위국 · 우주국 · 일반지구국 · 해안지구국 · 항공지구국 · 육상지구국 · 이동지구국 · 기지지구국 · 육상이동지구국 · 아마추어국 · 간이무선국 · 항공국 · 고정국 · 무선항행육상국 · 무선항행이동국 · 무선탐지육상국 · 무선탐지이동국 · 비상국 · 기상원조국 · 항공기지구국 · 무선조정국 · 무선조정이동국 · 무선조정중계국 · 전파천문국 · 선박지구국 · 항공기국[「항공안전법」에 따라 항공기 또는 경량항공기에 의무적으로 개설하여야 하는 무선국(이하 "의무항공기국"이라 한다)은 제외한다] · 비상위치지시용무선표지국 · 비상위치지시용위성무선표지국 · 해안국 및

무선방향탐지국: 5년

2의2. 방송국: 5년(위성방송국과 위성방송보조국은 7년으로 한다)

3. 제1호·제2호 및 제2호의2 외의 무선국: 3년

② 과학기술정보통신부장관은 제1항 각 호에도 불구하고 같은 시설자의 같은 종별 또는 통신망에 속하는 무선국에 대하여는 각 무선국의 허가시기가 다르더라도 그 유효기간이 동시에 끝나도록 허가할 수 있다. 〈개정 2013. 3. 23., 2017. 7. 26.〉

③ 과학기술정보통신부장관은 법 제20조제2항제4호 및 제5호에 따른 무선국의 시설자 또는 신청인이 원하는 경우에는 제1항 각 호에 따른 허가유효기간의 범위에서 허가의 유효기간을 달리 정할 수 있다. 〈개정 2013. 3. 23., 2017. 7. 26.〉

④ 과학기술정보통신부장관(법 제34조에 따라 개설허가를 하는 방송통신위원회를 포함한다)은 제1항제2호의2에도 불구하고 전파의 효율적인 이용 및 관리를 통한 공공복리증진을 위하여 필요하다고 판단하는 경우에는 「방송법」 제10조제1항 또는 제17조제3항에 따른 심사결과를 고려하여 2년을 초과하지 아니하는 범위에서 허가의 유효기간을 단축하여 허가할 수 있다. 〈신설 2010. 7. 26., 2013. 3. 23., 2017. 7. 26., 2018. 12. 18.〉

⑤ 과학기술정보통신부장관은 무선국 개설허가의 유효기간이 끝나는 날의 4개월 전까지 시설자에게 재허가 절차와 제38조제1항에 따른 재허가 신청기간 내에 신청하지 않으면 재허가를 받을 수 없다는 사실을 미리 알려야 한다. 이 경우 통지는 문서, 전화 또는 팩스의 방법 등으로 할 수 있다. 〈신설 2014. 12. 3., 2017. 7. 26., 2021. 1. 5.〉

[제목개정 2018. 12. 18.]

제37조(주파수 사용승인의 유효기간) ① 법 제22조제1항에 따른 주파수 사용승인의 유효기간은 다음 각 호와 같다. 〈개정 2010. 12. 31., 2013. 3. 23., 2017. 7. 26.〉

1. 제23조제1호 및 제5호의 무선국: 10년
2. 제23조제3호 및 제6호의 무선국: 5년
3. 제23조제2호 및 제4호의 무선국: 해당 무선국의 개설 목적을 달성하는 데에 필요하다고 과학기술정보통신부장관이 인정하는 기간

② 과학기술정보통신부장관은 제1항에도 불구하고 주파수분배가

변경되는 경우 또는 사용승인의 목적달성에 필요한 기간이 제1항제1호 또는 제2호에 따른 유효기간보다 단기인 경우 등의 사유로 제1항제1호 또는 제2호에 따른 유효기간 동안 사용승인을 하는 것이 전파자원의 효율적 이용을 저해한다고 판단되는 경우에는 주파수 사용승인의 요청자와 협의하여 제1항제1호 또는 제2호에 따른 유효기간의 범위에서 유효기간을 달리 정할 수 있다. 〈개정 2013. 3. 23., 2017. 7. 26.〉

③ 과학기술정보통신부장관은 주파수 사용승인의 유효기간이 끝나는 날의 1년 전까지 사용승인을 받은 자에게 재승인 절차와 제39조에 따른 재승인 신청기간 내에 신청하지 않으면 재승인을 받을 수 없다는 사실을 미리 알려야 한다. 이 경우 통지는 문서, 전화 또는 팩스의 방법 등으로 할 수 있다. 〈신설 2014. 12. 3., 2017. 7. 26., 2021. 1. 5.〉

제38조(재허가) ① 법 제22조제1항에 따라 재허가를 받으려는 자는 유효기간 만료 전 2개월 이상 4개월 이내의 기간에 과학기술정보통신부장관에게 재허가신청을 하여야 한다. 다만, 허가의 유효기간이 1년인 무선국에 대하여는 그 유효기간 만료일 2개월 전까지 신청하여야 하며, 허가의 유효기간이 1년 미만인 무선국에 대하여는 그 유효기간 만료일 1개월 전까지 신청하여야 한다. 〈개정 2013. 3. 23., 2017. 7. 26.〉

② 법 제22조제1항에 따라 위성방송국의 재허가를 받으려는 자는 재허가신청서(전자문서로 된 신청서를 포함한다)에 무선설비 시설개요서와 공사설계서를 첨부하여야 한다. 〈신설 2014. 8. 27.〉

③ 제1항에 따라 위성방송국 재허가 신청을 받은 과학기술정보통신부장관은 「전자정부법」 제36조제1항에 따른 행정정보의 공동이용을 통하여 다음 각 호의 서류를 확인하여야 한다. 다만, 신청인·방송편성책임자가 제2호의 확인에 동의하지 아니하는 경우에는 해당 서류를 첨부하도록 하여야 한다. 〈신설 2014. 8. 27., 2017. 7. 26.〉

1. 법인 등기사항증명서

2. 법인의 대표자·방송편성책임자의 가족관계기록사항에 관한 증명서

④ 과학기술정보통신부장관은 재허가신청을 심사한 결과 그 신청이 법 제21조제2항 각 호에 적합하다고 인정하는 경우에는 재허가

를 한다. 다만, 허가신청 시와 주파수 이용현황 등이 달라진 경우에는 다음 각 호의 사항을 다시 지정하여 무선국의 허가를 할 수 있다. 〈개정 2013. 3. 23., 2014. 8. 27., 2016. 6. 21., 2017. 7. 26.〉

1. 전파의 형식·점유주파수대폭 및 주파수
2. 호출부호 또는 호출명칭
3. 안테나공급전력
4. 운용허용시간
5. 무선종사자의 자격 및 정원
6. 안테나의 형식·구성 및 이득
7. 방송을 목적으로 하는 무선국에 있어서는 방송사항 및 방송구역

제39조(재승인) 법 제22조제1항에 따라 재승인 받으려는 자는 주파수 사용승인의 유효기간 만료일 전 6개월 이상 12개월 이내에 과학기술정보통신부장관에게 재승인을 신청하여야 한다. 다만, 제37조제1항제3호에 따라 유효기간이 정하여진 경우는 그러하지 아니하다. 〈개정 2013. 3. 23., 2017. 7. 26.〉

제39조의2(무선국 개설신고 등의 절차) ① 법 제22조의2제1항 전단에 따라 무선국의 개설신고를 하려는 자는 무선국개설신고서(전자문서로 된 신고서를 포함한다)에 무선설비의 시설개요서 및 공사설계서(법 제19조의2제1항제1호 및 제2호에 따른 무선국은 제외한다)를 첨부하여 과학기술정보통신부장관에게 제출하여야 한다. 〈개정 2013. 3. 23., 2017. 7. 26.〉

② 제1항에도 불구하고 무선국의 개설신고가 다음 각 호의 어느 하나에 해당하는 경우에는 무선국의 수에 관계 없이 무선국개설신고서 1부만을 제출할 수 있다. 다만, 제2호의 경우에는 무선설비의 시설개요서와 공사설계서 각 1부를 제출하여야 한다.

1. 제24조제1항제1호 본문 및 제3호 본문에 따른 휴대용 무선기기로서 같은 종별에 속하는 둘 이상의 무선국을 동시에 개설신고하는 경우
2. 제24조제3항에 따른 위성방송보조국 또는 지하·터널내에 개설하는 지상파방송보조국을 둘 이상 동시에 개설신고하는 경우

③ 제1항 및 제2항에 따라 무선국을 개설한 자가 법 제22조의2제1항 후단에 따라 다음 각 호의 사항을 변경하려는 경우에는 무선설비의 공사설계서(제31조제4항제1호·제2호·제4호 및 제8호에 관

한 사항을 변경하는 경우와 법 제19조의2제1항제1호 및 제2호에 따른 무선국을 변경하는 경우는 제외한다) 및 무선국 변경내역서를 첨부하여 과학기술정보통신부장관에게 변경신고를 하여야 한다. 〈개정 2013. 3. 23., 2017. 7. 26., 2019. 12. 17.〉

1. 제31조제4항제1호·제2호·제4호 및 제6호부터 제8호까지에 관한 사항
2. 무선설비의 설치장소 또는 상치장소(常置場所, 휴대용 무선기기를 사용하는 간이무선국의 경우는 제외한다)
3. 전파의 형식·점유주파수대폭 및 주파수(기간통신사업자가 법 제11조 및 제12조에 따라 할당받은 주파수대역 내에서 주파수를 변경하는 경우는 제외한다)
4. 송신장치의 증설
5. 무선기기의 대치

[본조신설 2010. 12. 31.]

[제목개정 2014. 12. 3.]

제39조의3(무선국 신고증명서의 기재사항) ① 법 제22조의2제2항에 따른 무선국 신고증명서에는 다음 각 호의 사항을 기재하여야 한다. 다만, 제24조제1항에 따른 무선국의 경우에는 제33조제1항제4호 및 제11호부터 제15호까지의 사항은 제외한다. 〈개정 2019. 12. 17.〉

1. 제33조제1항제2호부터 제5호까지 및 제8호부터 제16호까지에 관한 사항
2. 신고번호 및 수리일자
3. 무선설비의 설치장소 또는 상치장소(휴대용 무선기기를 사용하는 간이무선국의 경우는 제외한다)

② 무선국 신고증명서의 정정 및 재발급에 관하여는 제33조제2항부터 제5항까지의 규정을 준용한다. 이 경우 “허가증”은 “신고증명서”로, “제31조제4항 각 호 외의 사항”은 “제39조의2제3항 각 호 외의 사항”으로, “허가변경명세서”는 “신고변경명세서”로 본다. 〈개정 2014. 12. 3.〉

[본조신설 2010. 12. 31.]

제40조(시설자 지위승계의 인가 신청) ①법 제23조제2항 본문 및 단서에 따라 시설자 지위승계의 인가를 받으려는 자는 과학기술정보통신부령 또는 방송통신위원회고시로 정하는 인가신청서에 다음 각

호의 구분에 따른 서류를 첨부하여 과학기술정보통신부장관 또는 방송통신위원회에 제출해야 한다. 〈개정 2010. 12. 31., 2013. 3. 23., 2014. 8. 27., 2017. 7. 26., 2024. 3. 26.〉

1. 법 제23조제1항제1호에 해당하는 경우: 사업양도·양수계약서 사본

2. 법 제23조제1항제2호에 해당하는 경우

가. 법인합병계약서 사본

나. 합병을 결의한 주주총회 또는 사원총회의 의사록, 그 밖에 합병에 관한 의사결정을 증명하는 서류

다. 합병 후 존속하는 법인 또는 합병에 따라 설립된 법인의 정관 사본

3. 삭제 〈2024. 3. 26.〉

② 과학기술정보통신부장관 또는 방송통신위원회는 제1항에 따라 인가신청서를 제출받은 경우에는 「전자정부법」 제36조제1항에 따른 행정정보의 공동이용을 통하여 다음 각 호의 서류를 확인하여야 한다. 다만, 신청인(법인의 경우 대표자를 말한다)이 제2호 또는 제3호의 확인에 동의하지 아니하는 경우에는 해당 서류를 첨부하도록 하여야 한다. 〈신설 2014. 8. 27., 2017. 7. 26., 2024. 3. 26.〉

1. 법인 등기사항증명서

2. 「출입국관리법」 제88조에 따른 외국인등록사실증명(법 제20조제1항제1호부터 제3호까지에 해당하는 자만 해당한다)

3. 법인의 대표자의 가족관계기록사항에 관한 증명서(위성방송국 시설자 지위승계 인가 신청의 경우만 해당한다)

[제목개정 2010. 12. 31.]

제41조(신고에 따른 시설자 지위승계) ① 법 제23조제3항 본문에서 "대통령령으로 정하는 무선국"이란 간이무선국 및 법 제19조의2제1항에 따라 신고하고 개설하는 무선국을 말한다. 〈개정 2010. 12. 31., 2013. 3. 23.〉

② 법 제23조제3항 본문 및 단서에 따라 시설자 지위승계를 신고하려는 자는 과학기술정보통신부령 또는 방송통신위원회고시로 정하는 신고서에 승계사실을 증명하는 서류를 첨부하여 과학기술정보통신부장관 또는 방송통신위원회에 제출해야 한다. 〈개정 2024. 3. 26.〉

③ 과학기술정보통신부장관 또는 방송통신위원회는 제2항에 따라 신고서를 제출받은 경우에는 「전자정부법」 제36조제1항에 따른 행정정보의 공동이용을 통하여 다음 각 호의 서류를 확인해야 한다. 다만, 신고인(법인의 경우 대표자를 말한다)이 제2호 또는 제3호의 확인에 동의하지 않는 경우에는 해당 서류를 첨부하도록 해야 한다. 〈신설 2024. 3. 26.〉

1. 법인 등기사항증명서

2. 「출입국관리법」 제88조에 따른 외국인등록사실증명(법 제20조제1항제1호부터 제3호까지에 해당하는 자만 해당한다)

3. 법인의 대표자의 가족관계기록사항에 관한 증명서(위성방송국 시설자 지위승계 신고의 경우만 해당한다)

[제목개정 2010. 12. 31.]

제42조(준공신고) 법 제24조제1항에 따른 준공의 신고를 하려는 무선국 중 과학기술정보통신부장관이 정하여 고시하는 무선국의 경우에는 무선설비의 성능성적표를 함께 제출하여야 한다. 〈개정 2013. 3. 23., 2017. 7. 26.〉

제42조의2(표본검사) ① 법 제24조제1항 각 호 외의 부분 단서에 따른 표본검사(이하 "표본검사"라 한다)를 하기 위하여는 검사관할구역별로 표본모집기간 내에 준공신고한 무선국 중 100분의 30 이하의 비율(이하 "표본추출비율"이라 한다)로 표본을 추출(소수점 이하는 절상한다)하여야 한다. 이 경우 검사관할구역, 표본모집기간, 표본추출비율 등 표본검사의 운영에 관한 세부적인 사항은 과학기술정보통신부장관이 정하여 고시한다. 〈개정 2013. 3. 23., 2014. 8. 27., 2017. 7. 26.〉

② 법 제24조제1항 각 호 외의 부분 단서에서 "대통령령으로 정하는 경우"란 제24조제2항제1호에 따른 무선국에 대하여 법 제24조제1항 각 호 외의 부분 본문에 따른 검사(이하 "준공검사"라 한다)를 하는 경우를 말한다. 〈개정 2014. 8. 27., 2022. 12. 27.〉

③ 법 제24조제7항에서 "불합격률이 일정 기준을 초과하는 등 대통령령으로 정하는 경우"란 제1항에 따른 표본검사 결과 그 불합격률이 100분의 15를 초과하는 경우를 말한다.

[본조신설 2010. 12. 31.]

제43조(준공기한의 연장) 법 제24조제2항에 따라 준공기한을 연장

하려는 자는 과학기술정보통신부장관에게 준공기한연장을 신청하여야 한다. 〈개정 2013. 3. 23., 2017. 7. 26.〉

제43조의2(재검사의 기한) 법 제24조제3항 단서 및 제25조제3항 단서에서 “대통령령으로 정하는 기한”이란 준공검사의 결과를 통보받은 날부터 6개월 이내의 기한을 말한다.

[본조신설 2010. 12. 31.]

제44조(정기검사의 유효기간) ① 법 제24조제4항 각 호 외의 부분에서 “대통령령으로 정하는 기간”이란 다음 각 호의 구분에 따른 기간을 말한다. 〈개정 2009. 9. 9., 2010. 7. 26., 2010. 12. 31., 2013. 3. 23., 2017. 3. 29., 2017. 7. 26.〉

1. 다음 각 목에 따른 무선국: 1년

가. 의무선박국(제2호가목 및 나목에 따른 의무선박국은 제외한다)

나. 의무항공기국(제2호다목에 따른 의무항공기국은 제외한다)

다. 실험국

라. 실용화시험국

2. 다음 각 목에 따른 무선국: 2년

가. 총톤수 40톤 미만인 어선의 의무선박국

나. 「선박안전법 시행령」 제2조제1항제3호가목에 따른 평수구역 안에서만 운항하는 선박(여객선 및 어선은 제외한다)의 의무선박국

다. 「항공안전법」 제2조제1호 및 제2호에 따른 헬리콥터 및 경량항공기의 의무항공기국

3. 제36조제1항제2호의2 및 제3호에 따른 무선국: 3년

4. 제36조제1항제2호에 따른 무선국: 5년. 다만, 인명구조 및 재난 관련 무선국으로서 과학기술정보통신부장관이 정하여 고시하는 무선국은 2년으로 한다.

② 제1항에 따른 정기검사의 유효기간은 다음 각 호의 어느 하나에 해당하는 날부터 기산한다. 〈개정 2008. 12. 9., 2010. 12. 31., 2014. 8. 27., 2016. 6. 30., 2024. 3. 26.〉

1. 최초로 정기검사를 받는 무선국: 법 제24조제3항에 따른 검사증명서(이하 “준공검사증명서”라 한다)를 발급받은 날(법 제24조의2 제1항 각 호에 따른 무선국의 경우에는 무선국의 허가를 받은 날을 말한다)

2. 정기검사 유효기간이 만료되어 다시 정기검사를 받는 무선국:

종전의 정기검사 유효기간의 만료일 다음날

3. 정기검사의 유효기간 중에 법 제24조제5항에 따른 검사(이하 "수시검사"라 한다)를 받은 무선국: 수시검사를 받고 제45조제7항에 따른 검사증명서(이하 이 조에서 "검사증명서"라 한다)를 발급받은 날. 이 경우 종전의 정기검사의 유효기간은 수시검사를 받고 검사증명서를 발급받은 날의 전날 만료된 것으로 본다.

4. 정기검사의 유효기간 중에 제45조제2항제1호에 따라 같은 시기에 정기검사를 받은 무선국: 해당 무선국 중 종전의 정기검사 유효기간의 만료일이 가장 먼저 도래하는 무선국(이하 이 호에서 "기준무선국"이라 한다)의 종전의 정기검사 유효기간의 만료일 다음날. 이 경우 종전의 정기검사 유효기간은 기준무선국의 종전의 정기검사 유효기간의 만료일에 모두 만료된 것으로 본다.

5. 정기검사의 유효기간 중에 제45조제2항제2호 또는 제3호에 따라 다시 정기검사를 받은 무선국: 해당 정기검사를 받고 검사증명서를 발급받은 날. 이 경우 종전의 정기검사의 유효기간은 검사증명서를 발급받은 날의 전날 만료된 것으로 본다.

제45조(검사의 시기·방법 등) ① 법 제24조제4항에 따른 정기검사의 시기는 다음 각 호의 구분에 따르며, 이 시기에 정기검사에 합격한 경우에는 정기검사 유효기간의 만료일에 정기검사를 받은 것으로 본다. 다만, 과학기술정보통신부장관은 「재난 및 안전관리 기본법」에 따른 재난이 발생하여 다음 각 호의 구분에 따른 정기검사 시기에 정기검사가 곤란한 경우에는 그 정기검사 시기의 종료일부터 1년 이내의 범위에서 정기검사 시기를 따로 정할 수 있다. 〈개정 2010. 12. 31., 2022. 1. 11.〉

1. 제44조제1항제1호에 따른 무선국: 해당 무선국의 정기검사 유효기간의 만료일 전후 2개월 이내

2. 제44조제1항제2호·제3호 및 같은 항 제4호 단서에 따른 무선국: 해당 무선국의 정기검사 유효기간의 만료일 전후 3개월 이내

3. 제44조제1항제4호에 따른 무선국: 해당 무선국의 정기검사 유효기간의 만료일 전후 6개월 이내

② 과학기술정보통신부장관은 다음 각 호의 어느 하나에 해당하는 경우에는 무선국에 대하여 제1항 각 호의 구분에 따른 정기검사 시기 이전에 정기검사를 실시할 수 있다. 〈개정 2024. 3. 26.〉

1. 다음 각 목의 요건을 모두 갖춘 무선국에 대하여 과학기술정보통신부장관이 전파의 효율적인 관리 및 시설자의 편익을 위하여 같은 시기에 정기검사를 실시할 필요가 있다고 인정하는 경우

가. 제44조제1항제4호 본문에 따른 정기검사의 유효기간이 5년인 무선국일 것

나. 동일한 설치장소에 위치하거나 동일한 시설자가 운용하는 2개 이상의 무선국(제42조의2제1항 후단에 따른 검사관할구역이 동일한 무선국만 해당한다)일 것

2. 시설자가 요청하는 경우

3. 그 밖에 과학기술정보통신부장관이 정기검사 시기 이전에 정기검사를 실시할 필요가 있다고 인정하는 경우

③ 정기검사, 수시검사 및 법 제24조제8항에 따른 검사는 다음 각 호의 구분에 따라 실시하며, 구체적인 검사항목 등 검사에 필요한 세부사항은 과학기술정보통신부장관이 정하여 고시한다. 〈개정 2013. 3. 23., 2014. 8. 27., 2014. 12. 3., 2016. 6. 21., 2016. 6. 30., 2017. 7. 26.〉

1. 성능검사: 안테나공급전력 · 주파수 · 불요발사(不要發射) · 점유주파수대폭 · 등가등방복사전력(等價等方輻射電力) · 실효복사전력(實效輻射電力) · 변조도 등 무선설비의 성능에 대하여 행하는 검사

2. 대조검사: 시설자 · 무선설비 · 설치장소 및 무선종사자의 배치 등이 무선국허가 · 신고사항 등과 일치하는지 여부를 대조 · 확인하는 검사

④ 정기검사를 하는 기관의 장은 정기검사대상 무선국의 시설자에게 정기검사일 및 정기검사수수료 등에 관한 사항을 정하여 정기검사일 1개월 전까지 통보하여야 한다. 〈개정 2016. 6. 30.〉

⑤ 수시검사는 다음 각 호의 어느 하나에 해당하는 경우 실시할 수 있다. 다만, 제1호에 따른 수시검사의 대상이 되는 무선국의 비율은 100분의 30에서 표본추출비율을 공제한 비율을 초과하지 않는 범위에서 표본검사의 불합격률을 고려하여 과학기술정보통신부장관이 정하여 고시한다. 〈신설 2014. 8. 27., 2014. 12. 3., 2016. 6. 30., 2017. 7. 26., 2020. 12. 1.〉

1. 표본추출비율을 100분의 30 미만으로 한 표본검사의 결과 그 불합격률이 100분의 15 이하인 경우

2. 무선국 시설자가 수시검사를 요청한 경우(혼신 제거나 혼신 영향 파악을 위한 경우로 한정한다)

3. 무선국이 있는 선박이나 항공기가 외국에 출항하려는 경우 또는 법 제29조제2항에 따른 혼신 등을 방지하려는 경우 등 과학기술정보통신부장관이 전파의 효율적 이용이나 관리를 위하여 특히 필요하다고 인정하는 경우

⑥ 수시검사를 하는 기관의 장은 수시검사 대상 무선국의 시설자에게 수시검사일 및 수시검사수수료 등에 관한 사항을 정하여 미리 통보하여야 한다. 〈신설 2014. 8. 27., 2016. 6. 30.〉

⑦ 법 제24조제4항·제5항 및 제8항에 따른 검사에 합격한 경우에는 검사증명서를 발급한다. 〈개정 2010. 12. 31., 2014. 8. 27., 2014. 12. 3., 2016. 6. 30.〉

⑧ 법 제24조제8항에서 전파의 효율적인 이용이나 관리를 위하여 필요한 경우는 다음 각 호의 경우로 한다. 〈개정 2014. 12. 3., 2016. 6. 30., 2017. 7. 26., 2020. 12. 1.〉

1. 사용승인을 받은 주파수의 실제 사용 여부를 확인할 필요가 있는 경우

2. 법 제29조제2항에 따른 혼신 등을 방지하려는 경우 등 과학기술정보통신부장관이 전파의 효율적인 이용이나 관리를 위하여 특히 필요하다고 인정하는 경우

⑨ 법 제24조제1항·제4항·제5항 및 제8항에 따른 검사를 하는 자는 무선국검사관임을 증명하는 증표나 공무원증을 관계인에게 내보여야 한다. 〈개정 2014. 12. 3., 2016. 6. 30.〉

⑩ 이 영에서 정한 것 외에 법 제24조제1항·제4항·제5항 및 제8항에 따른 검사의 시기·방법 및 절차 등은 과학기술정보통신부장관이 정하여 고시한다. 〈신설 2014. 12. 3., 2016. 6. 30., 2017. 7. 26.〉

[제목개정 2014. 8. 27.]

제45조의2(준공검사의 면제 등) ① 법 제24조의2제1항제1호에서 "대통령령으로 정하는 무선국"이란 다음 각 호의 무선국을 말한다. 〈개정 2016. 6. 21., 2017. 7. 26., 2017. 12. 12., 2020. 6. 23.〉

1. 30와트 미만의 무선설비를 시설하는 어선의 선박국

2. 아마추어국으로서 다음 각 목의 어느 하나에 해당하는 무선국

가. 적합성평가를 받은 무선기기를 사용하는 무선국

나. 외국에서 아마추어무선기사 자격을 취득하고 과학기술정보통신부장관이 지정하는 단체의 추천을 받은 자가 1개월 이내의 국내 체류기간 동안 개설·운용하는 무선국

3. 국가안보 또는 대통령 경호를 위하여 개설하는 무선국

4. 정부 또는 기간통신사업자가 비상통신을 위하여 개설한 무선국으로서 상시 운용하지 않는 무선국

5. 공해 또는 극지역에 개설한 무선국

6. 외국에서 운용할 목적으로 개설한 육상이동지구국

7. 소규모의 무선국으로서 사용지역·용도 등에 관하여 과학기술정보통신부장관이 정하여 고시하는 요건을 갖춘 실험국 또는 실용화 시험국

② 법 제24조의2제1항제3호에서 "대통령령으로 정하는 무선국"이란 다음 각 호의 무선국을 말한다. 〈개정 2013. 3. 23., 2016. 6. 21., 2017. 7. 26.〉

1. 적합성평가를 받은 다음 각 목의 어느 하나에 해당하는 무선기기를 사용하는 무선국

가. 이동국용 무선설비 중 휴대용 무선기기

나. 육상이동국용 무선설비 중 휴대용 무선기기

다. 선상통신국용 무선설비 중 휴대용 무선기기

라. 주파수공용무선전화용 무선설비 중 자가통신용 휴대용 무선기기

마. 무선측위업무용 무선설비 중 차량설치용 또는 휴대용 무선기기

2. 중계기능만 수행하는 무선설비로서 회로의 변경없이 전파의 형식 또는 수신주파수를 변경하는 무선국

3. 그 밖에 터널이나 건축물 등의 지하층에 설치하는 무선설비의 안테나 구성만을 변경하는 무선국 등 과학기술정보통신부장관이 정하여 고시하는 무선국

[본조신설 2010. 12. 31.]

[제목개정 2016. 6. 21.]

제46조(정기검사의 연기) ① 법 제24조의2제2항에 따라 정기검사의 시기를 연기하려는 자는 제45조제4항에 따라 통보한 정기검사일이

지나기 전에 검사기관의 장에게 서면(전자문서를 포함한다)으로 정기검사시기의 연기를 요청하여야 한다. 〈개정 2010. 12. 31., 2016. 6. 30.〉

② 검사기관의 장은 제1항에 따른 정기검사의 연기사유가 합당하다고 인정하는 경우에는 제45조제1항에 따른 정기검사시기를 넘지 아니하는 범위에서 이를 승인할 수 있다.

제47조(정기검사의 면제 또는 생략) 법 제24조의2제2항에 따라 정기검사를 면제 또는 생략할 수 있는 무선국은 다음 각 호와 같다. 〈개정 2010. 12. 31.〉

1. 법 제24조의2제1항제5호에 따른 무선국

2. 제45조의2제1항제2호부터 제6호까지 및 같은 조 제2항에 따른 무선국

제48조 삭제 〈2010. 12. 31.〉

제49조(무선국 운용의 예외) 법 제25조제2항제5호에서 "기타 대통령령이 정하는 통신"이란 다음 각 호의 통신을 말한다. 이 경우 제1호의 통신 외의 통신은 선박국에 있어서는 그 선박의 항행 중에, 항공기국에 있어서는 그 항공기의 항행 중 또는 항행 준비 중으로 한정한다.

1. 무선기기의 시험 또는 조정을 하기 위하여 하는 통신

2. 기상의 조회 또는 시각(時刻)의 조합을 위하여 하는 해안국과 선박국 간, 선박국 상호 간 또는 항공국과 항공기국 간, 항공기 국 상호 간의 통신

3. 의료통보(항행 중의 선박 또는 항공기 내에서의 환자의 의료에 관한 통보를 말한다)에 관한 통신

4. 선박 또는 항공기의 위치 통보(선박 또는 항공기가 조난한 경우에 구조나 탐색상의 필요로 국내 또는 외국의 행정기관이 수집하는 선박 또는 항공기의 위치에 관한 통보로서 해당 행정기관과 해당 선박 또는 항공기간에 송·수신되는 것을 말한다)에 관한 통신

5. 방위를 측정하기 위하여 하는 해안국과 선박국 간, 선박국 상호 간, 항공국과 항공기국 간 또는 항공기국 상호 간의 통신

6. 선박국에서 그 시설자의 업무를 위한 전보를 해안국에 보내기 위하여 하는 통신

7. 항공기국에서 그 시설자의 업무를 위한 전보를 항공국에 보내

기 위하여 하는 통신

8. 항공국에서 항공기국에 보내는 통신, 그 밖에 항공기의 항행안전에 관한 통신으로서 시급한 것을 송신하기 위하여 하는 다른 항공국과의 통신(다른 전기통신계통에 따라 해당 통신의 목적을 달성하기 곤란한 경우만 해당한다)

9. 항공무선전화 통신망을 형성하는 항공국 상호 간에 하는 다음의 통신

가. 항공기국에서 발신하는 통보로서 해당 통신망 내의 다른 항공국에 보내는 것의 중계

나. 해당 통신망 내에서의 통신의 유효한 소통을 위하여 필요한 통신

10. 항공기국과 해상이동업무의 무선국 간에 하는 다음의 통신

가. 전기통신역무를 제공하는 업무를 취급하는 통신

나. 항공기의 항행안전에 관한 통신

다. 조난선박 또는 조난항공기의 구조 등에 관하여 선박과 항공기가 협동작업을 하기 위하여 필요한 통신

11. 같은 시설자에 속하는 항공기국과 그 시설자에 속하는 해상이동업무·육상이동업무 또는 이동업무의 무선국 간에 하는 해당 시설자의 업무를 위한 시급한 통신

12. 같은 시설자에 속하는 이동국과 그 시설자에 속하는 해상이동업무·항공이동업무 또는 육상이동업무의 무선국 간에 하는 해당 시설자의 업무를 위한 시급한 통신

13. 국가 또는 지방자치단체의 해안국과 선박국 간 또는 선박국 상호 간에 하는 항만 내에서의 선박의 교통, 해상 유류오염발생, 항만 내의 정리, 그 밖의 항만 내에서의 단속, 해항검역사무에 관한 통신

14. 국가 또는 지방자치단체의 항공관제탑의 항공국과 해당 공항 내를 이동하는 육상이동국 또는 이동국 간에 하는 공항의 교통정리, 단속·검역사무, 그 밖에 공항 내 안전을 위하여 시급한 통신

15. 해안국과 어선의 선박국 간 또는 어선의 선박국 상호 간에 하는 어업통신 또는 어로의 지도·감독에 관한 통신

16. 해상보안을 위한 해상이동업무 또는 항공이동업무의 무선국과 그 밖의 선박국, 항공기국 또는 무선측위업무의 무선국 간에 하

는 해상보안업무에 관한 시급한 통신

17. 치안유지를 관장하는 행정기관의 무선국 상호 간에 하는 치안유지에 관한 시급한 통신

18. 비상통신의 통신체제 확보를 위한 훈련 목적의 통신

제50조(무선설비의 접속·사용) ① 과학기술정보통신부장관은 무선국의 시설자가 그 무선설비를 다른 시설자의 무선설비에 접속·사용하려는 경우 응급구조 등 공공복리의 증진을 위하여 특히 필요하다고 인정하면 이를 허용할 수 있다. 〈개정 2013. 3. 23., 2017. 7. 26.〉

② 과학기술정보통신부장관은 제1항에 따라 무선설비의 접속·사용을 허용한 때에는 그 내용을 고시하여야 한다. 〈개정 2013. 3. 23., 2017. 7. 26.〉

제51조(폐지·운용휴지 등) ① 법 제25조의2제1항에 따라 무선국의 폐지·휴지 또는 무선국의 재운용을 신고하려는 자는 그 사유를 첨부하여 과학기술정보통신부장관 또는 방송통신위원회에 신고하여야 한다. 〈개정 2013. 3. 23., 2017. 7. 26.〉

② 제1항에 따른 무선국의 휴지기간은 1개월 이상 1년 이내의 기간으로 한다.

[전문개정 2010. 12. 31.]

제52조(해안국에 대한 통지) ① 선박국은 법 제28조제3항에 따라 다음 각 호의 어느 하나에 해당하는 경우에는 그 선박이 소재하는 통신권의 해안국에 그 뜻을 통지하여야 한다.

1. 통신권에 들어왔을 때 또는 통신권을 떠나려고 할 때

2. 입항으로 폐국하려고 할 때 또는 출항으로 개국하려고 할 때

3. 운용의무시간이 없는 선박국의 경우에는 제2호의 경우 외에 폐국하려고 할 때

② 선박국은 제1항에도 불구하고 다음 각 호의 어느 하나에 해당하는 경우에는 해안국에 대한 통지를 하지 아니할 수 있다.

1. 그 선박이 소재하는 통신권의 해안국이 청취하는 주파수의 전파를 가지지 아니하는 경우

2. 정부 또는 공공단체의 선박국으로서 업무상 그 선박의 행동을 비밀로 할 필요가 있는 경우

3. 정기선의 선박국으로서 그 선박이 정시에 입출항하는 경우

③ 제1항에 따른 해안국의 통신권은 과학기술정보통신부장관이 정하여 고시한다. 〈개정 2013. 3. 23., 2017. 7. 26.〉

제53조(전파차단장치의 도입·폐기신고) ① 법 제29조제4항 중 "그 제원 및 수량 등 대통령령으로 정하는 사항"이란 다음 각 호의 사항을 말한다.

1. 법 제29조제3항에 따른 전파차단장치(이하 "전파차단장치"라 한다)의 명칭·종류 및 일련번호가 포함된 제원
2. 도입하거나 폐기하는 전파차단장치의 수량
3. 전파차단장치를 도입하는 날 또는 폐기하는 날

② 법 제29조제4항에 따라 전파차단장치의 도입신고 또는 폐기신고(이하 "도입·폐기신고"라 한다)를 해야 하는 중앙행정기관의 장은 전파차단장치를 도입한 날 또는 폐기한 날부터 15일 이내에 제1항 각 호의 사항을 과학기술정보통신부장관에게 신고해야 한다.

[본조신설 2020. 12. 1.]

제53조의2(전파차단장치의 제조·수입·판매인가) ① 법 제29조제5항에 따라 전파차단장치의 제조·수입 또는 판매의 인가(이하 "제조·수입·판매인가"라 한다)를 받으려는 자는 과학기술정보통신부령으로 정하는 전파차단장치의 제조·수입·판매인가신청서에 다음 각 호의 사항이 기재된 서류를 첨부하여 과학기술정보통신부장관에게 제출해야 한다.

1. 법 제29조제3항 각 호의 어느 하나에 해당하는 활동 또는 조치 등을 위한 목적
2. 제조·수입 또는 판매하려는 전파차단장치의 제원 및 성능
3. 제조·수입 또는 판매하려는 전파차단장치의 계통도
4. 제조·수입 또는 판매에 필요한 기간

② 제조·수입·판매인가를 받으려는 자는 다음 각 호의 요건을 모두 갖추어야 한다.

1. 제1항제1호에 따른 목적의 타당성
2. 제조·수입 또는 판매하려는 전파차단장치에서 발사되는 전파주파수의 적정성

③ 제1항에 따른 신청서를 제출받은 과학기술정보통신부장관은 제2항에 따른 요건을 모두 갖춘 경우에만 이를 인가해야 한다.

④ 과학기술정보통신부장관은 제조·수입·판매인가를 할 때 제1

항제4호에 따른 기간을 고려하여 인가의 유효기간을 정해야 한다.

[본조신설 2020. 12. 1.]

제53조의3(전파차단장치 관련 신고·인가에 따른 보안조치) 과학기술정보통신부장관은 법 제29조제3항제1호 또는 제2호에 해당하는 활동을 위하여 사용되는 전파차단장치의 도입·폐기신고 및 제조·수입·판매인가와 관련하여 필요한 보안조치를 같은 조 제4항에 따른 중앙행정기관의 장과 협의하여 실시할 수 있다.

[본조신설 2020. 12. 1.]

제53조의4(손실의 보상기준 및 보상절차) ① 법 제29조의2제2항에 따른 전파차단장치 사용으로 인한 손실의 보상기준은 별표 5의2와 같다.

② 법 제29조의2제2항에 따라 전파차단장치 사용으로 인하여 발생한 손실을 보상받으려는 자는 그 손실내용과 손실금액을 증명할 수 있는 서류를 전파차단장치를 사용한 중앙행정기관(그 소속기관을 포함한다. 이하 이 조에서 같다)의 장 또는 그 감독을 받는 기관의 장에게 제출해야 한다.

③ 전파차단장치를 사용한 중앙행정기관의 장 또는 그 감독을 받는 기관의 장은 제2항에 따른 서류를 제출받은 경우에는 그 제출받은 날부터 90일 이내에 별표 5의2의 전파차단장치 사용으로 인한 손실의 보상기준에 따라 보상금을 산정하여 손실 보상을 청구한 자에게 지급해야 한다.

[본조신설 2024. 7. 23.]

제2절 방송국의 개설허가 및 운용

제54조(방송국의 개설허가 신청) ① 법 제34조제1항에 따라 지상파방송사업을 위한 방송국의 개설허가를 신청하려는 자는 허가신청서(전자문서로 된 신청서를 포함한다)에 무선설비의 시설개요서와 공사설계서를 첨부하여 방송통신위원회에 제출하여야 한다.

② 방송국의 개설허가신청 시 지상파방송보조국(제24조제3항제2호에 따른 지하·터널 내에 개설하는 지상파방송보조국은 제외한다)을 둘 이상 동시에 허가신청하는 경우에는 제1항에도 불구하고 무선국의 수에 관계없이 허가신청서 1부와 무선설비의 시설개요서 및 공사설계서 각 1부만을 제출할 수 있다. 다만, 방송국별로 설치장소

·안테나형식 또는 안테나공급전력 등이 일부 다를 때에는 그 명세를 별도로 제출해야 한다. 〈개정 2016. 6. 21., 2020. 12. 1.〉

③ 제1항에 따라 허가신청을 받은 방송통신위원회는 「전자정부법」 제36조제1항에 따른 행정정보의 공동이용을 통하여 법인 등기사항증명서(기존의 무선국 시설자가 추가로 무선국의 개설허가를 받으려는 경우에는 그 대표자 또는 임원이 변경된 경우만 해당한다)를 확인하여야 한다.

④ 법 제34조제4항 후단에서 "대통령령으로 정하는 사항"이란 제31조제4항 각 호의 사항을 말한다.

[본조신설 2013. 3. 23.]

제55조(방송국 개설허가 심사사항 등) 법 제34조제2항제5호 및 제34조의2제2호에서 "대통령령으로 정하는 사항"이란 다음 각 호와 같다. 〈개정 2013. 3. 23., 2016. 6. 21., 2017. 7. 26.〉

1. 신청인이 설립 중인 법인인 경우에는 해당 법인의 설립이 확실한지 여부
2. 연주소 시설의 보유 여부. 다만, 다른 방송국의 방송사항을 중계하는 것을 전담으로 하는 경우에는 그러하지 아니하다.
3. 방송국의 시설설치계획이 합리적인지 여부
4. 방송국을 운용할 수 있는 기술적 능력의 보유 여부
5. 중파방송을 하는 방송국인 경우에는 안테나공급전력이 50킬로와트 이하인지 여부. 다만, 과학기술정보통신부장관이 특히 필요하다고 인정하는 경우에는 그러하지 아니하다.

제56조(중파방송을 행하는 방송국의 개설조건) ① 중파방송을 행하는 방송국의 송신안테나의 설치장소는 다음 각 호의 개설조건에 적합하여야 한다. 〈개정 2013. 3. 23., 2016. 6. 21., 2017. 7. 26.〉

1. 개설하려는 방송국의 블랭킷에어리어 내의 가구 수는 그 방송국의 방송구역 내 가구 수의 0.35퍼센트 이하일 것
2. 개설하려는 방송국의 송신안테나의 위치는 과학기술정보통신부장관이 인구밀도 등을 고려하여 지정하는 지점의 어느 곳에서도 다음 표에서 정한 거리 이상 떨어져 있을 것. 다만, 그 거리 이상 떨어지는 것이 지형상 현저히 곤란하거나 그 필요가 없는 경우에는 과학기술정보통신부장관이 따로 정하는 거리에 따른다.

안테나공급전력	과학기술정보통신부장관이 지정하는 지점에서 떨어져야 하는 최소한의 거리
100와트 초과 1킬로와트까지	0.5 킬로미터
1킬로와트 초과 5킬로와트까지	2 킬로미터
5킬로와트 초과 20킬로와트까지	4 킬로미터
20킬로와트 초과	9 킬로미터

3. 개설하려는 방송국의 방송구역의 전부 또는 대부분이 다른 중파방송을 하는 방송국의 방송구역의 전부 또는 대부분이 되는 경우에는 송신안테나 상호 간의 전자적 결합 등에 따라 방송의 수신에 나쁜 영향을 미치지 아니하는 한도에서 그 방송국의 송신안테나의 설치장소는 될 수 있는 대로 다른 중파방송을 하는 방송국의 송신안테나의 설치장소에 접근한 장소일 것

② 과학기술정보통신부장관은 공공복리의 증진 등 특히 필요하다고 인정하는 경우에는 제1항에 따른 조건을 완화하여 적용할 수 있다. 이 경우 시설자에 대하여 해당 방송의 수신장애를 제거하거나 그 밖의 필요한 조치를 명할 수 있다. 〈개정 2013. 3. 23., 2017. 7. 26.〉

제57조(초단파방송국 또는 텔레비전방송국의 개설조건) ① 초단파방송 또는 텔레비전방송을 하는 방송국의 송신안테나는 다음 각 호의 개설조건에 적합하여야 한다. 〈개정 2016. 6. 21.〉

1. 송신안테나의 설치장소는 방송하려는 지역의 인구밀도 등을 고려하여 능률적인 전계강도의 분포를 발생할 수 있어야 하고, 방송하려는 지역 외의 지역에 대한 전파발사를 최대한 억제할 수 있는 낮은 위치일 것

2. 송신안테나의 높이와 실효복사전력 및 지향특성은 방송하려는 지역 안의 하나 이상의 주요 도시 전역이 방송구역에 들어가도록 하되, 불필요한 전파를 최대한 억제할 수 있도록 할 것

3. 제56조제1항제3호의 조건에 적합할 것

② 초단파방송을 하는 방송국 중 「방송법」 제2조제3호마목에 따른 공동체라디오방송사업자가 개설하는 방송국(이하 "공동체라디오방송국"이라 한다)은 제1항에도 불구하고 다음 각 호의 개설조건에

적합하여야 한다. 〈개정 2010. 12. 31., 2013. 3. 23., 2016. 6. 21., 2017. 7. 26., 2018. 12. 18.〉

1. 안테나공급전력은 10와트 이하일 것

1의2. 허가받은 안테나공급전력을 초과할 수 없도록 하는 출력제한장치를 갖출 것. 이 경우 출력제한장치는 쉽게 개봉할 수 없도록 하여야 한다.

2. 송신안테나의 높이와 지향특성은 방송구역을 초과하지 아니하도록 할 것

3. 그 밖에 주파수대역 및 안테나 높이 등 과학기술정보통신부장관이 정하여 고시하는 기술기준에 적합할 것

③ 과학기술정보통신부장관은 공공복리의 증진 등 특히 필요하다고 인정하는 경우에는 제1항 및 제2항에 따른 조건을 완화하여 적용할 수 있다. 〈개정 2013. 3. 23., 2017. 7. 26.〉

제58조(방송구역) ① 방송국(위성방송국은 제외한다. 이하 이 조에서 같다)별 방송구역은 특별시 · 광역시 · 도 · 특별자치도 · 시 · 군 · 구(자치구를 말한다) 등의 구별에 따라 지도에 이를 표시하고, 그 구역 내의 총 가구 수 · 방송청취예상 세대 수 등 방송청취예상자에 관한 사항을 적어야 한다.

② 제1항에 따른 방송구역의 세부적인 표시방법과 작성요령은 과학기술정보통신부장관이 정하여 고시한다. 〈개정 2013. 3. 23., 2017. 7. 26.〉

③ 방송국의 허가를 받은 자는 방송국 운용개시 후 3개월 이내에 방송구역 전계강도 실측자료를 과학기술정보통신부장관에게 제출하여야 한다. 〈개정 2013. 3. 23., 2017. 7. 26.〉

제59조(방송수신의 보호) ① 법 제36조제1항에 따라 방송(텔레비전 방송만 해당한다)의 수신장애(이하 "수신장애"라 한다)를 일으키는 건축물의 소유자(이하 "소유자"라 한다)는 해당 수신장애를 제거하기 위하여 필요한 시설을 설치하고 이를 유지 · 관리하여야 한다.

② 법 제36조제1항에 따른 통상적으로 수신이 가능한 방송의 기준과 수신장애 제거의 수준은 과학기술정보통신부장관이 정하여 고시한다. 〈개정 2013. 3. 23., 2017. 7. 26.〉

제60조(분쟁의 발생과 조정) ① 수신장애를 받는 지역의 주민(이하 "지역주민"이라 한다)은 해당 건축물의 허가기관의 장에게 수신장애

발생사실을 신고할 수 있다.

② 제1항에 따른 신고를 접수한 해당 건축물의 허가기관의 장은 소유자에게 이를 알려야 한다.

③ 소유자와 지역주민 간의 수신장애 제거에 관한 합의가 이루어지지 아니한 때에는 지역주민은 해당 건축물의 허가기관의 장에게 중재를 요청할 수 있다.

④ 해당 건축물의 허가기관의 장은 분쟁을 해결하기 위하여 적절한 조치를 하여야 하며, 필요한 경우 과학기술정보통신부장관의 협조를 요청할 수 있다. 〈개정 2013. 3. 23., 2017. 7. 26.〉

제61조(방송국 시설자의 조치) ① 소유자가 과학기술정보통신부장관이 정하여 고시하는 무선설비로 인하여 수신장애를 제거하려는 경우 수신장애를 받는 방송의 방송국 시설자는 수신장애를 제거하기 위한 무선국의 허가신청 등 필요한 조치를 하여야 한다. 〈개정 2013. 3. 23., 2017. 7. 26.〉

② 방송국 시설자는 제1항에 따른 무선국을 개설하는 데 드는 비용 등을 소유자에게 부담하게 할 수 있다.

제62조(장애조사 등) 과학기술정보통신부장관은 수신장애를 일으키는 건축물의 허가기관의 장이 다음 각 호의 사항에 대하여 협의를 요청할 경우 이에 따라야 한다. 〈개정 2013. 3. 23., 2017. 7. 26.〉

1. 수신장애의 발생내용 및 범위의 조사
2. 수신장애의 제거방안
3. 해당 지역의 통상 수신이 가능한 방송수신 기준의 등급판정

제3절 우주통신의 운용

제63조(위성망의 국제등록신청) ① 법 제39조제1항에 따라 위성망 국제등록신청을 요청하려는 자(이하 "요청자"라 한다)는 다음 각 호의 서류를 갖추어 과학기술정보통신부장관에게 요청하여야 한다. 〈개정 2013. 3. 23., 2017. 7. 26.〉

1. 「국제전기통신연합전파규칙」에서 정한 서류
2. 위성사업계획서

② 과학기술정보통신부장관은 제1항에 따른 요청 내용이 다음 각 호에 적합하다고 인정하는 경우에는 국제전기통신연합에 위성망국제

등록을 신청하여야 한다. <개정 2013. 3. 23., 2017. 7. 26.>

1. 요청자가 개설하려는 우주국에 주파수 할당·지정이 가능할 것
2. 위성사업계획이 적정할 것
3. 요청자가 위성망 혼신조정능력이 있을 것

③ 과학기술정보통신부장관은 요청내용이 제2항 각 호에 적합하지 아니한 경우에는 기간을 명시하여 보완하게 할 수 있다. <개정 2013. 3. 23., 2017. 7. 26.>

④ 과학기술정보통신부장관은 위성망 혼신조정을 위하여 필요하다고 인정하는 경우에는 요청자로 하여금 외국의 관할 하에 있는 위성망과의 혼신조정을 하게 할 수 있다. <개정 2013. 3. 23., 2017. 7. 26.>

제64조(위성망 국제등록비용) ① 법 제39조제3항에 따른 위성망국제등록비용은 국제전기통신연합이 정하는 바에 따른다.

② 과학기술정보통신부장관은 국제전기통신연합이 정하는 바에 따라 매년 위성망국제등록비용이 면제되는 위성망을 선정할 수 있다. <개정 2013. 3. 23., 2017. 7. 26.>

제64조의2(위성주파수이용권의 양도·임대 등의 제한기간 등) ① 법 제41조제2항 본문에서 "대통령령으로 정하는 기간"이란 위성주파수등을 법 제10조제2항에 따라 할당받거나 법 제18조의4에 따라 지정받은 날부터 3년을 말한다.

② 법 제41조제2항 단서에서 "대통령령으로 정하는 사유에 해당하는 경우"란 다음 각 호의 구분에 따른 경우를 말한다.

1. 위성주파수이용권의 양도

가. 위성주파수등을 할당받거나 지정받은 자가 파산하는 경우

나. 경제적 여건의 급변에 대처하거나 사업의 효율화를 위하여 위성주파수등을 할당받거나 지정받은 자가 합병되거나 그가 영위하는 사업의 전부를 양도하는 경우

2. 위성주파수이용권의 임대: 법 제16조에 따라 재할당을 받은 경우

3. 위성주파수등의 이용 중단: 위성의 전부 또는 일부에 중대한 고장이나 장애가 발생하여 위성주파수등의 정상적인 이용이 불가능한 경우

[본조신설 2016. 6. 21.]

제64조의3(위성주파수이용권의 양도ㆍ임대 승인) ① 법 제41조제2항 본문 또는 단서에 따라 위성주파수이용권을 양수하거나 임차하려는 자는 위성주파수이용권을 양도하거나 임대하려는 자와 함께 같은 조 제3항에 따라 과학기술정보통신부령으로 정하는 승인신청서에 다음 각 호의 서류(전자문서를 포함한다)를 첨부하여 과학기술정보통신부장관에게 제출하여야 한다. 〈개정 2017. 7. 26.〉

1. 양도ㆍ양수 계약서(양도ㆍ양수의 경우만 해당한다) 또는 임대ㆍ임차 계약서(임대ㆍ임차의 경우만 해당한다)의 사본
2. 해당 법인의 정관
3. 해당 법인의 주주명부 및 주주 등의 주식 등의 소유에 관한 서류
4. 위성주파수이용계획서
5. 위성망 및 이용자 보호대책
6. 법 제10조제2항 후단 및 이 영 제11조에 따라 주파수할당의 공고에서 정하는 서류

② 법 제41조제2항 단서에 따라 위성주파수이용권을 양도ㆍ임대하는 경우에는 제1항 각 호의 서류 외에 다음 각 호의 구분에 따른 서류를 함께 첨부하여야 한다.

1. 양도의 경우: 제64조의2제2항제1호 각 목의 어느 하나에 해당하는 사실을 증명하는 서류
2. 임대의 경우: 제64조의2제2항제2호에 해당하는 사실을 증명하는 서류

③ 과학기술정보통신부장관은 제1항에 따라 승인신청서를 제출받은 경우에는 「전자정부법」 제36조제1항에 따른 행정정보의 공동이용을 통하여 법인의 등기사항증명서를 확인하여야 한다. 〈개정 2017. 7. 26.〉

④ 과학기술정보통신부장관은 제1항에 따라 승인신청서를 제출받은 경우에는 해당 승인신청서를 제출받은 날부터 30일 이내에 다음 각 호의 사항을 고려하여 승인 여부를 결정하고, 그 결과를 신청인에게 알려야 한다. 〈개정 2017. 7. 26.〉

1. 위성망 보호에 미치는 영향
2. 전파자원 이용의 효율성
3. 신청인의 재정적 능력

4. 신청인의 기술적 능력

5. 할당하려는 주파수의 특성이나 그 밖에 주파수 이용에 필요한 사항

[본조신설 2016. 6. 21.]

제64조의4(위성주파수등의 이용 중단 승인) ① 법 제41조제2항 본문 또는 단서에 따라 위성주파수등의 이용을 중단하려는 자는 같은 조 제3항에 따라 과학기술정보통신부령으로 정하는 승인신청서에 위성망 및 이용자 보호대책에 관한 서류(전자문서를 포함한다)를 첨부하여 과학기술정보통신부장관에게 제출하여야 한다. 〈개정 2017. 7. 26.〉

② 법 제41조제2항 단서에 따라 위성주파수등의 이용을 중단하려는 자는 제1항의 서류 외에 제64조의2제2항제3호에 해당하는 사실을 증명하는 서류를 함께 첨부하여야 한다.

③ 과학기술정보통신부장관은 제1항에 따라 승인신청서를 제출받은 경우에는 「전자정부법」 제36조제1항에 따른 행정정보의 공동이용을 통하여 법인의 등기사항증명서를 확인하여야 한다. 〈개정 2017. 7. 26.〉

④ 과학기술정보통신부장관은 제1항에 따라 승인신청서를 제출받은 경우에는 해당 승인신청서를 제출받은 날부터 30일 이내에 다음 각 호의 사항을 고려하여 승인 여부를 결정하고, 그 결과를 신청인에게 알려야 한다. 〈개정 2017. 7. 26.〉

1. 위성망 보호에 미치는 영향

2. 이용자 보호에 미치는 영향

[본조신설 2016. 6. 21.]

제64조의5(우주국 무선설비의 양도·임대 등) ① 법 제42조의2제1항에 따라 우주국 무선설비의 전부나 일부를 다른 자에게 양도하거나 임대(무선설비를 위탁운용하거나 다른 자와 공동으로 사용하는 경우를 포함한다)하려는 우주국의 시설자등은 해당 무선설비를 양수하거나 임차하려는 자와 함께 과학기술정보통신부령으로 정하는 승인신청서에 다음 각 호의 서류(전자문서를 포함한다)를 첨부하여 과학기술정보통신부장관에게 제출하여야 한다. 〈개정 2017. 7. 26.〉

1. 양도·양수 계약서(양도·양수의 경우만 해당한다), 임대·임차 계약서(임대·임차의 경우만 해당한다), 위탁운용합의서(위탁운용의

경우만 해당한다) 또는 공동사용계약서(공동사용의 경우만 해당한다)의 사본

2. 해당 법인의 정관

3. 해당 법인의 주주명부 및 주주 등의 주식 등의 소유에 관한 서류

4. 위성사업계획서

② 제1항에 따라 승인신청서를 제출받은 과학기술정보통신부장관은 「전자정부법」 제36조제1항에 따른 행정정보의 공동이용을 통하여 법인의 등기사항증명서를 확인하여야 한다. 〈개정 2017. 7. 26.〉

③ 과학기술정보통신부장관은 제1항에 따라 승인신청서를 제출받은 날부터 30일 이내에 다음 각 호의 사항을 고려하여 승인 여부를 결정하고, 그 결과를 신청인에게 알려야 한다. 〈개정 2017. 7. 26.〉

1. 우주국 무선설비의 효율적인 이용

2. 위성 전파이용 질서의 유지

3. 위성망 보호에 미치는 영향

[본조신설 2016. 6. 21.]

제64조의6(위성운용계획의 제출 등) ① 과학기술정보통신부장관은 법 제44조의2제1항에 따라 대한민국이 국제등록한 위성망에서 인공위성을 운용 중인 자에게 해당 인공위성의 예상 수명기한(제12조제1항제3호의 주파수이용계획서 및 제63조제1항제2호의 위성사업계획서 상의 예상 수명기한을 말한다)이 종료되기 5년 이전에 후속 인공위성의 확보 및 운용계획(이하 "위성운용계획"이라 한다)의 제출을 요청할 수 있다. 〈개정 2017. 7. 26.〉

② 위성운용계획에는 다음 각 호의 사항이 포함되어야 한다.

1. 후속 인공위성의 위성 궤도 및 주파수

2. 후속 인공위성의 제작 일정 및 발사 예정일

3. 후속 인공위성의 예상 수명기한

4. 위성사업계획

[본조신설 2016. 6. 21.]

제5장 전파자원의 보호

제65조(전자파 강도의 보고대상 무선국) 법 제47조의2제3항에서

"대통령령으로 정하는 기준에 해당하는 무선국"이란 별표 6에서 정한 안테나공급전력 기준과 설치장소 기준 모두에 해당하는 무선국을 말한다. 〈개정 2010. 12. 31., 2016. 6. 21.〉

[제목개정 2016. 6. 21.]

제66조(전자파 강도의 보고 시기 및 방법) ① 법 제47조의2제3항에 따른 전자파 강도의 보고 시기는 다음 각 호의 구분에 따른다. 다만, 법 제47조의2제1항제2호에 따라 과학기술정보통신부장관이 정하여 고시하는 전자파 등급기준 1등급에 해당하는 무선국에 대해서는 제1호만 적용한다. 〈개정 2008. 12. 9., 2010. 12. 31., 2014. 8. 27., 2016. 6. 21., 2017. 7. 26., 2017. 12. 12., 2020. 12. 1., 2022. 1. 11.〉

1. 법 제24조제1항에 따른 준공검사[제31조제4항제3호 · 제6호 · 제7호 및 제9호와 제39조의2제3항제1호(안테나공급전력 및 안테나의 형식 · 구성 및 이득에 관한 사항만 해당한다. 다만, 그 변경으로 전자파 강도가 낮아지는 경우는 제외한다) · 제2호 및 제4호의 변경사항만 해당한다]를 받아야 하는 무선국: 준공검사증명서를 받은 날부터 45일 이내. 다만, 송신장치의 안테나공급전력의 합(동일한 주파수를 발생시키는 송신장치가 2개 이상인 경우에는 각 안테나에 부착된 송신장치의 안테나공급전력의 합을 기준으로 한다. 이하 같다)이 500와트를 초과하는 무선국은 준공검사증명서를 받은 날 보고하여야 한다.

2. 법 제24조제4항에 따른 정기검사를 받아야 하는 무선국: 법 제24조제4항에 따른 검사에 합격하여 검사증명서를 발급받은 날부터 45일 이내

② 제1항에도 불구하고 「감염병의 예방 및 관리에 관한 법률」에 따른 감염병의 확산 등 불가피한 사유가 있는 경우에는 제1항 각 호에 따른 전자파 강도의 보고 시기를 연장할 수 있다. 〈신설 2020. 12. 1.〉

③ 제2항에 따라 전자파 강도의 보고 시기를 연장하려는 시설자는 제1항에 따른 보고 시기가 끝나기 전에 연장하려는 사유 및 기간을 기재한 서면으로 과학기술정보통신부장관에게 보고 시기의 연장을 신청해야 한다. 〈신설 2020. 12. 1.〉

④ 과학기술정보통신부장관은 제3항에 따른 신청의 사유가 타당

하다고 인정되는 경우에는 그 연장을 승인할 수 있다. 〈신설 2020. 12. 1.〉

⑤ 제1항에 따른 전자파 강도의 보고 시기(제4항에 따라 연장을 승인한 보고 시기를 포함한다)를 계산하는 경우 공휴일과 토요일은 산입하지 않는다. 〈신설 2020. 12. 1.〉

[제목개정 2016. 6. 21.]

제67조(전자파 강도의 측정 요청 시기 및 방법) 법 제47조의2제4항에 따른 전자파 강도 측정 요청의 시기는 다음 각 호의 구분에 따른다. 다만, 법 제47조의2제1항제2호에 따라 과학기술정보통신부장관이 정하여 고시하는 전자파 등급기준 1등급에 해당하는 무선국에 대해서는 제1호만 적용한다. 〈개정 2010. 12. 31., 2016. 6. 21., 2016. 6. 30., 2017. 7. 26.〉

1. 법 제24조제1항에 따른 준공검사를 받아야 하는 무선국: 제42조에 따른 준공신고서를 제출한 날

2. 법 제24조제4항에 따른 정기검사를 받아야 하는 무선국: 제45조제4항에 따른 정기검사를 통보받은 날부터 30일 이내

[제목개정 2016. 6. 21.]

제67조의2(전자파적합성기준) ① 법 제47조의3제1항에 따른 전자파적합성기준(이하 "전자파적합성기준"이라 한다)은 다음 각 호와 같다.

1. 전자파장해를 주는 기자재는 다음 각 목의 기준에 따라 방송통신망을 보호하고 다른 기자재의 성능에 장해를 주지 아니하도록 할 것

가. 전원선 또는 신호선을 통하여 흐르는 전압 또는 전류에 의한 전자파에너지가 다른 통신망 또는 주변기기 등에 영향을 주지 아니할 것

나. 공간으로 퍼져나가는 전기장의 세기 또는 전력 등의 전자파에너지가 다른 통신망 또는 주변기기에 영향을 주지 아니할 것

2. 전자파로부터 영향을 받는 기자재는 다음 각 목의 기준에 따라 전자파가 존재하는 환경에서 오동작 또는 성능 저하가 발생하지 아니하도록 할 것

가. 공간에 존재하는 전자파에너지 및 전원선·신호선 등에 의한 전자파에너지의 영향으로 오동작 또는 성능 저하가 발생하지 아

니할 것

나. 정전기 등 순간적인 전자파에너지의 변동과 정격전압 변화 등의 영향으로 오동작 또는 성능 저하가 발생하지 아니할 것

② 제1항에 따른 전자파적합성기준의 세부적인 내용에 관하여는 과학기술정보통신부장관이 정하여 고시한다. 〈개정 2013. 3. 23., 2017. 7. 26.〉

[본조신설 2010. 12. 31.]

제68조(무선설비의 임대) ① 법 제48조제1항에 따라 시설자가 무선국의 무선설비(우주국 무선설비는 제외한다)를 다른 사람에게 임대하려는 경우에는 과학기술정보통신부장관에게 무선설비 임대의 승인을 신청하여야 한다. 〈개정 2013. 3. 23., 2016. 6. 21., 2017. 7. 26.〉

② 과학기술정보통신부장관은 제1항에 따른 신청이 무선설비의 효율적인 이용 및 전파이용질서의 유지에 적합하다고 판단되는 경우에는 임대를 승인하여야 한다. 〈개정 2013. 3. 23., 2017. 7. 26.〉

③ 과학기술정보통신부장관은 제2항에 따라 임대를 승인하는 경우 특히 필요한 때에는 임대기간 및 사용지역 등을 제한할 수 있다. 〈개정 2013. 3. 23., 2017. 7. 26.〉

제69조(무선설비의 위탁운용 및 공동사용) ① 법 제48조제1항에 따라 위탁운용 또는 공동사용할 수 있는 무선설비(우주국 무선설비는 제외한다)는 다음 각 호와 같다. 〈개정 2013. 3. 23., 2016. 6. 21., 2017. 7. 26.〉

1. 무선국의 안테나설치대
2. 송신설비 및 수신설비
3. 시설자가 동일한 무선국의 무선설비
4. 과학기술정보통신부장관이 정하는 아마추어국의 무선설비
5. 그 밖에 공공의 안전을 위한 무선국으로서 과학기술정보통신부장관이 특히 필요하다고 인정하여 고시하는 무선설비

② 제1항에 따른 무선설비를 위탁운용하거나 공동사용하는 경우에는 다음 각 호의 조건에 적합하여야 한다. 〈개정 2013. 3. 23., 2017. 7. 26.〉

1. 전파가 능률적으로 발사될 수 있는 곳에 설치할 것
2. 이미 시설된 무선국의 운용에 지장을 주지 아니할 것
3. 무선설비로부터 발사되는 전파가 인근 주택가의 방송수신에 장

애를 주지 아니할 것

4. 그 밖에 과학기술정보통신부장관이 필요하다고 인정하여 정하는 기준에 적합할 것

③ 제1항에 따른 무선설비를 위탁운용하거나 공동사용하기 위하여 과학기술정보통신부장관의 승인을 받으려는 자는 합의서 또는 공동사용계약서를 갖추어 과학기술정보통신부장관에게 무선설비 위탁운용 및 공동사용의 승인을 신청하여야 한다. 〈개정 2013. 3. 23., 2017. 7. 26.〉

④ 삭제 〈2010. 12. 31.〉

⑤ 삭제 〈2010. 12. 31.〉

⑥ 삭제 〈2010. 12. 31.〉

⑦ 삭제 〈2010. 12. 31.〉

⑧ 삭제 〈2010. 12. 31.〉

⑨ 삭제 〈2010. 12. 31.〉

제69조의2(무선설비의 공동사용 명령 등) ① 법 제48조의2제2항에 따른 무선설비의 공동사용 명령과 환경친화적 설치명령(이하 "공동사용명령등"이라 한다)의 요건은 다음 각 호와 같다.

1. 국립·공립공원지역 및 개발제한구역 등에 설치·운용하는 무선설비로서 자연환경을 훼손할 우려가 있다고 인정되는 경우

2. 도시지역에 설치·운용하는 무선설비로서 도시미관을 해칠 우려가 있다고 인정되는 경우

3. 건물·도로·나대지 등에 설치·운용하는 무선설비로서 도시미관 및 자연환경을 훼손할 우려가 있다고 인정되는 경우

② 공동사용명령등의 대상은 기간통신사업자가 개설·운용하는 기지국·이동중계국 및 고정국에 설치되는 다음 각 호의 무선설비로 한다. 〈개정 2016. 6. 21., 2020. 6. 23.〉

1. 무선국의 안테나설치대

2. 송신설비 및 수신설비

③ 과학기술정보통신부장관이 공동사용명령등을 하는 경우에는 다음 각 호의 사항을 고려하여야 한다. 〈개정 2013. 3. 23., 2017. 7. 26.〉

1. 전파의 혼신발생 가능 여부

2. 건물 또는 부지의 임차 가능 여부

3. 건물 · 옥상 · 철탑 등의 안전 여부

4. 전자파강도의 전자파 인체보호기준 초과 여부(무선설비의 공동사용 명령만 해당한다)

5. 지하 · 터널 또는 건물 내의 설치 가능 여부(무선설비의 환경친화적 설치명령만 해당한다)

6. 그 밖에 무선설비의 효율적 운용 및 관리 등을 위하여 과학기술정보통신부장관이 필요하다고 인정하는 사항

④ 과학기술정보통신부장관이 공동사용명령등을 하는 경우에는 다음 각 호의 사항을 적어 서면으로 통지하여야 한다. 〈개정 2013. 3. 23., 2017. 7. 26.〉

1. 공동 또는 환경친화적으로 사용할 무선국명

2. 무선설비의 설치장소

3. 무선설비의 설치기간

⑤ 제1항부터 제4항까지의 규정에 따른 공동사용명령등의 요건 · 대상 및 절차 등에 관하여 필요한 세부사항은 과학기술정보통신부장관이 정하여 고시한다. 〈개정 2013. 3. 23., 2017. 7. 26.〉

[본조신설 2010. 12. 31.]

제70조(전파감시) 법 제49조제2항제6호에서 "대통령령으로 정하는 사항"이란 다음 각 호의 사항을 말한다. 〈개정 2010. 12. 31.〉

1. 가전제품 및 공장자동화설비 등으로부터 발사되는 불요파(不要波)의 탐지

2. 삭제 〈2024. 3. 29.〉

2의2. 삭제 〈2024. 3. 29.〉

3. 전파통신에 지장을 초래하는 혼신방해통신, 불요통신, 허위통신의 감시 및 조치

4. 전파의 이동감시

5. 그 밖에 전파이용질서의 유지 및 보호에 필요한 자료조사 · 조치 및 홍보에 관한 사항

제71조(승인을 받아야 할 건축물 등) ① 법 제52조제1항에 따라 과학기술정보통신부장관의 승인을 얻어야 할 건축물 또는 공작물(이하 "건축물등"이라 한다)은 다음 각 호와 같다. 〈개정 2008. 6. 20., 2009. 11. 2., 2010. 12. 31., 2013. 3. 23., 2016. 6. 21., 2017. 7. 26., 2021. 1. 5.〉

1. 무선방위측정장치(無線方位測定裝置)의 설치장소로부터 1킬로미터 이내의 지역에 건설하려는 다음의 것

가.송신안테나와 수신안테나. 다만, 방송수신용인 소형의 것과 이에 준하는 것은 제외한다.

나. 가공선과 고가 케이블(전력용 · 통신용 · 전기철도용, 그 밖에 이에 준하는 것을 포함한다)

다. 건물(목조 · 석조 · 콘크리트조, 그 밖에 구조의 것을 포함한다). 다만, 높이가 무선방위측정장치의 설치장소로부터 상향각 3도 미만의 것은 제외한다.

라. 철조 · 석조 또는 목조의 탑주와 이의 지지 물건 · 연통 · 피뢰침. 다만, 높이가 무선방위측정장치의 설치장소로부터 상향각 3도 미만의 것은 제외한다.

마. 철도 및 궤도

2. 무선방위측정장치의 설치장소로부터 500미터 이내의 지역에 매설하는 수도관 · 가스관 · 전력용케이블 · 통신용케이블, 그 밖에 이에 준하는 매설물

② 제1항 각 호의 어느 하나에 해당하는 건축물등을 건설하려는 자는 과학기술정보통신부장관에게 고층부분의 외형을 나타내는 입면도 및 평면도(축적 · 방위 · 높이 및 폭을 명시하여야 한다)를 갖추어 건축물등 건설의 승인을 신청하여야 한다. 승인받은 사항에 대하여 변경승인을 신청하는 경우에도 같다. 〈개정 2008. 6. 20., 2013. 3. 23., 2017. 7. 26.〉

③ 과학기술정보통신부장관은 제2항에 따른 승인의 신청이 있는 경우 전파장해 여부를 판단하기 위하여 필요하면 그 신청인에게 일정기간을 정하여 필요한 자료의 제출을 요구할 수 있다. 〈개정 2013. 3. 23., 2017. 7. 26.〉

④ 과학기술정보통신부장관은 제2항에 따른 승인 또는 변경승인의 신청을 접수한 경우에는 전파장해 여부를 검토하여 14일 이내에 신청인에게 그 승인 여부를 알려야 한다. 〈개정 2008. 6. 20., 2013. 3. 23., 2017. 7. 26.〉

[제목개정 2008. 6. 20.]

제72조(증표의 제시) 법 제6조 · 제49조 · 제50조 및 제71조의2에 따라 조사 · 시험이나 전파감시 등의 업무를 수행하는 공무원은 그

신분을 증명하는 증표 또는 공무원증을 지니고 관계인에게 내보여야 한다. 〈개정 2010. 12. 31.〉

제73조 삭제 〈2010. 12. 31.〉

제74조(통신설비 외의 전파응용설비) 법 제58조제1항제1호에서 "대통령령으로 정하는 기준에 해당하는 설비"란 주파수가 9킬로헤르츠(㎑) 이상인 고주파 전류를 발생시키는 설비로서 50와트를 초과하는 고주파 출력을 사용하는 다음 각 호의 어느 하나에 해당하는 설비를 말한다. 다만, 가사용 전자제품 등으로서 과학기술정보통신부장관이 정하여 고시하는 것은 제외한다. 〈개정 2013. 3. 23., 2015. 9. 22., 2017. 7. 26., 2021. 1. 5.〉

1. 산업용 전파응용설비(고주파의 에너지를 발생시켜 그 에너지를 목재와 합판의 건조, 금속의 용융 또는 가열, 진공관의 배기 등 산업생산을 위하여 사용하는 것)
2. 의료용 전파응용설비(고주파의 에너지를 발생시켜 그 에너지를 의료용으로 사용하는 것)
3. 그 밖의 전파응용설비[제1호 및 제2호 외의 설비로서 고주파의 에너지를 직접 공급하여 가열 또는 전리 등의 목적에 이용하는 것]

제75조(통신설비인 전파응용설비) ① 법 제58조제1항제2호에서 "대통령령으로 정하는 기준에 해당하는 설비"란 다음 각 호의 어느 하나에 해당하는 설비를 말한다. 〈개정 2010. 12. 31., 2013. 3. 23., 2017. 7. 26.〉

1. 전력선을 이용한 통신설비(이하 "전력선통신설비"라 한다)는 해당 설비로부터 3미터에서의 전계강도가 500마이크로볼트(㎶/m)를 초과하는 설비. 다만, 해당 설비의 주파수가 450킬로헤르츠(㎑) 미만인 경우에는 과학기술정보통신부장관이 고시하는 전계강도를 초과하는 설비로 한다.
2. 유도식 무선전신·무선전화로서 해당 설비로부터 500미터 떨어지고 선로로부터 기본주파수의 파장을 2파이(π)로 나눈 거리에서의 전계강도가 미터마다 15마이크로볼트를 초과하는 것(이하 "유도식통신설비"라 한다)

② 전력선통신설비는 그 설비에서 발사되는 주파수와 사용하는 출력이 다음 각 호에 적합하여야 한다. 〈개정 2008. 6. 20.〉

1. 9킬로헤르츠(㎑)이상 30메가헤르츠(㎒)까지의 범위의 주파수(기술개발을 위한 현장실험의 경우는 제외한다)

2. 송신설비의 고주파 출력이 10와트 이하일 것. 다만, 특수한 장치의 것은 제외한다.

③ 유도식통신설비는 그 설비에서 발사되는 주파수가 9킬로헤르츠(㎑)부터 250킬로헤르츠(㎑)까지의 것이어야 한다.

제76조(전파응용설비의 허가) ① 법 제58조제1항에 따라 전파응용설비의 허가를 받으려는 자는 전파응용설비 공사설계서를 갖추어 다음 각 호의 구분에 따라 과학기술정보통신부장관에게 허가를 신청하여야 한다. 〈개정 2013. 3. 23., 2017. 7. 26.〉

1. 제74조에 따른 설비: 해당 설비의 설치장소마다 신청

2. 제75조제1항에 따른 설비: 해당 설비의 통신계통마다 신청

② 제1항에 따라 허가를 신청하려는 자가 소유권이전에 따라 다른 사람이 허가를 받아 사용하고 있는 전파응용설비의 전부를 그대로 계속하여 사용하려는 경우에는 다음 각 호의 서류로 제1항의 전파응용설비 공사설계서를 갈음할 수 있다.

1. 현재 허가를 받고 있는 해당 설비의 허가증 사본

2. 새로 설치하려는 설비의 설치장소가 종전의 설비의 설치장소와 다른 경우에는 새로운 설치장소와 그 부근의 지도

3. 소유권이전 등의 사실을 증명하는 서류

③ 과학기술정보통신부장관은 전파응용설비의 허가를 한 경우에는 신청인에게 전파응용설비 허가증을 내주어야 한다. 〈개정 2013. 3. 23., 2017. 7. 26.〉

④ 법 제58조제1항 각 호 외의 부분 후단에서 “대통령령으로 정하는 사항”이란 다음 각 호의 사항을 말한다. 〈신설 2010. 12. 31., 2014. 12. 3., 2017. 7. 26.〉

1. 운용목적

2. 설치장소

3. 기기형식·명칭 및 기기일련번호. 다만, 과학기술정보통신부장관이 전자파 차폐의 정도 및 방법 등을 고려하여 고시로 정하는 전파응용설비는 제외한다.

4. 전파형식 및 주파수

5. 고주파 출력

제77조(전파응용설비의 검사 등) ① 법 제58조제3항에 따라 전파응용설비에 대해 검사를 하는 경우에는 송신장치마다 실시한다. 다만, 법 제58조제3항 단서에 따른 설비는 같은 주파수를 사용하는 송신장치를 한꺼번에 검사할 수 있다. 〈신설 2022. 12. 27.〉

② 법 제58조제3항에 따라 검사를 받은 전파응용설비 정기검사의 유효기간은 5년으로 한다. 〈개정 2022. 12. 27.〉

③ 전파응용설비 검사의 유효기간의 기산점에 관하여는 제44조제2항을, 검사의 시기에 관하여는 제45조제1항제3호 및 제5항제2호·제3호를, 검사방법 및 절차 등에 관하여는 제45조제3항, 제4항, 제6항, 제7항, 제9항 및 제10항을, 정기검사의 연기에 관하여는 제46조를 각각 준용한다. 〈개정 2014. 8. 27., 2014. 12. 3., 2016. 6. 30., 2022. 12. 27.〉

④ 법 제58조제3항 단서에서 "대통령령으로 정하는 다중차폐시설"이란 다음 각 호의 건물 내에 전파응용설비를 둘러싼 차폐설비를 갖춘 시설을 말한다. 〈신설 2022. 12. 27., 2024. 12. 17.〉

1. 창문 없이 철근콘크리트로 만들어진 건물

2. 그 밖에 제1호에 따른 건물에 준하는 수준으로 전자파를 차폐할 수 있도록 만들어진 건물

[제목개정 2022. 12. 27.]

제5장의2 방송통신기자재등의 관리 〈신설 2010. 12. 31.〉

제77조의2(적합인증) ① 법 제58조의2제2항에 따른 적합인증(이하 "적합인증"이라 한다)을 받아야 하는 방송통신기자재와 전자파장해를 주거나 전자파로부터 영향을 받는 기자재(이하 "방송통신기자재등"이라 한다)는 다음 각 호와 같다.

1. 전파환경 및 방송통신망 등에 위해를 줄 우려가 있는 방송통신기자재등

2. 중대한 전자파장해를 주거나 전자파로부터 정상적인 동작을 방해받을 정도의 영향을 받는 방송통신기자재등

3. 그 밖에 사람의 생명과 안전 등에 중대한 위해를 줄 우려가 있는 방송통신기자재등

② 적합인증을 받으려는 자는 적합인증신청서(전자문서로 된 신청서를 포함한다)에 부품배치도 및 외관도 등 과학기술정보통신부장관

이 고시하는 서류(전자문서를 포함한다)를 첨부하여 과학기술정보통신부장관에게 제출하여야 한다. 〈개정 2013. 3. 23., 2017. 7. 26.〉

③ 과학기술정보통신부장관은 제2항에 따른 신청에 대하여 적합인증을 한 경우에는 신청인에게 적합인증서를 발급하고, 그 사실을 관보에 공고하여야 한다. 〈개정 2013. 3. 23., 2017. 7. 26.〉

④ 제1항부터 제3항까지의 규정에 따른 적합인증의 대상, 절차 및 방법 등에 관하여 필요한 세부사항은 과학기술정보통신부장관이 정하여 고시한다. 〈개정 2013. 3. 23., 2017. 7. 26.〉

[본조신설 2010. 12. 31.]

제77조의3(적합등록 및 자기적합확인) ① 법 제58조의2제3항에 따른 적합등록(이하 "적합등록"이라 한다)의 절차·방법 및 공고 등에 관하여는 제77조의2제2항부터 제4항까지의 규정을 준용한다.

② 법 제58조의2제4항에서 "전파환경 및 방송통신망 등에 위해를 줄 우려가 낮은 기자재 등 대통령령으로 정하는 기자재"란 다음 각 호의 어느 하나에 해당하는 방송통신기자재등으로서 과학기술정보통신부장관이 정하여 고시하는 기자재를 말한다. 〈개정 2013. 3. 23., 2017. 7. 26., 2024. 7. 23.〉

1. 측정·검사용으로 사용되는 방송통신기자재등

2. 산업·과학용으로 사용되는 방송통신기자재등

3. 전파환경 및 방송통신망 등에 위해를 줄 우려가 낮은 방송통신기자재등

4. 그 밖에 기자재의 특성이나 용도 등에 비추어 지정시험기관의 시험이 필요하지 아니한 방송통신기자재등

③ 법 제58조의2제4항에서 "대통령령으로 정하는 시험 가능한 기관"이란 다음 각 호의 어느 하나에 해당하는 기관을 말한다. 〈신설 2024. 7. 23.〉

1. 법 제58조의8제5항에 따른 상호인정협정에 따른 시험기관

2. 「국가표준기본법」 제25조제1항에 따른 국제인정협력기구와 적합성평가에 대한 상호인정협정을 체결한 국내외 인정기구가 인정한 시험기관

④ 법 제58조의2제4항에 따라 해당 기자재가 적합성평가기준에 적합함을 확인한 사실을 서면으로 관리하고 공개하려는 자는 다음 각 호의 사항을 서면으로 관리하고, 과학기술정보통신부장관이 정하

는 인터넷 홈페이지에 공개해야 한다. 이 경우 서면 관리 및 공개에 필요한 세부사항은 과학기술정보통신부장관이 정하여 고시한다. 〈신설 2024. 7. 23.〉

1. 상호 또는 성명
2. 기자재 명칭 및 모델명
3. 기자재의 고유번호
4. 기자재의 제조자 및 제조국가
5. 기자재의 외관 사진
6. 기자재에 적용된 법 제58조의2제1항에 따른 적합성평가기준(이하 "적합성평가기준"이라 한다)
7. 그 밖에 과학기술정보통신부장관이 정하여 고시하는 사항

⑤ 다음 각 호의 자는 법 제58조의2제4항에 따라 다음 각 호의 구분에 따른 날부터 제조·수입·판매가 중단된 후 5년까지 적합성평가기준에 관한 시험서류 등 과학기술정보통신부장관이 정하여 고시하는 서류를 보관해야 한다. 〈개정 2024. 7. 23.〉

1. 적합등록을 한 자: 적합등록을 한 날
2. 법 제58조의2제4항에 따른 자기적합확인(이하 "자기적합확인"이라 한다)을 한 자: 자기적합확인을 한 날
3. 자기적합확인한 사실을 변경한 자: 자기적합확인한 사실을 변경한 날

[본조신설 2010. 12. 31.]
[제목개정 2024. 7. 23.]

제77조의4(적합성평가의 변경신고 등) ① 법 제58조의2제6항 전단에 따라 적합성평가를 받은 사항을 변경하려는 경우에는 적합성평가 변경신고서(전자문서로 된 신고서를 포함한다)에 변경사실을 증명하는 서류(전자문서를 포함한다)를 첨부하여 과학기술정보통신부장관에게 제출하여야 한다. 이 경우 적합성평가기준과 관련된 사항의 경우에는 적합성평가를 받은 이후에 신고하여야 한다. 〈개정 2013. 3. 23., 2017. 7. 26., 2024. 7. 23.〉

② 자기적합확인을 한 자는 법 제58조의2제7항에 따라 자기적합확인한 사실을 변경하려는 경우에는 제77조의3제4항 각 호의 사항 중 변경하려는 사항을 서면으로 관리하고, 과학기술정보통신부장관이 정하는 인터넷 홈페이지에 공개해야 한다. 〈신설 2024. 7. 23.〉

③ 제1항 및 제2항에서 규정한 사항 외에 적합성평가의 변경신고 및 자기적합확인한 사실의 변경 등에 필요한 세부사항은 과학기술정보통신부장관이 정하여 고시한다. 〈신설 2024. 7. 23.〉

[본조신설 2010. 12. 31.]

[제목개정 2024. 7. 23.]

제77조의5(적합성평가의 표시) ① 법 제58조의2제8항 전단에 따른 적합성평가표시(이하 "적합성평가표시"라 한다)를 하려는 자는 다음 각 호의 사항을 표시해야 한다. 다만, 자기적합확인을 한 자는 제5호 및 제6호의 사항만 표시할 수 있다. 〈개정 2024. 7. 23.〉

1. 적합성평가를 받은 자의 상호 또는 성명
2. 기자재 명칭
3. 기자재의 제조시기
4. 기자재의 제조자 및 제조국가
5. 「국가표준기본법」 제22조의4에 따른 국가통합인증마크
6. 기자재의 모델명 및 고유번호

② 법 제58조의2제8항 후단에 따른 자기적합확인표시(이하 "자기적합확인표시"라 한다)를 기자재에 대한 설명서 등에 하려는 자는 제77조의3제4항에 따른 인터넷 홈페이지의 주소 및 제1항제1호부터 제4호까지의 사항을 표시해야 한다. 〈신설 2024. 7. 23.〉

③ 적합성평가표시 및 자기적합확인표시의 기준 및 방법 등에 관하여 필요한 사항은 과학기술정보통신부장관이 정하여 고시한다. 〈개정 2017. 7. 26., 2024. 7. 23.〉

[본조신설 2016. 6. 21.]

[종전 제77조의5는 제77조의6으로 이동 〈2016. 6. 21.〉]

제77조의6(잠정인증) ① 법 제58조의2제9항에 따른 잠정인증(이하 "잠정인증"이라 한다)의 절차·방법 및 공고 등에 관하여는 제77조의2제2항부터 제4항까지의 규정을 준용한다. 〈개정 2024. 7. 23.〉

② 과학기술정보통신부장관은 제1항에 따른 잠정인증 신청의 심사를 위하여 필요하다고 인정하는 경우에는 과학기술정보통신부장관이 정하여 고시하는 바에 따라 잠정인증심사위원회를 구성·운영할 수 있다. 〈개정 2013. 3. 23., 2017. 7. 26.〉

③ 제1항에 따라 잠정인증을 신청하거나 잠정인증을 받은 자는 그 업무를 위하여 필요한 경우에는 적합성평가기준의 제정이나 개정

을 과학기술정보통신부장관에게 요청할 수 있다. 〈개정 2013. 3. 23., 2017. 7. 26.〉

④ 법 제58조의2제10항에 따라 적합성평가를 받으려는 잠정인증을 받은 자는 해당 기자재에 대한 적합성평가기준이 제정되어 통지된 날 또는 그 밖에 적합성평가가 곤란한 사유가 없어진 사실을 알게 된 날부터 90일이 되는 날까지 법 제58조의2제2항부터 제4항까지에 따른 적합성평가를 받아야 한다. 〈신설 2016. 6. 21., 2024. 7. 23.〉

[본조신설 2010. 12. 31.]

[제77조의5에서 이동, 종전 제77조의6은 제77조의7로 이동 〈2016. 6. 21.〉]

제77조의7(적합성평가의 면제) ① 법 제58조의3제1항에 따라 적합성평가를 면제할 수 있는 기자재는 별표 6의2와 같다. 〈개정 2016. 6. 21.〉

② 제1항에 따른 적합성평가의 면제 절차 및 방법 등에 관하여는 제77조의2제2항부터 제4항까지의 규정을 준용한다.

[본조신설 2010. 12. 31.]

[제77조의6에서 이동, 종전 제77조의7은 제77조의8로 이동 〈2016. 6. 21.〉]

제77조의8(적합성평가의 취소) ① 과학기술정보통신부장관은 법 제58조의4제1항 또는 제2항에 따라 적합성평가를 취소한 경우에는 그 사실을 관보에 공고하여야 한다. 〈개정 2013. 3. 23., 2017. 7. 26.〉

② 법 제58조의4제3항에서 "대통령령으로 정하는 기간"이란 다음 각 호의 구분에 따른 기간을 말한다.

1. 법 제58조의4제1항 및 같은 조 제2항제2호에 해당하는 사유로 취소처분을 받은 경우: 6개월

2. 법 제58조의4제2항제1호에 해당하는 사유로 취소처분을 받은 경우: 1년

[본조신설 2010. 12. 31.]

[제77조의7에서 이동, 종전 제77조의8은 제77조의9로 이동 〈2016. 6. 21.〉]

제77조의9(시험기관의 지정 등) ① 법 제58조의5제1항에 따라 적합성평가의 시험업무를 하는 기관(이하 "시험기관"이라 한다)으로 지정

받으려는 법인은 다음 각 호의 구분에 따라 시험기관 지정신청서(전자문서로 된 신청서를 포함한다)에 과학기술정보통신부장관이 정하는 서류(전자문서를 포함한다)를 첨부하여 과학기술정보통신부장관에게 신청하여야 한다. 〈개정 2013. 3. 23., 2014. 8. 27., 2016. 6. 21., 2017. 7. 26.〉

1. 유선 분야
2. 무선 분야
3. 전자파적합성 분야
4. 전자파 강도 분야
5. 전자파흡수율 분야

② 과학기술정보통신부장관은 제1항에 따른 지정신청의 심사를 위하여 필요하다고 인정하는 경우에는 제77조의10에 따른 전문심사기구에서 그 요건의 심사를 수행하게 할 수 있다. 〈개정 2013. 3. 23., 2016. 6. 21., 2017. 7. 26.〉

③ 과학기술정보통신부장관은 제1항에 따른 신청에 대하여 시험기관으로 지정한 경우에는 지정서를 발급하고, 그 사실을 관보 및 인터넷 홈페이지 등에 공고하여야 한다. 〈개정 2013. 3. 23., 2017. 7. 26., 2024. 7. 23.〉

④ 제1항부터 제3항까지의 규정에 따른 지정신청의 절차·방법 및 심사에 관하여 필요한 세부사항은 과학기술정보통신부장관이 정하여 고시한다. 〈개정 2013. 3. 23., 2017. 7. 26.〉

⑤ 제3항에 따라 지정받은 시험기관(이하 "지정시험기관"이라 한다)이 법 제58조의5에 따라 지정받은 사항의 변경, 지정시험 업무의 폐지 또는 지위승계의 승인을 받고자 하는 경우에 그 절차·방법 및 공고 등에 관하여는 제2항부터 제4항까지의 규정을 준용한다.

[본조신설 2010. 12. 31.]

[제77조의8에서 이동, 종전 제77조의9는 제77조의10으로 이동 〈2016. 6. 21.〉]

제77조의10(전문심사기구 등) ① 법 제58조의5제4항에서 "대통령령으로 정하는 전문심사기구"란 국제표준화기구(ISO)에서 제정한 지정시험기관의 심사를 위한 기준을 갖춘 기구 중에서 과학기술정보통신부장관이 지정·고시하는 기구를 말한다. 〈개정 2013. 3. 23., 2017. 7. 26.〉

② 제1항에 따른 전문심사기구는 과학기술정보통신부장관이 정하여 고시하는 바에 따라 그 심사업무를 수행하여야 한다. 〈개정 2013. 3. 23., 2017. 7. 26.〉

[본조신설 2010. 12. 31.]

[제77조의9에서 이동, 종전 제77조의10은 제77조의11로 이동 〈2016. 6. 21.〉]

제77조의11(지정시험기관의 검사 등) ① 법 제58조의6에 따른 지정시험기관에 대한 검사는 정기검사와 수시검사로 구분하여 실시한다. 〈개정 2016. 6. 21.〉

② 제1항에 따른 정기검사는 다음 각 호의 구분에 따라 실시한다. 〈신설 2016. 6. 21., 2024. 7. 23.〉

1. 법 제58조의5제1항제1호의 적합성평가시험에 필요한 설비(별표 14의2 제1호 및 제5호부터 제13호까지의 설비에 한정한다)의 성능에 관한 검사: 지정시험기관으로 지정된 날부터 해당 설비의 사용빈도·내구성 등을 고려하여 과학기술정보통신부장관이 정하여 고시하는 주기마다 실시

2. 제1호 외의 사항에 관한 검사: 지정시험기관으로 지정된 날부터 2년마다 실시

③ 제1항에 따른 수시검사는 검사가 필요한 경우 수시로 실시한다. 〈신설 2016. 6. 21.〉

④ 과학기술정보통신부장관은 법 제58조의6제1항에 따라 관련 자료의 제출을 요구하는 경우에는 서면(전자문서를 포함한다)으로 하되 15일의 제출기한을 두어야 한다. 다만, 그 제출을 요청받은 자가 정당한 사유를 소명하는 경우에는 15일의 범위에서 그 제출기한을 연장할 수 있다. 〈개정 2013. 3. 23., 2016. 6. 21., 2017. 7. 26.〉

⑤ 제1항부터 제4항까지에서 규정한 사항 외에 지정시험기관의 검사에 관한 세부절차 및 그 밖에 필요한 사항은 과학기술정보통신부장관이 정하여 고시한다. 〈신설 2024. 7. 23.〉

[본조신설 2010. 12. 31.]

[제77조의10에서 이동, 종전 제77조의11은 제77조의12로 이동 〈2016. 6. 21.〉]

제77조의12(지정시험기관의 준수사항 등) ① 법 제58조의7제1항에

따라 지정시험기관이 준수하여야 할 사항은 다음 각 호와 같다. 〈개정 2013. 3. 23., 2014. 12. 3., 2017. 7. 26.〉

1. 시험 관련 설비를 적정하게 유지·관리할 것

2. 시험 관련 인력에 대한 정기적인 교육을 실시할 것

3. 시험 관련 자료를 5년 이상 보존·비치할 것

4. 법 제58조의2제3항에 따라 지정시험기관의 시험에 합격하여 적합등록을 한 방송통신기자재등 중 100분의 3에 해당하는 기자재에 대한 표본검사를 실시하고, 그 결과를 과학기술정보통신부장관에게 보고할 것

5. 국제표준화기구에서 정한 시험 관련 품질관리에 관한 규정을 제정·시행할 것

② 과학기술정보통신부장관은 법 제58조의7제2항 및 제3항에 따른 정지명령 및 취소를 한 경우에는 그 사실을 관보 및 인터넷 홈페이지 등에 공고하여야 한다. 〈개정 2013. 3. 23., 2017. 7. 26., 2024. 7. 23.〉

③ 제1항 및 제2항에 따른 준수사항 및 공고 등에 필요한 세부사항은 과학기술정보통신부장관이 정하여 고시한다. 〈개정 2013. 3. 23., 2017. 7. 26.〉

[본조신설 2010. 12. 31.]

[제77조의11에서 이동, 종전 제77조의12는 제77조의13으로 이동 〈2016. 6. 21.〉]

제77조의13(적합성평가의 국가 간 상호인정협정) 법 제58조의8에 따른 외국정부와의 상호인정협정의 내용은 다음 각 호와 같다. 〈개정 2013. 3. 23., 2017. 7. 26.〉

1. 적합성평가의 효력에 관한 사항

2. 적합성평가의 기준에 관한 사항

3. 적합성평가와 관련된 시험기관 및 인증기관에 관한 사항

4. 그 밖에 적합성평가의 절차 및 방법 등에 관하여 과학기술정보통신부장관이 필요하다고 인정하는 사항

[본조신설 2010. 12. 31.]

[제77조의12에서 이동, 종전 제77조의13은 제77조의14로 이동 〈2016. 6. 21.〉]

제77조의14(부적합 보고의 절차 등) ① 적합성평가를 받은 자는 해

당 기자재가 법 제58조의11제1항 각 호의 어느 하나에 해당하는 경우임을 알게 된 때에는 그 날부터 5일 이내에 그 사실을 과학기술정보통신부장관에게 보고해야 한다.

② 과학기술정보통신부장관은 법 제58조의11제4항에 따라 같은 조 제1항에 따른 조치를 이행한 자에 대한 행정처분을 별표 23에 따른 행정처분기준의 2분의 1의 범위에서 감경할 수 있다. 다만, 그 행정처분이 다음 각 호의 어느 하나에 해당하는 경우에는 다음 각 호의 구분에 따라 감경 또는 면제할 수 있다.

1. 취소인 경우: 4개월의 생산·수입·판매 또는 사용중지 처분

2. 시정명령 및 1개월의 생산·수입·판매 또는 사용중지인 경우: 면제

③ 제1항 및 제2항에서 규정한 사항 외에 보고 절차, 행정처분의 감경 또는 면제 등에 관하여 필요한 세부사항은 과학기술정보통신부장관이 정하여 고시한다.

[본조신설 2024. 7. 23.]

[종전 제77조의14는 제77조의15로 이동 〈2024. 7. 23.〉]

제77조의15(표시방법 등) ① 법 제58조의12제1항에 따라 표시하여야 할 사항은 다음 각 호와 같다. 다만, 제3호의 사항은 법 제9조의3제1항에 따라 과학기술정보통신부장관이 센터를 지정한 경우에만 표시한다. 〈개정 2017. 7. 26.〉

1. 방송통신기자재등을 사용할 수 없게 되는 시점과 그 시점이 경과된 후 사용하면 법에 위반된다는 사실

2. 방송통신기자재등의 제조·수입·판매 종료일

3. 센터에 관한 사항

② 법 제58조의12제2항에 따라 고지하여야 할 사항에 관하여는 제1항을 준용한다.

③ 제1항에 따른 표시사항은 해당 기자재 및 기자재 포장에 이용자가 알기 쉽게 표시하여야 하고, 기자재 포장 시 표시사항이 기재된 이용자안내문이 별도로 포함되어야 한다.

④ 제1항부터 제3항까지의 규정에 따른 표시 및 고지 방법에 관하여 필요한 세부사항은 과학기술정보통신부장관이 정하여 고시한다. 〈개정 2017. 7. 26.〉

[본조신설 2014. 12. 3.]

[제77조의14에서 이동 〈2024. 7. 23.〉]

제6장 전파의 진흥

제78조 삭제 〈2010. 7. 26.〉

제79조 삭제 〈2010. 7. 26.〉

제80조 삭제 〈2010. 7. 26.〉

제81조 삭제 〈2010. 7. 26.〉

제82조 삭제 〈2010. 7. 26.〉

제83조 삭제 〈2010. 7. 26.〉

제84조 삭제 〈2010. 7. 26.〉

제85조(주파수이용현황의 공개) ① 과학기술정보통신부장관은 법 제60조에 따라 주파수이용현황을 공개하여야 한다. 다만, 「공공기관의 정보공개에 관한 법률」 제9조제1항 각 호에 따른 정보는 공개하지 아니할 수 있다. 〈개정 2013. 3. 23., 2017. 7. 26.〉

② 과학기술정보통신부장관은 주파수이용현황을 공개하기 위하여 종합정보시스템을 구축·운영하고, 공개된 주파수이용현황이 변경되는 경우에는 지체 없이 이를 최신화하여야 한다. 〈개정 2013. 3. 23., 2017. 7. 26., 2017. 12. 12.〉

③ 제2항에 따른 종합정보시스템의 구축·운영에 관한 세부적인 사항은 과학기술정보통신부장관이 정하여 고시한다. 〈신설 2017. 12. 12.〉

제86조(표준화의 대상 및 절차 등) ① 법 제63조제2항에 따른 전파이용기술의 표준화 대상은 다음 각 호와 같다.

1. 전파를 이용한 시스템 및 서비스에 관한 기술
2. 전파 관리 및 이용환경에 관한 기술
3. 그 밖에 전파를 이용한 기술

② 전파이용기술의 표준화에 관하여 이해관계가 있는 자는 제1항 각 호의 사항에 대한 표준안을 작성하여 과학기술정보통신부장관에게 그 제정 또는 개정을 요청할 수 있다. 〈개정 2013. 3. 23., 2017. 7. 26.〉

③ 과학기술정보통신부장관은 전파이용기술에 관한 표준을 제정·개정 또는 폐지할 경우에는 그 내용을 고시하여야 한다. 〈개정 2013. 3. 23., 2017. 7. 26.〉

④ 제3항에 따른 표준의 제정·개정 또는 폐지에 관한 절차 등 필요한 사항은 과학기술정보통신부장관이 정하여 고시한다. 〈개정 2013. 3. 23., 2017. 7. 26.〉

第87조(한국방송통신전파진흥원에 대한 업무의 지도·감독) ① 과학기술정보통신부장관은 법 제66조제5항에 따라 진흥원의 업무를 지도·감독하며, 필요하다고 인정할 경우에는 진흥원에 대하여 그 사업에 관한 지시·처분 또는 명령을 할 수 있다. 〈개정 2008. 12. 9., 2010. 12. 31., 2013. 3. 23., 2014. 12. 3., 2017. 7. 26.〉

② 과학기술정보통신부장관은 진흥원의 업무·회계 및 재산에 관하여 필요한 사항을 보고하게 하거나 소속 공무원으로 하여금 진흥원의 장부·서류 및 그 밖의 물건을 검사하게 할 수 있다. 〈개정 2013. 3. 23., 2017. 7. 26.〉

③ 제2항에 따라 검사를 하는 공무원은 그 신분을 증명하는 증표를 지니고 관계인에게 내보여야 한다.

[제목개정 2010. 12. 31.]

第88조(협회의 사업) 협회는 다음 각 호의 사업을 행한다. 〈개정 2010. 12. 31., 2013. 3. 23., 2014. 12. 3., 2016. 6. 21., 2017. 12. 12.〉

1. 회원 상호 간의 협력활동

2. 전파의 이용확산과 인식을 높이기 위한 연구·조사·홍보 및 발간사업

2의2. 전파자원의 효율적인 이용을 위한 다음 각 목의 사업

가. 주파수 또는 기술방식 등에 관한 수요조사 및 분석

나. 주파수 또는 새로운 기술방식 등을 활용할 수 있는 기반조성 사업

2의3. 전파방송산업의 사업환경 조성을 위한 다음 각 목의 사업

가. 전파방송기술의 산업화 지원에 관한 사업

나. 전파방송산업 발전을 위한 방송통신기자재, 방송장비 등의 유통 지원에 관한 사업

다. 전파방송기술 및 방송통신기자재 등의 해외진출 지원사업

3. 전파 관련 산업의 실태조사

3의2. 방송통신기자재의 실태조사

4. 전파이용 기술의 개발 및 보급

5. 전파에 관한 기술정보의 수집·조사·분석 및 제공

6. 전파이용기술의 표준화에 관한 연구

6의2. 전파이용 및 방송 기술 전문인력 양성을 위한 사업

6의3. 삭제 〈2016. 6. 21.〉

7. 제1호, 제2호, 제2호의2, 제2호의3, 제3호, 제3호의2, 제4호부터 제6호까지 및 제6호의2에 따른 사업의 부대사업과 그 밖에 협회의 목적달성을 위하여 필요한 사업

제89조(전파사용료의 감면) ① 법 제67조제1항제6호에서 "대통령령으로 정하는 무선국"이란 다음 각 호의 무선국을 말한다. 〈개정 2010. 7. 26., 2010. 12. 31., 2016. 6. 21., 2022. 2. 28.〉

1. 비상국, 실험국, 아마추어국, 표준주파수 및 시보국

2. 「대한적십자사 조직법」에 따른 대한적십자사가 시설자인 무선국 및 「응급의료에 관한 법률」 제25조제1항제6호에 따른 응급의료통신망의 관리·운영을 위하여 개설한 무선국

3. 제90조제2항제1호 또는 제2호에 해당하는 무선국으로서 부과할 전파사용료가 3천원 미만인 무선국과 별표 7에 해당하는 무선국

4. 터널, 도시철도(지하에 설치된 부분만 해당한다), 건축물의 지하층 등에 개설한 다음 각 목의 무선국

가. 기간통신사업자가 제공하는 전기통신역무를 이용할 수 있도록 개설한 무선국

나. 위성이동멀티미디어방송사업자가 개설한 위성방송보조국

5. 홍수의 예보·경보 등 재해예방을 위한 무선국

6. 기간통신사업자가 개설한 무선국으로서 국가의 공공업무 수행을 위하여 제공되는 무선국

7. 농어촌 지역에 위성을 이용한 인터넷서비스를 제공하기 위하여 기간통신사업자가 개설한 지구국

8. 교육이나 연구 목적의 비영리법인 중 과학기술정보통신부장관이 정하여 고시하는 자가 건물 등 일정한 구역 내에서만 28.9기가헤르츠(㎓) 이상 29.5기가헤르츠(㎓) 이하의 주파수를 이용하기 위하여 개설한 무선국

② 법 제67조제1항 각 호 외의 부분 단서에 따른 전파사용료의 감면은 다음 각 호의 구분에 따른다. 〈개정 2010. 12. 31.〉

1. 법 제67조제1항제6호 및 제7호에 해당하는 무선국의 시설자

에 대하여는 전파사용료의 전부를 감면한다.

2. 법 제67조제1항제4호 또는 제5호에 해당하는 무선국의 시설자에 대하여는 전파사용료의 100분의 30을 감면한다.

제90조(전파사용료의 산정기준 등) ① 법 제68조제1항 단서에 따라 가입자에게 전기통신역무를 제공하기 위하여 기간통신사업자가 개설한 무선국에 대한 전파사용료는 별표 8에 따라 산정한다. 다만, 「전기통신사업법」 제38조에 따라 다른 전기통신사업자(「중소기업기본법」 제2조에 따른 중소기업 또는 「중견기업 성장촉진 및 경쟁력 강화에 관한 특별법」 제2조제1호에 따른 중견기업인 전기통신사업자만 해당한다)에게 전기통신서비스를 도매제공한 경우에는 별표 8의 가입자 수에서 그 다른 전기통신사업자로부터 해당 전기통신서비스를 제공받는 가입자 수에 다음 각 호의 구분에 따른 비율을 곱한 수를 빼고 산정한다. 〈개정 2024. 3. 26.〉

1. 2024년 1월 1일부터 2024년 12월 31일까지의 전파사용료를 산정하는 경우: 100분의 100

2. 2025년 1월 1일부터 2025년 12월 31일까지의 전파사용료를 산정하는 경우: 100분의 80

3. 2026년 1월 1일부터 2026년 12월 31일까지의 전파사용료를 산정하는 경우: 100분의 50

② 법 제68조제1항 본문에 따른 전파사용료는 다음 각 호의 구분에 따라 산정한다. 〈개정 2017. 1. 24.〉

1. 다음 각 목의 어느 하나에 해당하는 무선국에 대한 전파사용료의 산정기준은 별표 9와 같다.

가. 제1항에 따른 기간통신사업자를 제외한 기간통신사업자가 개설한 무선국

나. 위성방송사업자가 개설한 위성방송보조국

다. 통합공공망 전용주파수[718메가헤르츠(㎒) 이상 728메가헤르츠 이하 및 773메가헤르츠 이상 783메가헤르츠 이하에 해당하는 주파수를 말한다. 이하 같다]를 사용하는 무선국

2. 제1항 및 제1호에 해당하지 아니하는 무선국에 대한 전파사용료의 산정기준은 별표 10과 같다.

3. 제1호 및 제2호에도 불구하고 이동하며 사용하는 무선국 및 기간통신사업자가 임대를 목적으로 개설하는 지구국에 대한 전파사

용료의 산정은 별표 11과 같다.

③ 제1항 및 제2항에 따라 산정하여 부과·징수하는 전파사용료는 산정하여야 할 기간이 3개월 미만인 경우에는 해당 분기의 전파사용료에 전파사용료를 부과·징수하여야 할 일수를 곱한 금액을 해당 분기의 총일수로 나누어 산출한 금액으로 한다. 다만, 제2항제3호에 따른 무선국으로서 전파사용료를 부과·징수하여야 할 기간이 3개월 미만인 경우에는 이를 부과·징수하지 아니한다.

④ 제2항제1호 및 제2호에도 불구하고 수신설비 및 예비설비에 대하여는 전파사용료를 부과·징수하지 아니하고, 법 제25조의2제1항에 따른 운용휴지기간 및 법 제72조제3항에 따른 운용정지기간은 전파사용료를 부과·징수하는 일수에 산입하지 아니한다. 〈개정 2010. 12. 31.〉

제91조(전파사용료의 징수기간 등) ① 전파사용료는 분기별로 부과·징수하며, 분기별 징수기간은 별표 11의2와 같다. 〈개정 2010. 12. 31.〉

② 제1항에도 불구하고 분기 중에 무선국의 개설허가를 받은 자에 대하여는 제1항에 따른 징수기간에 전파사용료를 징수하고, 분기 중에 무선국을 폐지한 자에 대하여는 무선국을 폐지한 때에 전파사용료를 징수한다.

③ 제1항에도 불구하고 제90조제1항에 따라 전파사용료를 산정하는 무선국을 제외한 무선국의 시설자는 1년간 내야 할 전파사용료 전액을 미리 낼 수 있다. 이 경우 전파사용료 전액을 미리 내려는 자는 과학기술정보통신부장관 또는 방송통신위원회에 전파사용료 일시납부신청을 하여야 한다. 〈개정 2013. 3. 23., 2017. 7. 26.〉

④ 제3항 후단에도 불구하고 과학기술정보통신부장관 또는 방송통신위원회의 고지에 따라 전파사용료 전액을 미리 낸 경우에는 전파사용료 일시납부 신청을 한 것으로 본다. 〈신설 2022. 12. 27.〉

⑤ 제3항에 따라 전파사용료 전액을 미리 내려는 경우 1년간 내야 할 전파사용료의 100분의 10에 해당하는 금액을 감면할 수 있다. 이 경우 1년간은 전파사용료 일시납부신청을 한 날이 속하는 분기의 다음 분기부터 1년간으로 한다. 〈개정 2022. 12. 27.〉

제92조(전파사용료 가산금의 비율) 법 제68조제2항에 따른 가산금의 비율은 체납된 전파사용료의 100분의 5로 한다. 다만, 납부기한

경과 후 1주일 이내에 납부하는 경우에는 체납된 전파사용료의 100분의 1로 한다. 〈개정 2011. 3. 29.〉

제93조(전파사용료의 징수절차) ① 전파사용료의 징수절차에 관하여는 국고금 관리 법령의 수입금 징수에 관한 절차를 준용한다. 이 경우 납입고지서에는 전파사용료 산정기준과 이의제기의 방법 및 기간 등을 함께 적어야 한다.

② 이 영에서 정한 사항 외에 전파사용료의 징수에 필요한 사항은 과학기술정보통신부장관이 방송통신위원회와 협의하여 고시로 정한다. 〈개정 2013. 3. 23., 2017. 7. 26.〉

제93조의2(주파수할당 신청수수료 등) 법 제10조제3항, 제16조 및 제16조의2에 따라 주파수할당·재할당·추가할당을 신청하는 자는 법 제69조제1항제1호에 따라 신청 건별로 20만원의 수수료를 내야 한다. 〈개정 2016. 6. 21.〉

[본조신설 2014. 12. 3.]

제94조 삭제 〈2016. 6. 21.〉

제94조의2(주파수 사용승인 등의 신청수수료) 제23조제4호의 무선국을 개설·운용하기 위하여 법 제18조의2제2항 또는 제22조제1항에 따른 승인·변경승인 또는 재승인을 신청하는 자는 법 제69조제1항제1호의3에 따라 다음 각 호의 구분에 따른 수수료를 내야 한다.

1. 승인 신청의 경우: 주파수당 1만2천원
2. 변경승인 신청의 경우: 주파수당 6천원
3. 재승인 신청의 경우: 주파수당 6천원

[본조신설 2014. 12. 3.]

제95조(무선국 허가 등의 신청수수료) ① 법 제19조제1항·제22조제1항 및 제58조제1항에 따른 무선국 및 전파응용설비의 허가·재허가 또는 변경허가를 신청하는 자는 별표 12에 따른 수수료를 내야 한다. 〈개정 2010. 12. 31.〉

② 제31조제4항 각 호에 따른 변경허가 사항 중 무선국시설의 변경을 수반하지 아니하는 시설목적·통신의 상대방·통신사항(방송국의 경우에는 방송사항)·호출부호·호출명칭·전파형식 또는 운용허용시간의 변경허가를 신청하는 자는 제1항에도 불구하고 그 수수료로 1천원을 내야 한다. 〈개정 2010. 12. 31.〉

③ 제1항 및 제2항에 해당하는 사항을 동시에 변경하기 위하여 변경허가를 신청하는 자는 제1항에 따른 수수료를 납부하여야 한다.

제96조(무선국 등의 검사수수료) ① 법 제24조제1항·제4항·제5항·제7항 및 제58조제3항에 따른 무선국 및 전파응용설비 등의 준공검사·정기검사 및 수시검사를 받는 자는 별표 13에 따른 수수료를 내야 한다. 다만, 해당 설비가 둘 이상의 무선국에 공용되고 있는 경우에는 그 수수료는 하나의 무선국에 해당하는 수수료를 내되, 각 무선국의 안테나공급전력이 다를 때에는 안테나공급전력이 높은 무선국의 수수료를 내야 한다. 〈개정 2010. 12. 31., 2014. 8. 27., 2016. 6. 21.〉

② 제1항에 따른 수수료는 검사를 실시하는 송수신장치마다 적용한다. 다만, 법 제24조제1항 및 제58조제3항에 따른 변경허가 또는 변경신고에 따른 검사(이하 "변경검사"라 한다)를 하는 경우에는 무선국의 종별과 해당 장치의 종류 및 규모에 따라 다음 각 호에 따라 수수료를 산정한다. 〈개정 2010. 12. 31., 2016. 6. 21.〉

1. 변경검사를 실시하는 경우에는 송수신장치(증설 또는 기기대치를 제외한다)의 변경시설에 대하여는 별표 13의 변경검사 수수료란 해당 금액의 4분의 3으로 한다.

2. 무선국 및 전파응용설비 등의 정기검사와 변경검사를 병행하여 실시하는 경우에는 별표 13의 해당 정기검사 수수료를 적용한다.

3. 변경공사를 한 무선설비가 각 송수신장치에 공용되어 있어 송수신장치마다 검사를 할 필요가 없는 경우에는 송수신장치 중 최대 안테나공급전력의 송수신기 1대에만 수수료를 적용한다.

③ 제1항에 따른 검사에 불합격하여 다시 검사를 받는 경우 재검사 수수료는 별표 13에 따른 수수료의 3분의 1에 해당하는 금액으로 한다. 다만, 서류상의 검사만을 받는 경우에는 재검사수수료를 면제한다.

제97조(레이다 등의 검사수수료) ① 레이다 및 펄스변조송신기에 대하여 법 제24조제1항·제4항 및 제5항에 따른 준공검사·정기검사 및 수시검사를 하는 경우의 검사수수료의 산정은 다음 각 호의 방법에 따른다. 〈개정 2010. 12. 31., 2014. 8. 27., 2016. 6. 21.〉

1. 총톤수 500톤 미만인 어선의 안테나공급전력 50와트 이하인 선박국에 설치하는 레이다로서 첨두전력 10킬로와트 이하의 것은

별표 13의 무선국란의 종별란 중 어선의 선박국(총톤수 500톤 미만의 것)의 안테나공급전력에 의한 송신기의 규모란 12와트 이상 50와트 미만에 해당하는 검사수수료를 적용한다.

2. 제1호 외의 무선국에 설치하는 레이다 및 펄스변조송신기의 검사수수료는 별표 14와 같다.

② 안테나공급전력 500와트 미만의 다중무선설비(「방송법」 제2조제1호 라목에 따른 이동멀티미디어방송을 하는 무선설비를 포함한다) 또는 500메가헤르츠(㎒) 이상의 주파수의 전파를 사용하는 텔레비전(텔레비전방송국의 텔레비전은 제외한다)의 송신기에 대하여 법 제24조제1항·제4항 및 제5항에 따른 검사를 받는 경우의 검사수수료는 별표 13의 그 밖의 무선국란의 안테나공급전력에 의한 송신기의 규모가 50와트 이상 500와트 미만에 해당하는 경우의 검사수수료를 적용한다. 다만, 안테나공급전력 500와트 미만의 다중무선설비를 사용하는 무선국 중 제24조제2항제1호가목·나목 및 마목(무선호출은 제외한다)에 해당하는 무선국은 별표 13의 할당받은 주파수를 사용하는 무선국란에 해당하는 검사수수료를 적용한다. 〈개정 2008. 6. 20., 2010. 12. 31., 2014. 8. 27., 2016. 6. 21.〉

③ 제1항 및 제2항에 따른 검사에 불합격하여 다시 검사를 받는 경우 재검사수수료는 별표 13 및 별표 14에 규정된 수수료의 3분의 1에 해당하는 금액으로 한다. 다만, 서류상의 검사만을 받는 경우에는 재검사수수료를 면제한다.

제97조의2(지정시험기관의 검사 수수료) 법 제58조의6제1항에 따른 지정시험기관의 검사에 관한 수수료는 별표 14의2와 같다.

[본조신설 2016. 6. 21.]

[종전 제97조의2는 제97조의3으로 이동 〈2016. 6. 21.〉]

제97조의3(적합성평가 및 시험기관의 지정 수수료) 다음 각 호의 신청에 관한 수수료는 별표 14의3과 같다.

1. 적합성평가의 신청
2. 시험기관의 지정신청 및 변경신청
3. 법 제58조의8제5항에 따른 상호인정협정에 따른 시험기관의 지정신청 및 지정갱신 신청

[전문개정 2024. 7. 23.]

제98조(무선국의 전자파강도 측정 수수료) 법 제47조의2제4항에 따

라 전자파강도 측정을 요청하려는 자는 20만3천원의 수수료를 내야 한다. 〈개정 2014. 12. 3.〉

제98조의2(고출력·누설 전자파 안전성 평가 수수료) 법 제56조제1항에 따른 고출력·누설 전자파 안전성 평가에 관한 수수료는 별표 14의4와 같다.

[전문개정 2024. 3. 26.]

제99조(무선종사자 기술자격검정 등의 수수료) ①법 제70조제1항의 무선종사자의 기술자격검정에 응시하려고 하거나 기술자격증을 발급(재발급을 포함한다)받으려는 자는 법 제69조제1항제6호에 따라 과학기술정보통신부장관이 정하여 고시하는 수수료를 내야 한다. 다만, 「국가기술자격법」에 따라 진흥원에 위탁한 사항은 「국가기술자격법」이 정하는 바에 따라 수수료를 내야 한다. 〈개정 2010. 7. 26., 2010. 12. 31., 2013. 3. 23., 2017. 7. 26.〉

② 과학기술정보통신부장관은 제1항 본문에 따라 수수료를 정하려는 경우에는 이해관계인의 의견을 수렴할 수 있도록 인터넷 홈페이지에 20일 이상 그 내용을 공고하여야 한다. 다만, 긴급하다고 인정하는 경우에는 인터넷 홈페이지에 그 사유를 소명하고 10일간 공고할 수 있다. 〈신설 2011. 3. 29., 2013. 3. 23., 2017. 7. 26.〉

③ 제1항 본문에 따라 납부한 수수료는 다음 각 호의 어느 하나에 해당하는 경우를 제외하고는 반환하지 아니한다. 〈신설 2010. 7. 26., 2011. 3. 29., 2012. 11. 23., 2013. 3. 23., 2017. 7. 26.〉

1. 수수료를 과오납한 경우: 과오납한 금액
2. 접수기간 안에 접수를 취소하는 경우: 수수료 전부
3. 과학기술정보통신부장관의 귀책사유로 검정에 응시하지 못한 경우: 수수료 전부
4. 검정시행일 5일 전까지 접수를 취소하는 경우: 과학기술정보통신부장관이 정하는 금액

제100조(허가증 및 신고증명서 재발급 수수료) 제33조제3항 및 제39조의3제2항에 따라 무선국 허가증 및 신고증명서의 재발급를 신청하는 자는 1천원의 수수료를 내야 한다. 다만, 전자문서로 재발급하는 경우에는 무료로 한다.

[전문개정 2010. 12. 31.]

제101조(수수료의 감면) ① 시설자가 과학기술정보통신부장관 또는

그 소속기관의 장으로 되어 있는 무선국 및 법 제7조제1항에 따라 주파수재배치가 된 무선국에 대하여는 제95조부터 제97조까지 및 제100조에 따른 수수료를 면제한다. 〈개정 2013. 3. 23., 2017. 7. 26.〉

② 다음 각 호의 경우에는 제96조제1항에 따른 검사수수료의 40퍼센트를 감경한다. 〈개정 2022. 12. 27.〉

1. 법 제10조에 따라 과학기술정보통신부장관이 할당한 주파수를 이용하는 기간통신사업자의 무선국 중 다중입출력송수신설비를 사용한 각각의 무선국에 대하여 송수신장치마다 검사를 하는 경우 최초로 검사하는 송수신장치를 제외한 나머지 송수신장치에 대한 검사수수료

2. 제77조제1항 단서에 따른 검사를 하는 경우 같은 주파수를 사용하는 송신장치 중 고주파 출력이 가장 큰 하나의 송신장치를 제외한 나머지 송신장치에 대한 검사수수료

③ 제69조제1항제1호ㆍ제2호에 해당하는 무선설비를 둘 이상의 기간통신사업자나 「방송법」 제2조제3호에 따른 방송사업자(이하 "방송사업자"라 한다)가 공동으로 설치하여 사용하는 다음 각 호의 무선국에 대하여는 제96조에 따른 검사수수료의 20퍼센트를 감경한다. 〈개정 2017. 12. 12., 2020. 6. 23.〉

1. 고정국
2. 기지국
3. 이동중계국
4. 방송국

④ 과학기술정보통신부장관은 「재난 및 안전관리 기본법」 제3조제1호나목의 사회재난 중 감염병 확산에 따른 재난, 경기침체, 대량실업 등으로 인한 경영상의 부담을 완화하기 위해 제96조 및 제97조에 따른 무선국 및 전파응용설비 검사수수료(검사증명서 발급일이 2020년 1월 1일부터 12월 31일까지인 검사수수료에 한정하되, 정기검사 유효기간의 만료일이 2021년 1월 1일 이후인 무선국 및 전파응용설비의 검사수수료는 제외한다)의 전부 또는 일부를 감면할 수 있다. 다만, 다음 각 호의 어느 하나에 해당하는 자가 개설ㆍ운용하는 무선국 및 전파응용설비의 검사수수료는 제외한다. 〈신설 2020. 6. 23.〉

1. 국가기관 및 지방자치단체
2. 「공공기관의 운영에 관한 법률」 제4조에 따른 공공기관
3. 「지방공기업법」에 따른 지방직영기업, 지방공사 및 지방공단
4. 「고등교육법」 제3조에 따른 국립학교 및 공립학교
5. 기간통신사업자
6. 방송사업자

⑤ 과학기술정보통신부장관은 제45조제2항제1호에 따라 같은 조 제1항제3호에 따른 정기검사 시기 이전에 정기검사를 받는 무선국에 대해서는 별표 14의5의 감경기준에 따라 제96조제1항에 따른 수수료를 감경한다. 〈신설 2024. 3. 26.〉

제102조(납부방법) ① 제93조의2, 제94조의2, 제95조, 제97조의2, 제97조의3, 제98조, 제98조의2, 제99조 및 제100조에 따른 수수료는 현금·우편대체 또는 우편환 등의 방법으로 내야 한다. 〈개정 2010. 12. 31., 2014. 12. 3., 2024. 3. 26.〉

② 제96조 및 제97조에 따른 수수료의 납부에 관하여는 국고금 관리 법령의 수입금 징수 절차를 준용한다. 다만, 진흥원에 내야 할 수수료는 우편대체 또는 지로로 미리 내야 한다.

③ 수수료를 내야 할 자가 국가 또는 지방자치단체인 경우로서 제1항 및 제2항에 따라 수수료를 내기가 곤란한 경우에는 납부고지서에 따라 내야 한다.

④ 과학기술정보통신부장관은 정보통신망을 이용하여 전자화폐·전자결제 등의 방법으로 제1항 및 제2항에 따른 수수료를 내게 할 수 있다. 〈개정 2013. 3. 23., 2017. 7. 26.〉

제7장 무선종사자

제103조(자격별 검정과목 등) 법 제70조제1항에 따른 무선종사자 중 무선통신사 및 아마추어무선기사의 자격별 검정과목 및 검정과목별 출제내용은 별표 15와 같다.

제104조(합격기준) 제103조에 따른 기술자격검정(이하 "기술자격검정"이라 한다)의 합격기준은 다음 각 호와 같다. 〈개정 2010. 7. 26.〉

1. 매 과목 100점을 만점으로 하여 매 과목 40점 이상 전 과목 평균 60점 이상

2. 무선통신술과목[제3급 아마추어무선기사(전신급)의 무선통신술 과목은 제외한다]은 해당 자격 종목의 매 종별마다 100점을 만점으로 하여 매 종별 40점 이상, 전 종별 평균 60점 이상

제105조(기술자격검정의 방법) ① 기술자격검정의 과목 중 항공무선통신사의 무선통신술과목은 실기시험으로 하고, 그 외의 과목은 필기시험으로 한다. 〈개정 2010. 7. 26., 2016. 6. 21.〉

② 제1항에 따른 필기시험의 출제방법은 검정과목별로 4지선다형 20문제로 한다. 다만, 검정과목 중 통신보안과목, 해상무선통신사의 영어과목 및 제3급 아마추어무선기사(전신급)의 무선통신술과목에 대한 출제방법은 4지선다형 10문제로 한다. 〈개정 2010. 7. 26.〉

③ 제1항에 따른 무선통신술과목의 실기시험은 필기시험에 합격하지 아니하면 이에 응시할 수 없다. 〈개정 2010. 7. 26.〉

④ 항공무선통신사 · 해상무선통신사 · 육상무선통신사 · 제한무선통신사 · 제3급 아마추어무선기사(전화급) 및 제4급 아마추어무선기사의 기술자격검정은 과학기술정보통신부장관이 정하여 고시하는 교육을 이수한 자에 대하여 해당 검정과목의 시험을 면제할 수 있다. 〈개정 2010. 7. 26., 2013. 3. 23., 2017. 7. 26.〉

제106조(검정과목의 면제) ① 기술자격검정에서 필기시험에 합격한 자에 대하여는 해당 필기시험의 합격발표일부터 2년간 필기시험을 면제한다.

② 이미 무선종사자의 자격을 취득한 자가 다른 종목의 무선종사자 기술자격검정을 받으려는 경우에는 신청에 따라 별표 16에서 정하는 바에 따라 검정과목의 일부를 면제한다.

제107조(기술자격검정의 시행 등) 기술자격검정은 매년 1회 이상 실시하여야 한다. 다만, 다음 각 호의 경우에는 그러하지 아니하다.

1. 해당 자격종목의 자격취득자가 과다한 경우

2. 해당 자격종목의 응시희망자가 근소하거나 없을 것으로 예측될 경우

제108조(기술자격검정의 시행공고) 진흥원은 해당 연도에 시행하는 자격검정의 시행에 관한 계획을 직전 연도 11월 30일까지 공고하여야 한다. 〈개정 2012. 5. 1.〉

제109조(기술자격검정의 신청) 기술자격검정을 받으려는 자는 과학기술정보통신부령으로 정하는 기술자격검정신청서에 다음 각 호의

서류를 첨부하여 진흥원에 제출해야 한다. 〈개정 2013. 3. 23., 2014. 12. 3., 2017. 7. 26., 2021. 1. 5.〉

1. 사진(신청 전 6개월 이내에 찍은 모자를 쓰지 않은 정면 상반신의 반명함판) 1장

2. 「국가기술자격법」 제9조에 따른 기술자격증 사본, 제112조제2항에 따른 기술자격증 사본 또는 경력을 증명하는 서류(제106조제2항에 따른 기술자격검정 과목의 일부 면제자만 해당한다)

제110조 삭제 〈2016. 6. 21.〉

제111조(합격자의 공고방법) 진흥원은 시험 종료 후 30일 이내에 원서접수처에 합격자의 명단을 게시하거나 합격자에게 개별 통지를 하여야 한다.

제112조(기술자격증의 발급) ① 법 제70조제2항에 따라 자격검정에 합격한 자가 기술자격증을 발급받으려는 경우에는 다음 각 호의 서류를 갖추어 과학기술정보통신부장관에게 기술자격증 발급을 신청하여야 한다. 〈개정 2010. 12. 31., 2013. 3. 23., 2017. 7. 26.〉

1. 사진(2.5센티미터×3센티미터) 1장

2. 외국인등록증 사본 또는 여권 사본(외국인만 해당한다)

② 과학기술정보통신부장관은 제1항에 따른 신청을 받으면 기술자격증을 신청인에게 발급하여야 한다. 〈개정 2010. 12. 31., 2013. 3. 23., 2017. 7. 26.〉

[제목개정 2010. 12. 31.]

제113조(기술자격증의 재발급) 무선종사자는 기술자격증을 잃어버리거나 못쓰게 되어 그 재발급 받으려는 경우 지체 없이 다음 각 호의 서류를 갖추어 과학기술정보통신부장관에게 기술자격증 재발급을 신청하여야 한다. 다만, 선박국 또는 항공기국에 근무하는 자가 그 선박 또는 항공기의 항행 중에 기술자격증을 잃어버리거나 못쓰게 된 경우에는 그 항행에서 최초로 해당 선박 또는 항공기가 국내 목적지에 도착한 날부터 10일 이내로 한다. 〈개정 2010. 12. 31., 2013. 3. 23., 2017. 7. 26.〉

1. 기술자격증(잃어버린 경우는 제외한다)

2. 사진(2.5센티미터×3센티미터) 1장

[제목개정 2010. 12. 31.]

제114조(기술자격증의 정정) 무선종사자는 기술자격증 기재사항 중

변경사항이 있는 경우에는 과학기술정보통신부장관에게 정정신청을 하여 기술자격증의 정정을 받아야 한다. 〈개정 2013. 3. 23., 2017. 7. 26.〉

제115조(자격종목 및 종사범위) 법 제70조제3항에 따른 무선종사자의 자격종목 및 자격종목별 종사범위는 별표 17과 같다. 〈개정 2015. 9. 22.〉

제116조(무선종사자가 아닌 자의 운용 또는 공사범위) ① 법 제70조제4항 단서에 따라 무선종사자가 아닌 자가 운용 또는 공사를 할 수 있는 경우는 다음 각 호와 같다. 〈개정 2010. 12. 31., 2012. 11. 23., 2013. 3. 23., 2017. 7. 26., 2017. 12. 12.〉

1. 선박 또는 항공기가 외국에 있거나 외국의 각 지역을 항행 중이어서 무선종사자의 승무가 불가능한 경우로서 그 선박 또는 항공기가 국내의 목적지에 도착할 때까지 다음 표 왼쪽 란의 증명서(「국제전기통신연합 전파규칙」에 따라 외국정부에서 발급한 증명서를 말한다)를 가진 자가 같은 표 오른쪽 란의 해당 무선종사자의 종사범위에서 운용 또는 공사를 하는 경우

제1급 무선전신통신사증명서 또는 무선통신사일반증명서를 가진 자	전파전자통신기사
제2급 무선전신통신사증명서를 가진 자	전파전자통신산업기사
무선전신통신사특별증명서를 가진 자	전파전자통신기능사
무선전화통신사일반증명서 또는 제한증명서를 가진 자	항공무선통신사
제1급 전파전자통신사증명서를 가진 자	전파전자통신기사
제2급 전파전자통신사증명서를 가진 자	전파전자통신산업기사
일반통신사증명서를 가진 자	전파전자통신기능사
제한통신사증명서를 가진 자	해상무선통신사

2. 비상통신업무를 할 때 무선종사자를 무선설비의 운용에 종사시킬 수 없는 경우

3. 선박국이나 항공기국의 무선전화 또는 자동통신시설 등의 통신운용으로서 다음 각 목에서 정한 것 외의 것을 해당 무선국의 무선종사자의 관리 하에 하는 경우

가. 연락설정과 종료에 관한 통신운용

나. 조난통신 · 긴급통신 및 안전통신을 위한 통신운용

4. 외국에서 아마추어무선기사 자격을 취득하고 과학기술정보통신

부장관이 지정하는 단체의 추천을 받은 사람이 국내에 잠시 머무르는 동안 해당 자격의 아마추어국을 운용하는 경우

5. 제1호부터 제4호까지의 규정 외에 과학기술정보통신부장관이 정하여 고시하는 경우

② 제1항제1호에 따라 무선종사자가 아닌 자가 무선설비를 운용할 수 있는 경우는 조난통신 · 긴급통신 · 안전통신 및 선박운항에 관계되는 긴급한 통신을 하는 것으로 한정한다.

제116조의2(부정행위의 기준) 법 제70조의2에 따른 무선종사자 기술자격검정에서의 부정행위는 다음 각 호와 같다.

1. 다른 응시자와 시험과 관련된 대화를 하는 행위
2. 다른 응시자와 답안지를 교환하는 행위
3. 다른 응시자의 답안지 또는 문제지를 엿보고 자신의 답안지를 작성하는 행위
4. 다른 응시자를 위하여 답안을 알려주거나 엿보게 하는 행위
5. 시험문제 내용과 관련된 물건을 휴대하여 사용하거나 이를 주고받는 행위
6. 시험장 내외의 자로부터 도움을 받고 답안지를 작성하는 행위
7. 사전에 시험문제를 알고 시험을 치른 행위
8. 다른 응시자와 성명 또는 응시번호를 바꾸어 제출하는 행위
9. 대리시험을 치르거나 치르게 하는 행위
10. 응시자가 시험시간 중에 통신기기 및 전자기기[휴대용 전화기, 휴대용 개인정보단말기(PDA), 휴대용 멀티미디어 재생장치(PMP), 휴대용 컴퓨터, 휴대용 카세트, 디지털 카메라, 음성파일 변환기(MP3 Player), 휴대용 게임기, 전자사전, 카메라펜, 시각표시 외의 기능이 부착된 시계]를 사용하여 답안지를 작성하거나 다른 응시자를 위하여 답안을 송신하는 행위
11. 그 밖에 부정 또는 불공정한 방법으로 시험을 치르는 행위

[본조신설 2016. 6. 21.]

제117조(무선종사자의 자격 · 정원 배치기준) ① 법 제71조에 따른 무선종사자의 자격 · 정원 배치기준은 다음 각 호와 같다. 〈개정 2012. 11. 23., 2013. 3. 23., 2016. 6. 21., 2017. 7. 26.〉

1. 해안국: 별표 18
2. 지구국: 별표 19

3. 선박국

가. 「선박안전법」 제29조제1항 및 「어선법」 제5조제1항 단서에 따라 세계 해상조난 및 안전제도의 시행에 필요한 무선설비를 갖추어야 하는 선박국: 별표 20

나. 가목 외의 선박국으로서 세계 해상조난 및 안전제도의 시행에 필요한 무선설비를 갖추고 국제항해에 취항하는 선박국: 별표 20

다. 가목 및 나목 외의 선박국: 별표 21

4. 방송국: 별표 22

5. 항공기국: 전파전자통신기사·전파전자통신산업기사 또는 항공무선통신사 1명 배치

6. 그 밖의 무선국에 배치하여야 할 무선종사자의 자격 및 정원 배치기준: 과학기술정보통신부장관이 정하여 고시하는 기준

7. 삭제 〈2016. 6. 21.〉

② 과학기술정보통신부장관은 제1항에도 불구하고 무선설비의 설치장소가 같거나 무선설비를 공동으로 사용하는 등의 경우에는 과학기술정보통신부장관이 정하여 고시하는 바에 따라 무선종사자의 자격별 정원을 줄일 수 있다. 〈개정 2013. 3. 23., 2017. 7. 26.〉

[제목개정 2016. 6. 21.]

제117조의2(수입기자재의 조사 및 조치) ① 과학기술정보통신부장관은 관세청장과 협의하여 통관단계에 있는 방송통신기자재등에 대하여 통관절차 완료 전에 법 제71조의2제1항에 따라 적합성평가기준 준수여부 등을 조사 또는 시험할 수 있다.

② 과학기술정보통신부장관은 제1항에 따라 조사 또는 시험한 결과 다음 각 호의 어느 하나에 해당하는 방송통신기자재등이 있는 경우에는 법 제71조의2제5항에 따라 개선·시정·반송 또는 폐기 등 필요한 조치를 명하거나 관세청장에게 필요한 조치를 명하도록 요청할 수 있다. 〈개정 2024. 7. 23.〉

1. 적합성평가를 받은 기자재가 적합성평가기준에 적합하지 아니하게 된 경우

2. 기자재가 적합인증을 받지 않았거나 적합등록 또는 자기적합확인이 되지 않은 경우

3. 법 제58조의2제6항에 따라 적합성평가의 변경신고를 하지 않

은 경우

4. 법 제58조의2제7항에 따라 자기적합확인한 사실의 변경사항을 서면으로 관리하지 않거나 공개하지 않은 경우

5. 법 제58조의2제8항에 따라 적합성평가표시 및 자기적합확인표시를 하지 않은 경우

③ 과학기술정보통신부장관과 관세청장은 제1항 및 제2항에 따라 조사 또는 시험을 하거나 필요한 조치를 명하기 위하여 제2항 각 호의 어느 하나에 해당하는 기자재를 수입한 자의 정보 등을 공유할 수 있다.

④ 과학기술정보통신부장관은 제1항에 따라 조사 및 시험을 한 경우에 그 내용과 결과를 보관하여야 하고, 해당 기자재를 수입한 자에게 이를 열람하게 할 수 있다.

⑤ 제1항에 따른 조사 또는 시험의 방법·절차, 제2항에 따른 조치, 제3항에 따른 정보 등의 공유, 제4항에 따른 조사 및 시험결과의 보관·열람 등에 대한 세부적인 사항은 과학기술정보통신부장관이 정하여 고시한다.

[본조신설 2017. 12. 12.]

[종전 제117조의2는 제117조의3으로 이동 <2017. 12. 12.>]

제117조의3(조사 및 조치의 절차 등) ① 과학기술정보통신부장관은 법 제71조의2제2항에 따라 관련 자료 또는 기자재의 제출을 요구하는 경우에는 서면으로 요청하되, 15일의 제출기한을 두어야 한다. 다만, 그 제출을 요청받은 자가 정당한 사유를 소명하는 경우에는 15일의 범위에서 그 제출기한을 연장할 수 있다. <개정 2013. 3. 23., 2017. 7. 26.>

② 과학기술정보통신부장관은 제1항에 따라 제출받은 자료 또는 기자재를 조사하거나 시험한 경우에는 그 결과를 제출자에게 서면으로 통보하여야 한다. <개정 2013. 3. 23., 2017. 7. 26.>

[본조신설 2010. 12. 31.]

[제117조의2에서 이동 <2017. 12. 12.>]

제8장 보칙

제118조(행정처분의 기준) 법 제14조제8항, 제18조의3제1항, 제41조제7항, 제42조의2제4항, 제58조의4제1항·제2항, 제58조의7제2

항 · 제3항, 제72조제2항 · 제3항 및 제76조제1항에 따른 행정처분의 일반기준은 별표 22의2와 같고, 그 세부기준은 다음 각 호와 같다. 〈개정 2014. 12. 3., 2016. 6. 21.〉

1. 법 제14조제8항에 따른 주파수이용권의 양수 · 임차 승인을 받은 자에 대한 행정처분 기준: 별표 22의3

1의2. 법 제18조의3제1항에 따른 주파수 사용승인을 받은 자에 대한 행정처분 기준: 별표 22의4

1의3. 법 제41조제7항에 따른 위성주파수이용권의 양수 · 임차 승인을 받은 자(양도 · 임대 승인을 받은 자를 포함한다)에 대한 행정처분기준: 별표 22의5

1의4. 법 제42조의2제4항에 따른 우주국 무선설비의 양도 · 임대 승인을 받은 자(양수 · 임차 승인을 받은 자를 포함한다)에 대한 행정처분기준: 별표 22의6

2. 법 제58조의4제1항 및 제2항에 따른 적합성평가를 받은 자에 대한 행정처분기준: 별표 23

3. 법 제58조의7제2항 및 제3항에 따른 지정시험기관에 대한 행정처분기준: 별표 24

4. 법 제72조제2항 및 제3항에 따른 무선국 시설자에 대한 행정처분기준: 별표 25

5. 법 제76조제1항에 따른 무선종사자에 대한 행정처분기준: 별표 26

[전문개정 2010. 12. 31.]

제119조(시정지시 등) 과학기술정보통신부장관은 제118조의 처분사유가 되는 위반행위가 고의 또는 중대한 과실에 기인하지 아니한 것으로서 시정이 가능한 경미한 위반행위인 경우에는 별표 24부터 별표 26까지의 규정에 따른 처분을 하지 아니하고 시정지시 및 경고를 할 수 있다. 〈개정 2010. 12. 31., 2013. 3. 23., 2017. 7. 26.〉

제120조(과징금의 부과 · 납부) ① 과학기술정보통신부장관 또는 방송통신위원회가 법 제73조제1항 및 제2항에 따라 과징금을 부과하려는 경우에는 해당 위반행위를 조사 · 확인한 후 위반사실 · 부과금액 · 이의방법 및 이의기간 등을 명시하여 이를 납부할 것을 부과대상자에게 알려야 한다. 〈개정 2013. 3. 23., 2017. 7. 26., 2024.

7. 23.〉

② 제1항에 따른 통지를 받은 자는 통지를 받은 날부터 20일 이내에 과징금을 과학기술정보통신부장관 또는 방송통신위원회가 지정하는 수납기관에 내야 한다. 〈개정 2013. 3. 23., 2017. 7. 26., 2023. 12. 12.〉

③ 제2항에 따라 과징금을 받은 수납기관은 과징금을 낸 자에게 영수증을 내주어야 한다.

④ 과징금의 수납기관은 제2항에 따라 과징금을 수납하면 지체 없이 그 사실을 부과권자에게 통보하여야 한다.

⑤ 삭제 〈2021. 9. 24.〉

⑥ 제1항에 따른 과징금의 납부통지는 국고금 관리 법령의 수입금 징수에 관한 절차를 준용한다.

제121조(과징금의 부과기준 등) ① 법 제73조제1항 및 제2항에 따른 과징금의 부과기준은 다음 각 호의 구분에 따른다.

1. 법 제73조제1항에 따른 과징금의 부과기준: 별표 27
2. 법 제73조제2항에 따른 과징금의 부과기준: 별표 27의2

② 과학기술정보통신부장관은 법 제73조제2항에 따른 과징금을 산정하기 위하여 필요한 경우에는 지정시험기관의 장에게 매출액에 관한 자료 등 관련 자료의 제출을 요청할 수 있다.

[전문개정 2024. 7. 23.]

제122조(과징금의 독촉) ① 법 제73조제4항에 따른 독촉은 납부기한 경과 후 7일 이내에 서면으로 하여야 한다. 〈개정 2024. 7. 23.〉

② 제1항에 따라 독촉장을 발부하는 경우 체납된 과징금의 납부기한은 발부일부터 10일 이내로 한다.

제123조(권한의 위임 · 위탁) ① 과학기술정보통신부장관은 법 제78조제1항에 따라 다음 각 호의 권한을 국립전파연구원장에게 위임한다. 〈개정 2011. 8. 19., 2012. 11. 23., 2013. 3. 23., 2014. 12. 3., 2015. 9. 22., 2016. 6. 21., 2017. 7. 26., 2017. 12. 12., 2020. 12. 1., 2024. 3. 29., 2024. 7. 23.〉

1. 법 제5조에 따른 주파수의 국제등록

1의2. 법 제18조의2제3항, 제18조의6제3항, 제21조제2항제1호 및 제34조제2항제1호에 따른 주파수 사용승인 여부 심사, 공공용 주파수 이용계획서의 적정성 여부 평가 및 주파수 지정 가능 여부

심사를 위한 전파혼신 분석

1의3. 제37조제3항에 따른 주파수 사용의 재승인 절차 등의 통지에 관한 사항

1의4. 법 제29조제3항제3호부터 제6호까지의 규정 중 어느 하나에 해당하는 활동 또는 조치 등에서 사용되는 전파차단장치에 대한 제조·수입·판매인가에 필요한 제53조의2제2항제2호에 따른 전파주파수의 적정성 평가

1의5. 법 제44조의2에 따른 위성운용계획의 제출 요청 등에 관한 사항

1의6. 법 제44조의4제2항에 따른 전자파가 인체에 미치는 영향에 관한 정보 전달과 방송통신기자재 등의 안전한 사용 등에 관한 교육 및 홍보

1의7. 법 제45조에 따른 기술기준 중 다음 각 목에 대한 기술기준의 고시

가. 해상업무용 무선설비

나. 항공업무용 무선설비

다. 전기통신사업용 무선설비

라. 간이무선국·우주국·지구국의 무선설비, 전파탐지용 무선설비, 그 밖의 업무용 무선설비(신고하지 아니하고 개설할 수 있는 무선국의 무선설비는 제외한다)

마. 전파응용설비

바. 무선설비의 안테나공급전력과 전파응용설비의 고주파 출력 측정방법 및 산출방법

1의8. 법 제47조에 따른 무선설비의 안전시설기준

2. 법 제47조의2제1항제3호 및 제4호에 따른 전자파 강도·전자파 흡수율 측정기준의 고시

2의2. 법 제47조의2제1항제5호에 따른 전자파 측정대상 기자재와 측정방법의 고시

3. 법 제47조의3제1항에 따른 전자파적합성기준에 관한 사항 중 제67조의2제2항에 따른 세부적인 기준의 고시

4. 법 제47조의3제3항 및 제5항에 따른 전자파적합성 여부에 관한 측정·조사 및 전자파 저감·차폐를 위한 조치 권고

5. 삭제 〈2024. 3. 29.〉

6. 법 제55조제1항에 따른 전파환경의 보호를 위하여 필요한 조치에 관한 사항(전파환경의 조사에 관한 사항은 제외한다)

7. 법 제55조제2항에 따른 전파환경 측정 등에 관한 고시

7의2. 법 제56조제1항 및 제2항에 따른 고출력·누설 전자파 안전성 평가에 관한 사항

7의3. 법 제56조제3항에 따른 고출력·누설 전자파 안전성 평가기준 및 방법 등에 관한 고시

8. 법 제58조의2제2항·제3항·제6항·제9항 및 제12항에 따른 적합인증, 적합등록, 적합성평가의 변경신고 및 잠정인증 등에 관한 사항

9. 법 제58조의3에 따른 적합성평가의 면제에 관한 사항

10. 법 제58조의4제1항 및 제2항에 따른 적합성평가의 취소 및 개선·시정 등의 조치명령에 관한 사항

11. 법 제58조의5에 따른 시험기관의 지정, 지정사항의 변경, 지정시험업무의 폐지, 양수·합병의 승인 및 전문심사기구에 의한 심사에 관한 사항

12. 법 제58조의6에 따른 지정시험기관에 대한 자료제출 요구 및 검사에 관한 사항

13. 법 제58조의7제1항부터 제3항에 따른 지정시험기관에 대한 시정명령, 업무정지명령 및 지정취소에 관한 사항

13의2. 법 제58조의8제5항에 따른 상호인정협정에 따른 시험기관과 인증기관의 지정 및 관리 등에 관한 고시

14. 법 제58조의9에 따른 국제적 적합성평가체계의 구축 에 관한 사항

15. 법 제58조의11제1항 및 제2항에 따른 부적합보고의 접수 및 부적합 기자재의 정보 공개에 관한 사항

16. 법 제61조제1항에 따른 전파연구에 관한 사항

17. 다음 각 목의 어느 하나에 해당하는 경우에 대한 법 제71조의2에 따른 조사·시험 및 조치 등에 관한 사항

가. 법 제71조의2제1항제2호에 해당하는 경우

나. 법 제71조의2제1항제3호에 해당하는 경우(법 제58조의2제5항부터 제9항까지를 위반한 자가 있다고 인정되는 경우로 한정한다)

17의2. 법 제73조제2항에 따른 과징금 부과·징수

18. 법 제77조제6호 및 제7호에 따른 청문

19. 법 제90조제5호의3부터 제5호의5까지·제5호의6(법 제58조의6제1항에 관한 사항만 해당한다)·제5호의7 및 제92조제4호부터 제7호까지의 규정에 따른 과태료의 부과·징수

20. 제77조의3제2항에 따른 자기적합확인 대상 기자재에 관한 고시

21. 제77조의3제4항에 따른 자기적합확인한 사실의 서면 관리 및 공개에 필요한 세부사항에 관한 고시

22. 제77조의3제5항에 따른 보관 대상 서류에 관한 고시

23. 제77조의4제3항에 따른 적합성평가의 변경신고 및 자기적합확인 사실의 변경 등에 관한 고시

24. 제77조의5제3항에 따른 적합성평가표시 및 자기적합확인표시의 기준 및 방법 등에 관한 고시

25. 제77조의14제3항에 따른 보고 절차, 행정처분의 감경 또는 면제 등에 관한 고시

② 과학기술정보통신부장관은 법 제78조제1항에 따라 다음 각 호의 권한을 중앙전파관리소장에게 위임한다. 〈개정 2013. 3. 23., 2014. 12. 3., 2016. 6. 21., 2017. 7. 26., 2018. 9. 28., 2020. 12. 1., 2024. 3. 29., 2024. 7. 23.〉

1. 법 제6조제2항에 따른 주파수 이용현황의 조사·확인에 관한 사항

2. 법 제19조·제19조의2·제21조·제22조 및 제22조의2에 따른 무선국의 개설허가·변경허가·개설신고·변경신고 및 재허가 등에 관한 사항. 다만, 연주소를 갖추고 안테나공급전력이 1와트를 초과하는 방송국의 개설허가·재허가와 이 영 제31조제4항제1호부터 제6호까지의 규정에 따른 변경허가는 제외한다.

3. 법 제23조에 따른 시설자 지위(연주소를 갖추고 안테나공급전력이 1와트를 초과하는 방송국에 대한 것은 제외한다) 승계의 인가 및 신고 수리

4. 법 제24조에 따른 무선국의 검사(같은 조 제4항제2호에 따른 무선국의 검사는 제외한다)에 관한 사항

5. 법 제25조의2에 따른 무선국(연주소를 갖추고 안테나공급전력

이 1와트를 초과하는 방송국은 제외한다)의 폐지·운용휴지 및 재운용의 신고에 관한 사항

6. 법 제27조에 따른 통신방법 등의 준수에 관한 사항

7. 법 제28조에 따른 조난통신 등에 관한 사항

7의2. 법 제29조제3항제3호부터 제6호까지의 규정 중 어느 하나에 해당하는 활동 또는 조치 등에서 사용되는 전파차단장치의 도입·폐기신고

7의3. 법 제29조제3항제3호부터 제6호까지의 규정 중 어느 하나에 해당하는 활동 또는 조치 등에서 사용되는 전파차단장치의 제조·수입·판매인가(제1항제1호의4에 따른 제조·수입·판매인가에 필요한 전파 주파수의 적정성 평가는 제외한다)

8. 법 제30조에 따른 통신보안의 준수에 관한 사항

9. 법 제34조제3항에 따른 심사 중 지상파방송보조국에 대한 심사

10. 법 제47조의2제3항에 따른 전자파 강도 측정 결과 보고의 수리

11. 법 제47조의2제5항에 따른 무선국 전자파 강도의 측정·조사

12. 법 제47조의2제6항에 따른 안전시설의 설치 등의 명령(연주소를 갖추고 안테나공급전력이 1와트를 초과하는 방송국은 제외한다)

13. 법 제48조제1항에 따른 무선국 무선설비의 임대·위탁운용 및 공동사용의 승인

14. 법 제48조의2에 따른 무선설비의 공동사용 명령 및 환경친화적 설치명령에 관한 사항

15. 법 제49조 및 제50조에 따른 전파감시 및 국제전파감시 업무에 관한 사항

16. 법 제52조에 따른 건축물 또는 공작물에 대한 승인 및 무선방위측정장치 설치장소의 공고

17. 법 제54조에 따른 조사·확인 및 통지

18. 법 제55조에 따른 전파환경의 측정 등 전파환경의 보호에 관한 사항(전파환경에 관한 조사만 해당한다)

19. 법 제58조에 따른 전파응용설비의 허가·허가취소·변경허가, 검사, 폐지·운용휴지·재운용 신고의 수리 및 허가증의 발급·정정

및 재발급

19의2. 법 제58조의12제3항에 따른 주파수분배 변경에 따른 방송통신기자재등의 수입·판매 중지 등의 조치에 관한 사항

20. 법 제67조에 따른 전파사용료의 부과·징수

21. 법 제71조의2에 따른 조사·시험 및 조치 등에 관한 사항(제1항제17호에 따라 국립전파연구원장에게 위임한 사항은 제외한다)

22. 법 제72조에 따른 무선국(연주소를 갖추고 안테나공급전력이 1와트를 초과하는 방송국은 제외한다)의 개설허가의 취소, 개설신고한 무선국의 폐지, 운용정지명령 및 운용제한명령에 관한 사항

23. 법 제73조제1항에 따른 과징금의 부과·징수(연주소를 갖추고 안테나공급전력이 1와트를 초과하는 방송국은 제외한다)에 관한 사항

24. 법 제76조에 따른 무선종사자의 기술자격의 취소 및 업무종사의 정지명령에 관한 사항

25. 법 제77조제8호 및 제9호에 따른 청문(연주소를 갖추고 안테나공급전력이 1와트를 초과하는 방송국은 제외한다)

26. 법 제78조제2항에 따라 과학기술정보통신부장관이 업무의 일부를 위탁한 진흥원에 대한 지도·감독

27. 법 제89조의2, 제89조의3, 제90조제1호·제1호의2·제2호·제2호의2·제3호부터 제5호까지·제5호의2·제5호의6(법 제58조의6제1항에 관한 사항은 제외한다)·제5호의8부터 제5호의10까지·제6호, 제91조 및 제92조제1호부터 제3호까지의 규정에 따른 과태료의 부과·징수(연주소를 갖추고 안테나공급전력이 1와트를 초과하는 방송국에 대한 부과·징수는 제외한다)

28. 제33조제2항·제3항 및 제39조의3제2항에 따른 무선국 허가증 및 신고증명서의 정정·재발급

③ 과학기술정보통신부장관은 법 제78조제2항에 따라 다음 각 호의 업무를 진흥원에 위탁한다. 〈개정 2013. 3. 23., 2017. 7. 26.〉

1. 법 제18조에 따른 주파수이용권관리대장의 유지·관리

2. 법 제7조 및 제7조의2에 따른 손실보상에 관한 사항 및 그 손실보상에 관한 이의신청(법 제7조제2항에 따른 징수는 제외한다)

3. 과학기술정보통신부장관이 정하여 고시하는 무선국에 대한 법 제24조에 따른 준공검사 등의 검사

4. 법 제47조의2제4항에 따른 전자파강도 측정요청의 수리 및 측정

5. 법 제58조제3항에 따른 산업·과학·의료용 전파응용설비 등에 대한 준공검사 등의 검사

6. 법 제70조제1항에 따른 무선종사자의 자격검정 시험의 실시(「국가기술자격법」에 따라 진흥원에 위탁한 사항은 제외한다)

7. 법 제70조제2항에 따른 무선종사자 기술자격증의 발급에 관한 사항(「국가기술자격법」에 따라 진흥원에 위탁한 사항은 제외한다)

④ 과학기술정보통신부장관은 법 제78조제2항에 따라 다음 각 호의 업무를 협회에 위탁한다. 〈신설 2016. 6. 21., 2017. 7. 26.〉

1. 법 제64조제2호에 따른 전파 및 방송기술 전문인력 양성사업의 지원에 관한 업무

2. 법 제64조제3호에 따른 전파 관련 교육프로그램의 개발·보급 및 지원에 관한 업무

3. 법 제64조제4호에 따른 전파 관련 전문인력의 양성에 관한 업무

4. 법 제65조에 따른 국제협력사업의 지원에 관한 업무

⑤ 국립전파연구원장, 중앙전파관리소장 및 진흥원은 제1항·제2항 및 제3항에 따라 위임·위탁받은 업무를 처리하는 경우에는 과학기술정보통신부장관의 승인을 받아 법 제69조에 따른 수수료를 징수할 수 있다. 〈개정 2011. 8. 19., 2013. 3. 23., 2016. 6. 21., 2017. 7. 26.〉

⑥ 방송통신위원회는 법 제78조제3항에 따라 지상파방송보조국에 관한 다음 각 호의 권한을 방송통신사무소 소장에게 위임한다. 〈신설 2021. 12. 9.〉

1. 법 제34조에 따른 방송국의 개설허가, 재허가 및 변경허가에 관한 사항

2. 법 제72조에 따른 무선국의 개설허가 취소, 무선국의 변경·운용제한 및 운용정지 명령에 관한 사항

3. 법 제77조제8호에 따른 청문에 관한 사항

4. 법 제92조제2호 및 제3호에 따른 과태료의 부과·징수에 관한 사항

[전문개정 2010. 12. 31.]

제123조의2(규제의 재검토) ① 과학기술정보통신부장관은 제16조에 따른 주파수이용권의 양도·임대에 대하여 2023년 1월 1일을 기준으로 3년마다(매 3년이 되는 해의 기준일과 같은 날 전까지를 말한다) 그 타당성을 검토하여 개선 등의 조치를 해야 한다. 〈개정 2023. 3. 7.〉

② 과학기술정보통신부장관은 다음 각 호의 사항에 대하여 다음 각 호의 기준일을 기준으로 5년마다(매 5년이 되는 해의 기준일과 같은 날 전까지를 말한다) 그 타당성을 검토하여 개선 등의 조치를 하여야 한다. 〈개정 2017. 7. 26., 2022. 1. 11.〉

1. 제89조에 따른 전파사용료의 감면대상 무선국의 범위 및 전파사용료 감면의 범위: 2014년 1월 1일

1의2. 제96조제1항에 따른 무선국 및 전파응용설비 등의 준공검사·정기검사 및 수시검사 수수료: 2022년 1월 1일

2. 제118조에 따른 행정처분의 기준: 2014년 1월 1일

3. 삭제 〈2018. 9. 28.〉

③ 삭제 〈2016. 6. 21.〉

[본조신설 2013. 12. 30.]

제123조의3(고유식별정보의 처리) 과학기술정보통신부장관 또는 방송통신위원회(제123조에 따라 과학기술정보통신부장관 또는 방송통신위원회의 권한을 위임·위탁받은 자를 포함한다)는 다음 각 호의 사무를 수행하기 위하여 불가피한 경우 「개인정보 보호법 시행령」 제19조제1호에 따른 주민등록번호가 포함된 자료를 처리할 수 있다. 〈개정 2017. 7. 26., 2017. 12. 12., 2018. 9. 28., 2024. 3. 26.〉

1. 법 제13조에 따른 주파수할당의 결격사유 확인에 관한 사무

1의2. 법 제14조제8항, 제18조의3제1항, 제41조제7항, 제42조의2제4항, 제58조의4제1항·제2항, 제58조의7제1항부터 제3항까지, 제72조제2항·제3항 및 제76조제1항에 따른 행정처분에 관한 사무

1의3. 법 제19조의2제1항에 따른 무선국의 개설신고에 관한 사무

2. 법 제20조제1항에 따른 무선국 개설의 결격사유 확인에 관한 사무

3. 법 제23조제2항부터 제4항까지의 규정에 따른 시설자의 지위를 승계하는 자의 결격사유 확인에 관한 사무

3의2. 법 제58조제1항에 따른 전파응용설비 허가에 관한 사무

3의3. 법 제67조제1항에 따른 전파사용료 부과·징수에 관한 사무

3의4. 법 제70조에 따른 기술자격검정 및 기술자격증 발급에 관한 사무

4. 법 제73조에 따른 과징금의 부과·징수에 관한 사무

5. 제105조제4항에 따른 교육의 이수여부 확인에 관한 사무

6. 제113조에 따른 기술자격증의 재발급에 관한 사무

[본조신설 2014. 8. 6.]

제124조(과태료의 부과기준) 법 제89조의2, 제89조의3 및 제90조부터 제92조까지의 규정에 따른 과태료의 부과기준은 별표 28과 같다.

[전문개정 2012. 11. 23.]

부칙 〈제20669호, 2008. 2. 29.〉

제1조(시행일) 이 영은 공포한 날부터 시행한다.

제2조(전자파강도의 보고시기 및 측정 요청시기에 관한 적용례) 제66조의 개정규정은 2007년 6월 27일 이후에 최초로 준공신고를 하거나 정기검사를 통보받은 무선국부터 적용한다.

제3조(전파사용료의 일시납부에 관한 특례) 2008년 1월 1일 전에 무선국을 개설한 자가 제91조제3항 후단에 따라 1년간 내야 할 전파사용료를 미리 내기 위하여 2008년 1/4분기에 전파사용료 일시납부신청을 하는 경우에 1년간은 제91조제4항 후단의 개정규정에도 불구하고 2008년 1/4분기부터 4/4분기까지로 한다.

제4조(무선종사자의 종사범위에 관한 경과조치) 1992년 7월 1일 전에 기술자격을 취득한 당시의 전파통신기사 1급, 전파통신기사 2급 및 전파통신기능사가 대통령령 제13673호 전파관리법시행령중개정령 시행 이후 당시의 체신부장관이 정하는 바에 따라 보수교육을 이수한 경우에는 다음 표의 구분에 따라 제115조의 개정규정에 따른 전파전자에 관한 무선종사자의 종사범위에 종사할 수 있다.

자격종별	종사범위
전파통신기사 1급	전파전자기사의 종사범위

전파통신기사 2급	전파전자산업기사의 종사범위
전파통신기능사	전파전자기능사의 종사범위

제5조(종전의 자격취득자에 관한 경과조치) ① 대통령령 제17781호 전파법시행령중개정령 시행 당시 종전의 규정에 따라 받은 다음 표 왼쪽란에 적힌 종목의 자격을 취득한 자는 같은 표 오른쪽란에 적힌 종목의 자격을 취득한 것으로 본다.

특수급무선통신사(항공)	항공무선통신사
특수급무선통신사(해상)	해상무선통신사
특수급무선통신사(무선전화 갑)	육상무선통신사
특수급무선통신사(무선전화 을)	제한무선통신사
특수무선기사(다중무선설비)	육상무선통신사
특수무선기사(레이더)	제한무선통신사

② 대통령령 제17781호 전파법시행령중개정령 시행 당시 종전의 규정에 따라 특수급무선통신사(무선전화 갑) 자격을 취득한 자는 당시의 별표 8의 개정규정에도 불구하고 선박국의 공중선전력 250와트 이하의 무선설비(무선전신 및 다중무선설비는 제외한다)의 통신운용을 할 수 있다.

③ 정보통신부령 제136호 전파법시행규칙중개정령의 시행일인 2002년 12월 16일 당시 종전의 전파 관련 법령에 따라 다음 표 왼쪽 란에 적힌 자격종목의 검정과목의 시험을 면제받은 자는 제105조제4항의 개정규정에 따라 같은 표 오른쪽란에 적힌 자격종목 검정과목의 시험을 면제받은 자로 본다.

특수급무선통신사(항공)	항공무선통신사
특수급무선통신사(무선전화 을)	제한무선통신사
특수급무선통신사(해상)	해상무선통신사

제6조(재할당의 특례 대상 전기통신역무) 법률 제7815호 전파법 일부개정법률 부칙 제3조에서 "정보통신부령이 정하는 전기통신역무"란 법 제10조제1항제1호에 따라 공고한 다음 각 호의 어느 하나의 주파수를 할당받아 제공하는 전기통신역무를 말한다. 〈개정 2008. 6. 20.〉

1. 이동통신(셀룰러)
2. 이동통신(피씨에스)

제7조(다른 법령과의 관계) 이 영 시행 당시 다른 법령에서 종전의 「전파법 시행령」이나 「전파법 시행규칙」 또는 그 규정을 인용하고 있는 경우 이 영 가운데 그에 해당하는 규정이 있으면 종전의 규정을 갈음하여 이 영 또는 이 영의 해당 규정을 인용한 것으로 본다.

부칙 〈제20853호, 2008. 6. 20.〉

이 영은 2008년 6월 22일부터 시행한다.

부칙 〈제20896호, 2008. 7. 3.〉 (방송통신위원회와 그 소속 기관 직제)

제1조(시행일) 이 영은 공포한 날부터 시행한다.

제2조(다른 법령의 개정) ① 부터 ⑤ 까지 생략

⑥ 전파법 시행령 일부를 다음과 같이 개정한다.

제123조제2항 각 호를 다음과 같이 하고, 같은 조 제3항을 삭제한다.

1. 법 제6조제2항에 따른 주파수 이용현황의 조사·확인에 관한 업무

2. 법 제19조, 법 제21조, 법 제22조, 법 제26조 및 법 제33조에 따른 무선국의 개설신고, 개설허가, 재허가, 변경허가 및 변경신고.

다만, 연주소를 갖추고 공중선전력이 1와트를 초과하는 방송국의 개설허가, 재허가 및 이 영 제51조제1항제1호부터 제6호까지의 규정에 따른 변경허가는 제외한다.

3. 법 제21조제4항 및 이 영 제33조제2항·3항에 따른 무선국(연주소를 갖추고 공중선전력이 1와트를 초과하는 방송국은 제외한다)허가증의 교부·정정 및 재교부

4. 법 제23조에 따른 무선국(연주소를 갖추고 공중선전력이 1와트를 초과하는 방송국은 제외한다) 허가 승계의 인가 및 신고 수리

5. 법 제24조 및 법 제26조제2항에 따른 무선국의 검사(제4항제2호에 따른 무선국의 검사는 제외한다)

6. 법 제24조제2항, 법 제26조제3항 및 이 영 제43조에 따른

무선국(연주소를 갖추고 공중선전력이 1와트를 초과하는 방송국은 제외한다) 준공기한의 연장

7. 법 제27조에 따른 통신방법 등의 준수에 관한 사항

8. 법 제30조에 따른 통신보안의 준수에 관한 사항

9. 법 제32조에 따른 무선국(연주소를 갖추고 공중선전력이 1와트를 초과하는 방송국은 제외한다)의 폐지·운용휴지 및 재운용의 신고

10. 법 제36조에 따른 수신장애를 제거하기 위하여 필요한 조치

11. 법 제47조의2제3항에 따른 전자파강도 측정 결과 보고의 수리

12. 법 제47조의2제5항에 따른 무선국 전자파강도의 측정·조사

13. 법 제48조제1항에 따른 무선국(연주소를 갖추고 공중선전력이 1와트를 초과하는 방송국은 제외한다) 무선설비의 임대·위탁운용 및 공동사용의 승인

14. 법 제48조제2항에 따른 자연환경의 보호를 위한 무선국(연주소를 갖추고 공중선전력이 1와트를 초과하는 방송국은 제외한다) 무선설비의 공동사용 명령 및 이 영 제69조제7항에 따른 환경친화적 무선설비의 설치 명령

15. 법 제49조 및 법 제50조에 따른 전파감시 및 국제전파감시 업무

16. 법 제51조에 따른 혼신 또는 전파장해 조사와 필요한 조치

17. 법 제52조에 따른 건축물 또는 공작물에 대한 승인 및 무선방위측정장치 설치장소의 공고

18. 법 제53조에 따른 조사 및 조치

19. 법 제54조에 따른 조사·확인 및 통지

20. 법 제55조에 따른 전파환경의 측정 등 전파환경의 보호(전파환경에 대한 조사에 한한다)

21. 법 제58조에 따른 전파응용설비의 허가·허가취소·변경허가, 검사, 폐지·운용휴지·재운용 신고의 수리 및 허가증의 교부·정정·재교부

22. 법 제67조에 따른 전파사용료의 부과·징수

23. 법 제78조제2항에 따라 방송통신위원회가 업무의 일부를 위탁한 진흥원에 대한 지도·감독

제123조제5항 중 "체신청장과 진흥원은 제3항"을 "중앙전파관리소장과 진흥원은 제2항"으로, "위탁"을 "위임 · 위탁"으로 한다.

부칙 〈제21161호, 2008. 12. 9.〉

제1조(시행일) 이 영은 2008년 12월 14일부터 시행한다.

제2조(적용례) 이 영 시행 당시 종전의 제36조제1항제3호에 해당하는 무선국 중 제36조제1항제2호의 개정규정이 적용되는 무선국의 경우에는 제36조제1항제2호의 개정규정에 따른 무선국 개설허가의 유효기간을 적용한다.

제3조(경과조치) 이 영 시행 당시 법 제19조제1항에 따라 허가를 받은 무선국 중 육상국 · 기지국 또는 이동중계국을 설치하는 자가 해당 무선국과 통신하기 위하여 개설하는 이동국 · 육상이동국용 무선설비 중 휴대용 무선기기(차량 · 선박 등 이동체에 설치하는 경우는 제외한다)는 제21조제1항제3호의 개정규정에 따라 신고하고 개설한 무선국으로 본다.

부칙 〈제21692호, 2009. 8. 18.〉 (정보통신산업 진흥법 시행령)

제1조(시행일) 이 영은 2009년 8월 23일부터 시행한다.

제2조 부터 제4조까지 생략

제5조(다른 법령의 개정) ① 부터 ㉑ 까지 생략

㉒ 전파법 시행령 일부를 다음과 같이 개정한다.

제9조 및 제14조제2항 중 "「정보화촉진기본법」 제33조"를 각각 "「정보통신산업 진흥법」 제41조"로 한다.

㉓ 부터 ㉘ 까지 생략

제6조 생략

부칙 〈제21719호, 2009. 9. 9.〉 (항공법 시행령)

제1조(시행일) 이 영은 2009년 9월 10일부터 시행한다.

제2조 생략

제3조(다른 법령의 개정) ① 부터 ⑫ 까지 생략

⑬ 전파법 시행령 일부를 다음과 같이 개정한다.

제44조제1항제2호다목 중 "「항공법」 제2조제1호 및 제25호에 따

른 회전익항공기 및 초경량비행장치"를 "「항공법」 제2조제1호, 제26호 및 제28호에 따른 회전익항공기, 경량항공기 및 초경량비행장치"로 한다.

⑭ 부터 ⑰ 까지 생략

부칙 〈제21807호, 2009. 11. 2.〉 (궤도운송법 시행령)

제1조(시행일) 이 영은 공포한 날부터 시행한다.

제2조(다른 법령의 개정) ① 부터 ⑱ 까지 생략

⑲ 전파법 시행령 일부를 다음과 같이 개정한다.

제71조제1항제1호마목을 다음과 같이 한다.

마. 철도 및 궤도

⑳ 부터 ㉕ 까지 생략

제3조 생략

부칙 〈제22151호, 2010. 5. 4.〉 (전자정부법 시행령)

제1조(시행일) 이 영은 2010년 5월 5일부터 시행한다.

제2조 및 제3조 생략

제4조(다른 법령의 개정) ① 부터 〈148〉 까지 생략

〈149〉 전파법 시행령 일부를 다음과 같이 개정한다.

제12조제2항 본문 및 제31조제3항 각 호 외의 부분 본문 중 "「전자정부법」 제21조제1항 및 제22조의2제1항"을 각각 "「전자정부법」 제36조제1항 및 제2항"으로 한다.

〈150〉 부터 〈192〉 까지 생략

부칙 〈제22310호, 2010. 7. 26.〉

제1조(시행일) 이 영은 공포 후 3개월이 경과한 날부터 시행한다. 다만, 제105조, 별표 15 및 별표 16의 개정규정은 2011년 1월 1일부터 시행한다.

제2조(이용계약의 체결통보 및 가입자 수 산정에 관한 적용례) 제23조제4호 및 별표 8 제2호 후단의 개정규정은 이 영 시행일이 속하는 분기에 무선국의 이용이 정지된 가입자부터 적용한다.

제3조(방송국의 허가유효기간에 관한 적용례) 제36조제1항제2호의2 및 같은 조 제4항의 개정규정은 이 영 시행 후 최초로 허가(재허가

를 포함한다)를 받는 방송국부터 적용한다.
제4조(전파사용료의 감면에 관한 적용례) 제89조제1항제4호 · 제7호 및 별표 7의 개정규정은 이 영 시행일이 속하는 분기에 대한 전파사용료부터 적용한다.
제5조(행정처분에 관한 경과조치) 이 영 시행 전의 위반행위에 대하여 행정처분(과징금을 포함한다)기준을 적용하는 경우에는 종전의 규정에 따른다.

부칙 〈제22424호, 2010. 10. 1.〉 (전기통신사업법 시행령)
제1조(시행일) 이 영은 공포한 날부터 시행한다.
제2조 부터 제9조까지 생략
제10조(다른 법령의 개정) ①부터 ⑭까지 생략
⑮ 전파법 시행령 일부를 다음과 같이 개정한다.
제21조제2항제1호 중 "「전기통신사업법」 제4조제2항"을 "「전기통신사업법」 제5조제2항"으로 한다.
제69조제5항 각 호 외의 부분 중 "「전기통신사업법」 제5조"를 "「전기통신사업법」 제6조"로 한다.
⑯부터 ⑳까지 생략

부칙 〈제22467호, 2010. 11. 2.〉 (행정정보의 공동이용 및 문서감축을 위한 경제교육지원법 시행령 등 일부개정령)
이 영은 공포한 날부터 시행한다.

부칙 〈제22493호, 2010. 11. 15.〉 (은행법 시행령)
제1조(시행일) 이 영은 2010년 11월 18일부터 시행한다.
제2조 및 제3조 생략
제4조(다른 법령의 개정) ①부터 〈82〉까지 생략
〈83〉 전파법 시행령 일부를 다음과 같이 개정한다.
별표 1 비고 제2호 중 "금융기관"을 "은행"으로 한다.
〈84〉부터 〈115〉까지 생략
제5조 생략

부칙 〈제22605호, 2010. 12. 31.〉

제1조(시행일) 이 영은 2011년 1월 24일부터 시행한다. 다만, 제9조, 제10조제2항, 제14조제2항 및 제15조의2의 개정규정은 2011년 1월 1일부터 시행한다.
제2조(재검사의 기한에 관한 적용례) 제43조의2의 개정규정은 이 영 시행 후에 최초로 준공검사의 결과를 통보받은 자부터 적용한다. 다만, 이 영 시행 전에 준공검사의 결과를 통보받은 경우에는 허가증에 기재된 준공검사기한까지 재검사를 받아야 한다.
제3조(정기검사의 유효기간 및 시기에 관한 적용례) 제44조제1항제4호단서 및 제45조제1항제2호의 개정규정은 이 영 시행 후에 최초로 무선국 개설허가 또는 개설신고를 받거나 종전의 규정에 따른 정기검사 유효기간이 만료되이 다시 정기검사를 받아야 하는 무선국부터 적용한다.
제4조(전파사용료에 관한 적용례) 제89조제2항제1호, 별표 8부터 별표 10까지 및 별표 11의2의 개정규정은 이 영 시행일이 속하는 분기에 대한 전파사용료부터 적용한다.
제5조(재발급 수수료에 관한 적용례) 제100조의 개정규정은 이 영 시행 후에 최초로 무선국 허가증 및 신고증명서의 재발급을 신청하는 자부터 적용한다.
제6조(재할당 신청기간에 관한 경과조치) 이 영 시행 당시 주파수 이용기간의 만료기간이 6개월 미만인 경우에는 제18조제1항의 개정규정에도 불구하고 종전의 규정에 따른다.
제7조(소출력방송국에 관한 경과조치) ① 이 영 시행 당시 종전의 규정에 따라 무선국개설허가를 받은 소출력방송국은 제36조제1항제2호의2 단서의 개정규정에 따라 공동체라디오방송국으로 허가받은 것으로 본다.

② 제1항에 따라 공동체라디오방송국으로 허가받은 것으로 보는 소출력방송국의 허가유효기간은 종전의 규정에도 불구하고 3년으로 한다.

③ 제57조제2항제3호의 개정규정은 이 영 시행 후에 최초로 공동체라디오방송국을 개설하는 것부터 적용한다.

제8조(허가 승계의 인가 및 신고에 관한 경과조치) 이 영 시행 당시 종전의 규정에 따라 허가 승계의 인가신청 및 신고절차가 진행 중인 경우에는 제40조 및 제41조제2항에 따른 시설자 지위승계의 인

가신청 및 신고절차가 진행 중인 것으로 본다.

제9조(검사증명서에 관한 경과조치) 이 영 시행 당시 종전의 규정에 따라 발급받은 검사증명서는 제45조제4항에 따라 발급받은 정기검사증명서로 본다.

제10조(행정처분기준에 관한 경과조치) ① 이 영 시행 전의 위반행위에 대하여 행정처분기준을 적용할 때에는 별표 22의2 및 별표 23부터 별표 26까지의 개정규정에도 불구하고 종전의 규정에 따른다.

② 이 영 시행 전의 위반행위로 받은 행정처분은 별표 22의2 및 별표 23부터 별표 26까지의 개정규정에 따른 위반행위의 횟수 산정에 포함한다.

제11조(권한의 위임ㆍ위탁에 따른 경과조치) 이 영 시행 당시 제123조의 개정규정에 따라 그 위임ㆍ위탁된 사무가 변경된 부분에 대한 행정절차가 진행 중인 경우에는 그 개정규정에도 불구하고 종전의 규정에 따른다.

제12조(과태료의 부과기준에 관한 경과조치) ① 이 영 시행 전의 위반행위에 대하여 과태료를 적용할 때에는 별표 28의 개정규정에도 불구하고 종전의 규정에 따른다.

② 이 영 시행 전의 위반행위로 받은 과태료 부과처분은 별표 28의 개정규정에 따른 위반행위의 횟수 산정에 포함한다.

제13조(다른 법령의 개정) ① 국가공간정보에 관한 법률 시행령 일부를 다음과 같이 개정한다.

제14조제1항제3호를 다음과 같이 한다.

3. 「전파법」 제66조에 따른 한국방송통신전파진흥원

② 소방시설 설치유지 및 안전관리에 관한 법률 시행령 일부를 다음과 같이 개정한다.

별표 5 제12호의 설치면제 요건란 중 "무선이동중계기(전파법 제46조의 규정에 따른 형식검정에 합격한 제품에 한한다)"를 "무선이동중계기(「전파법」 제58조의2에 따른 적합성평가를 받은 제품만 해당한다)"로 한다.

③ 수난구호법 시행령 일부를 다음과 같이 개정한다.

제23조제1항제1호 중 "「전파법 시행령」 제10조의 규정"을 "「전파법 시행령」 제29조"로 한다.

④ 전기통신기본법 시행령 일부를 다음과 같이 개정한다.

제32조를 삭제한다.

제54조 및 제55조를 각각 삭제한다.

⑤ 전기통신사업법 시행령 일부를 다음과 같이 개정한다.

제14조제2호 중 "「전파법 시행령」 제27조제30호"를 "「전파법 시행령」 제29조제30호"로 한다.

⑥ 조세특례제한법 시행령 일부를 다음과 같이 개정한다.

제106조제7항제27호를 다음과 같이 한다.

27. 「전파법」 제66조에 따른 한국방송통신전파진흥원

⑦ 지방세법 시행령 일부를 다음과 같이 개정한다.

별표의 〈제3종〉란 제125호를 삭제하고, 같은 란 제126호 및 제127호를 각각 다음과 같이 한다.

126. 방송통신기자재등의 적합성평가 시험기관의 지정

127. 방송통신기자재등의 적합성평가

⑧ 통신비밀보호법 시행령 일부를 다음과 같이 개정한다.

제3조제1호 중 "「전기통신기본법」 제2조제4호"를 "「전기통신사업법」 제2조제4호"로 하고, 같은 조 제2호 중 "「전기통신기본법」 제20조"를 "「전기통신사업법」 제64조"로 하며, 같은 조 제3호를 삭제하고, 같은 조 제5호를 다음과 같이 한다.

5. 「전파법」 제58조의2에 따라 적합성평가를 받은 방송통신기자재등

⑨ 방송통신위원회와 그 소속기관 직제 일부를 다음과 같이 개정한다.

제10조제9항제4호 및 제5호를 각각 다음과 같이 한다.

4. 방송통신기자재등의 적합성평가정책 수립 및 상호인정협정

5. 방송통신기자재등의 적합성평가기관(시험 · 인증기관) 육성 및 관리 · 감독

제14조제7항제1호부터 제3호까지 및 제6호를 각각 다음과 같이 한다.

1. 방송통신기자재등의 적합성평가 및 시험 등에 관한 업무

2. 방송통신기자재등의 사후관리

3. 방송통신기자재등의 시험기관 지정 및 관리

6. 방송통신기자재등의 적합성평가제도에 관한 업무

부칙 〈제22771호, 2011. 3. 29.〉

제1조(시행일) 이 영은 공포한 날부터 시행한다.

제2조(가산금에 관한 적용례) 제92조 단서의 개정규정은 이 영 시행 후 최초로 전파사용료의 납부기한이 종료되어 체납되는 것부터 적용한다.

제3조(수수료 결정에 관한 적용례) 제99조제2항의 개정규정은 이 영 시행 후 최초로 정하는 수수료부터 적용한다.

부칙 〈제23082호, 2011. 8. 19.〉 (방송통신위원회와 그 소속기관 직제)

제1조(시행일) 이 영은 공포한 날부터 시행한다.

제2조(다른 법령의 개정) ① 및 ② 생략

③ 전파법 시행령 일부를 다음과 같이 개정한다.

제123조제1항 각 호 외의 부분 및 같은 조 제4항 중 "전파연구소장"을 각각 "국립전파연구원장"으로 한다.

④ 생략

부칙 〈제23759호, 2012. 5. 1.〉 (수험생 편의제공 및 충분한 수험준비기간 부여 등을 위한 경비업법 시행령 등 일부개정령)

제1조(시행일) 이 영은 공포한 날부터 시행한다. 〈단서 생략〉

제2조(시험의 공고에 관한 적용례) 이 영 가운데 시험 등의 공고 기한을 개정하는 사항은 2013년 1월 1일 이후에 시행하는 시험부터 적용한다.

부칙 〈제24198호, 2012. 11. 23.〉

제1조(시행일) 이 영은 공포한 날부터 시행한다. 다만, 제123조의 개정규정은 2013년 1월 1일부터, 별표 28의 개정규정은 2012년 11월 24일부터 시행한다.

제2조(신고하고 개설할 수 있는 무선국에 관한 적용례) 제24조제1항제4호의 개정규정은 이 영 시행 후 다른 일반지구국으로부터 주파수, 출력, 전파형식 등 송신의 제어를 받는 일반지구국을 개설하는 경우부터 적용한다.

제3조(전파사용료의 감면에 관한 적용례) 제90조제1항 단서, 별표 8

제3호의 비고 제2호, 별표 9 및 별표 10의 개정규정은 이 영 시행일이 속하는 분기에 대한 전파사용료부터 적용한다.
제4조(아마추어무선기사 기술자격검정 면제과목에 관한 경과조치) 이 영 시행 당시 전파통신기능사 자격을 보유하고 있던 사람이 제1급 아마추어무선기사 기술자격검정에 응시하는 경우에는 별표 16의 개정규정에도 불구하고 종전의 규정에 따른다.
제5조(무선종사자의 자격종목의 통합에 따른 경과조치) 이 영 시행 당시 다음 표 왼쪽란의 무선종사자 자격을 취득한 사람은 이 영 시행일부터 같은 표 오른쪽란의 무선종사자 자격을 취득한 것으로 본다.

전파통신기사 전파전자기사	전파전자통신기사
전파통신산업기사 전파전자산업기사	전파전자통신산업기사
전파통신기능사 전파전자기능사	전파전자통신기능사

부칙 〈제24476호, 2013. 3. 23.〉
이 영은 공포한 날부터 시행한다.

부칙 〈제25050호, 2013. 12. 30.〉 (행정규제기본법 개정에 따른 규제 재검토기한 설정을 위한 주택법 시행령 등 일부개정령)
이 영은 2014년 1월 1일부터 시행한다. 〈단서 생략〉

부칙 〈제25532호, 2014. 8. 6.〉 (민감정보 및 고유식별정보 처리 근거 마련을 위한 공공기관의 운영에 관한 법률 시행령 등 일부개정령)
이 영은 2014년 8월 7일부터 시행한다.

부칙 〈제25561호, 2014. 8. 27.〉
제1조(시행일) 이 영은 공포한 날부터 시행한다. 다만, 제42조의2제1항 및 제2항, 제45조제2항·제4항 및 제5항은 공포 후 3개월이

경과한 날부터 시행한다.
제2조(표본검사 및 수시검사에 관한 적용례) 제42조의2제1항 및 제2항, 제45조제4항제1호 및 제5항의 개정규정은 부칙 제1조 단서에 따른 시행일이 속하는 표본모집기간에 준공신고하는 무선국에 대해서도 적용한다.
제3조(수수료에 관한 적용례) ① 제97조제2항 단서의 개정규정은 이 영 시행 전에 준공신고를 하거나 정기검사 또는 임시검사를 통보한 경우로서 이 영 시행 후 준공검사, 정기검사 또는 수시검사를 하는 무선국에 대해서도 적용한다.
② 별표 13 비고의 개정규정은 이 영 시행 전에 준공신고를 한 경우로서 이 영 시행 후 준공검사를 하는 무선국에 대해서도 적용한다.

부칙 〈제25795호, 2014. 12. 3.〉
제1조(시행일) 이 영은 2014년 12월 4일부터 시행한다.
제2조(무선국 개설허가신청에 관한 적용례) 제31조제1항제3호 및 같은 조 제3항제4호부터 제7호까지의 개정규정은 이 영 시행 이후 무선국 개설허가를 신청하는 경우부터 적용한다.
제3조(무선국 전자파강도 측정 수수료에 관한 적용례) 제98조의 개정규정은 이 영 시행 전에 전자파강도 측정 요청을 한 경우로서 이 영 시행 이후 측정하는 무선국에 대해서도 적용한다.
제4조(전파사용료 산정기준에 관한 적용례) 별표 10의 개정규정은 별표 11의2에 따라 2014년 10월이 속하는 분기의 전파사용료를 징수하는 경우부터 적용한다.

부칙 〈제26533호, 2015. 9. 22.〉
이 영은 공포한 날부터 시행한다.

부칙 〈제26659호, 2015. 11. 20.〉 (의무경찰대 설치 및 운영에 관한 법률 시행령)
제1조(시행일) 이 영은 2016년 1월 25일부터 시행한다. 〈단서 생략〉
제2조 생략
제3조(다른 법령의 개정) ①부터 ㉒까지 생략

㉓ 전파법 시행령 일부를 다음과 같이 개정한다.
第22조제3호 중 "전투경찰대"를 "의무경찰대"로 한다.
㉔부터 ㉘까지 생략
제4조 생략

부칙 〈제26844호, 2015. 12. 31.〉 (행정기관 소속 위원회 운영의 공정성 및 책임성 강화를 위한 국민건강보험법 시행령 등 일부개정령)
이 영은 공포한 날부터 시행한다.

부칙 〈제27232호, 2016. 6. 21.〉
제1조(시행일) 이 영은 2016년 6월 23일부터 시행한다.
제2조(무선국의 개설허가 및 변경허가 신청에 관한 적용례) 제31조 제2항 및 제4항의 개정규정은 이 영 시행 이후 무선국의 개설허가를 신청하거나 변경허가를 신청하는 경우부터 적용한다.
제3조(준공검사의 면제 등에 관한 적용례) 제45조의2제1항 및 제2항의 개정규정은 이 영 시행 이후 법 제24조제1항에 따른 준공신고를 하는 경우부터 적용한다.
제4조(전자파 강도의 보고 시기에 관한 적용례) 제66조제1호 및 제2호의 개정규정은 이 영 시행 이후 준공검사증명서 또는 검사증명서를 받는 경우부터 적용한다.
제5조(적합성평가의 실시 시기에 관한 적용례) 제77조의6제4항의 개정규정은 이 영 시행 이후 잠정인증을 받는 자부터 적용한다.
제6조(기술자격검정의 방법 및 자격별 검정과목 등에 관한 적용례) 제105조제1항 및 별표 15의 개정규정은 2017년 1월 1일 이후 시행하는 기술자격검정부터 적용한다.
제7조(신고하고 개설할 수 있는 무선국에 관한 경과조치) 이 영 시행 당시 개설허가가 신청된 무선국으로서 이동국·육상이동국용 무선설비 중 휴대용 무선기기는 제24조제1항제3호의 개정규정에 따른 신고하고 개설할 수 있는 무선국으로 본다.
제8조(선박국 무선종사자의 자격·정원 배치기준에 관한 경과조치) 이 영 시행 당시 개설되어 운영 중인 선박국이 별표 20 및 별표 21의 개정규정에 따른 자격·정원 배치기준에 적합하지 아니한 경

우에는 2017년 7월 1일까지 별표 20 및 별표 21의 개정규정에 따른 자격 · 정원 배치기준에 적합하도록 하여야 한다.
제9조(다른 법령의 개정) 농어촌도로 정비법 시행령 일부를 다음과 같이 개정한다.
제11조제4항제1호 중 "공중선"을 "안테나"로 한다.

부칙 〈제27299호, 2016. 6. 30.〉 (행정규제 정비를 위한 개발제한구역의 지정 및 관리에 관한 특별조치법 시행령 등 일부개정령)
제1조(시행일) 이 영은 2016년 7월 1일부터 시행한다. 〈단서 생략〉
제2조 부터 제14조까지 생략
제15조(「전파법 시행령」 개정에 관한 경과조치) 이 영 시행 전에 개설된 공동체라디오방송국 개설허가의 유효기간은 제36조제1항제2호의2의 개정규정에도 불구하고 종전의 규정에 따른다.

부칙 〈제27478호, 2016. 9. 5.〉
이 영은 공포한 날부터 시행한다.

부칙 〈제27800호, 2017. 1. 24.〉
제1조(시행일) 이 영은 공포한 날부터 시행한다.
제2조(전파사용료에 관한 적용례) 제90조제2항제1호 및 별표 9 제4호 · 제5호의 개정규정은 이 영 시행일이 속하는 분기에 대한 전파사용료부터 적용한다.

부칙 〈제27971호, 2017. 3. 29.〉 (항공안전법 시행령)
제1조(시행일) 이 영은 2017년 3월 30일부터 시행한다. 〈단서 생략〉
제2조 부터 제9조까지 생략
제10조(다른 법령의 개정) ①부터 ⑮까지 생략
⑯ 전파법 시행령 일부를 다음과 같이 개정한다.
제36조제1항제2호 중 "「항공법」"을 "「항공안전법」"으로 한다.
제44조제1항제2호다목 중 "「항공법」 제2조제1호 및 제26호에 따른 회전익항공기"를 "「항공안전법」 제2조제1호 및 제2호에 따른 헬리콥터"로 한다.
⑰부터 ㉒까지 생략

제11조 생략

부칙 〈제28210호, 2017. 7. 26.〉 (과학기술정보통신부와 그 소속기관 직제)

제1조(시행일) 이 영은 공포한 날부터 시행한다.

제2조 부터 제5조까지 생략

제6조(다른 법령의 개정) ①부터 〈51〉까지 생략

〈52〉 전파법 시행령 일부를 다음과 같이 개정한다.

제2조제13호, 제3조제2항 전단, 제4조제2항, 제5조제1항 각 호 외의 부분, 같은 조 제2항 본문, 제7조 각 호 외의 부분, 제7조의2 제5항, 제8조제2항, 같은 조 제3항 본문, 같은 조 제4항, 같은 조 제5항 후단, 제9조, 제10조의2제1항, 같은 조 제2항 각 호 외의 부분 후단, 같은 조 제3항 전단·후단, 제10조의3제4항, 제11조제1항 각 호 외의 부분 본문, 제12조제2항·제3항, 제13조제2항 각 호 외의 부분, 제14조제1항제4호, 같은 조 제2항·제3항, 제15조제3항, 제15조의2, 제17조제1항 각 호 외의 부분, 같은 조 제3항, 제19조제1항 각 호 외의 부분, 같은 조 제2항·제4항, 제20조제2항, 제20조의2제1항 각 호 외의 부분 전단, 같은 조 제2항·제3항, 제20조의4제2항, 제20조의5, 제20조의7, 제20조의8제3항, 제20조의9제1항, 제21조제1호, 제22조 각 호 외의 부분, 제24조제2항제1호바목, 제25조제2호·제4호, 제28조제2항, 제29조제1항제43호, 같은 조 제2항, 제30조제4항, 제31조제1항 각 호 외의 부분, 같은 조 제2항 제4호, 같은 조 제3항 각 호 외의 부분 본문, 같은 조 제4항 각 호 외의 부분, 같은 항 제10호, 같은 조 제5항 각 호 외의 부분 본문, 제33조제2항부터 제5항까지, 제35조제2항, 제36조제2항부터 제4항까지, 같은 조 제5항 전단, 제37조제1항제3호, 같은 조 제2항, 같은 조 제3항 전단, 제38조제1항 본문, 같은 조 제3항 각 호 외의 부분 본문, 같은 조 제4항 각 호 외의 부분 본문, 제39조 본문, 제39조의2제1항, 같은 조 제3항 각 호 외의 부분, 제40조제1항 각 호 외의 부분, 같은 조 제2항 각 호 외의 부분 본문, 제42조, 제42조의2제1항 후단, 제43조, 제44조제1항제4호 단서, 제45조제2항, 같은 조 제3항 각 호 외의 부분, 같은 조 제5항 각 호 외의 부분 단서, 같은 항 제3호, 같은 조 제8항제2호, 같은 조 제10항, 제45

조의2제1항제7호, 같은 조 제2항제3호, 제50조제1항·제2항, 제51조제1항, 제52조제3항, 제55조제5호 단서, 제56조제2항 전단, 제57조제2항제3호, 같은 조 제3항, 제58조제2항·제3항, 제59조제2항, 제60조제4항, 제61조제1항, 제62조 각 호 외의 부분, 제63조제1항 각 호 외의 부분, 같은 조 제2항 각 호 외의 부분, 같은 조 제3항·제4항, 제64조제2항, 제64조의3제1항 각 호 외의 부분, 같은 조 제3항, 같은 조 제4항 각 호 외의 부분, 제64조의4제1항, 같은 조 제3항, 같은 조 제4항 각 호 외의 부분, 제64조의5제1항 각 호 외의 부분, 같은 조 제2항, 같은 조 제3항 각 호 외의 부분, 제64조의6제1항, 제66조 각 호 외의 부분 단서, 제67조 각 호 외의 부분 단서, 제67조의2제2항, 제68조제1항부터 제3항까지, 제69조제1항제4호·제5호, 같은 조 제2항제4호, 같은 조 제3항, 제69조의2제3항 각 호 외의 부분, 같은 항 제6호, 같은 조 제4항 각 호 외의 부분, 같은 조 제5항, 제71조제1항 각 호 외의 부분, 같은 조 제2항 전단, 같은 조 제3항·제4항, 제74조 각 호 외의 부분 단서, 제75조제1항제1호 단서, 제76조제1항 각 호 외의 부분, 같은 조 제3항, 같은 조 제4항제3호 단서, 제77조의2제2항부터 제4항까지, 제77조의3제2항 각 호 외의 부분, 같은 조 제3항, 제77조의4 전단, 제77조의5제2항, 제77조의6제2항·제3항, 제77조의8제1항, 제77조의9제1항 각 호 외의 부분, 같은 조 제2항부터 제4항까지, 제77조의10제1항·제2항, 제77조의11제4항 본문, 제77조의12제1항제4호, 같은 조 제2항·제3항, 제77조의13제4호, 제77조의14제1항 각 호 외의 부분 단서, 같은 조 제4항, 제85조제1항 본문, 같은 조 제2항, 제86조제2항부터 제4항까지, 제87조제1항·제2항, 제91조제3항 후단, 제93조제2항, 제99조제1항 본문, 같은 조 제2항 본문, 같은 조 제3항제3호·제4호, 제101조제1항, 제102조제4항, 제105조제4항, 제112조제1항 각 호 외의 부분, 같은 조 제2항, 제113조 각 호 외의 부분 본문, 제114조, 제116조제1항제4호, 제117조제1항제6호, 같은 조 제2항, 제117조의2제1항 본문, 같은 조 제2항, 제119조, 제120조제1항, 같은 조 제2항 본문, 제123조제1항 각 호 외의 부분, 같은 조 제2항 각 호 외의 부분, 같은 항 제26호, 같은 조 제3항 각 호 외의 부분, 같은 항 제3호, 같은 조 제4항 각 호 외의 부분, 같은 조 제5항, 제123조의2제1항 각 호 외의 부분, 같은 조 제

2항 각 호 외의 부분 및 제123조의3 각 호 외의 부분 중 "미래창조과학부장관"을 각각 "과학기술정보통신부장관"으로 한다.

제7조의2제1항제1호, 같은 조 제5항, 제20조의8제3항 및 제20조의9제1항 중 "미래창조과학부"를 각각 "과학기술정보통신부"로 한다.

제20조제1항, 제64조의3제1항 각 호 외의 부분, 제64조의4제1항, 제64조의5제1항 각 호 외의 부분 및 제109조 각 호 외의 부분 중 "미래창조과학부령"을 각각 "과학기술정보통신부령"으로 한다.

제56조제1항제2호를 다음과 같이 한다.

2. 개설하려는 방송국의 송신안테나의 위치는 과학기술정보통신부장관이 인구밀도 등을 고려하여 지정하는 지점의 어느 곳에서도 다음 표에서 정한 거리 이상 떨어져 있을 것. 다만, 그 거리 이상 떨어지는 것이 지형상 현저히 곤란하거나 그 필요가 없는 경우에는 과학기술정보통신부장관이 따로 정하는 거리에 따른다.

안테나공급전력	과학기술정보통신부장관이 지정하는 지점에서 떨어져야 하는 최소한의 거리
100와트 초과 1킬로와트까지	0.5 킬로미터
1킬로와트 초과 5킬로와트까지	2 킬로미터
5킬로와트 초과 20킬로와트까지	4 킬로미터
20킬로와트 초과	9 킬로미터

별표 1 제2호의 비고 제2호, 같은 표 제3호가목 전단·후단, 같은 호 나목 전단, 같은 호 다목 전단 및 같은 표 제4호 중 "미래창조과학부장관"을 각각 "과학기술정보통신부장관"으로 한다.

별표 2의2 인력란 제3호 중 "미래창조과학부장관"을 "과학기술정보통신부장관"으로 한다.

별표 3 제4호, 같은 표 비고 제1호, 같은 표 비고 제2호 전단 및 같은 표 비고 제3호 전단 중 "미래창조과학부장관"을 각각 "과학기술정보통신부장관"으로 한다.

별표 3의2 인력기준란 제1호라목 중 "미래창조과학부장관"을 "과학기술정보통신부장관"으로 한다.

별표 6의2 제1호나목의 면제 수량란, 같은 호 다목의 면제 수량란, 같은 호 라목의 면제 수량란, 같은 호 바목의 면제 수량란, 같은 호 사목의 면제 수량란, 같은 호 아목의 면제 수량란, 같은 호 차목의 면제대상 기자재란·면제 수량란, 같은 표 제2호나목의 면제 수량란, 같은 호 다목의 면제 수량란 및 같은 호 라목의 면제 수량란 중 "미래창조과학부장관"을 각각 "과학기술정보통신부장관"으로 한다.

별표 19 제3호 및 별표 26 제4호의 위반내용란 중 "미래창조과학부장관"을 각각 "과학기술정보통신부장관"으로 한다.

〈53〉부터 〈70〉까지 생략

부칙 〈제28265호, 2017. 9. 5.〉

이 영은 공포한 날부터 시행한다.

부칙 〈제28464호, 2017. 12. 12.〉

제1조(시행일) 이 영은 공포한 날부터 시행한다. 다만, 제66조제1호 단서 및 별표 6의 개정규정은 공포 후 1년이 경과한 날부터 시행한다.

제2조(전자파 강도의 보고 시기에 관한 적용례) 제66조제1호 단서의 개정규정은 부칙 제1조 단서에 따른 시행일 이후에 무선국의 개설허가를 신청하는 자부터 적용한다.

제3조(전파사용료에 관한 적용례) 별표 7의 개정규정은 이 영 시행일이 속하는 분기에 대한 전파사용료부터 적용한다.

부칙 〈제28788호, 2018. 4. 10.〉

제1조(시행일) 이 영은 공포한 날부터 시행한다.

제2조(매출액 외에 주파수의 경제적 가치에 따라 부과하는 납부금에 관한 경과조치) 이 영 시행 전에 할당받은 주파수를 가입자에 대한 전기통신역무 제공의 용도로 직접 사용하는 경우 외에 추가적인 다른 용도로 사용하여 주파수할당 대가를 납부하는 자는 별표 3의 개정규정에도 불구하고 해당 주파수의 이용기간이 만료될 때까지는 종전의 규정에 따른다.

부칙 〈제29186호, 2018. 9. 28.〉

이 영은 공포한 날부터 시행한다.

부칙 〈제29192호, 2018. 9. 28.〉 (방송통신위원회와 그 소속기관 직제)

제1조(시행일) 이 영은 공포한 날부터 시행한다.

제2조 생략

제3조(다른 법령의 개정) ① 생략

② 전파법 시행령 일부를 다음과 같이 개정한다.

제123조제6항을 삭제한다.

③ 생략

부칙 〈제29390호, 2018. 12. 18.〉

이 영은 공포한 날부터 시행한다.

부칙 〈제30246호, 2019. 12. 17.〉

제1조(시행일) 이 영은 공포한 날부터 시행한다.

제2조(방송국의 무선종사자 정원배치기준에 관한 적용례) 별표 22의 개정규정은 이 영 시행 전에 법 제34조제1항에 따른 방송국의 개설허가 또는 재허가를 신청한 경우에도 적용한다.

부칙 〈제30509호, 2020. 3. 3.〉 (규제 재검토기한 해제 등을 위한 144개 대통령령의 일부개정에 관한 대통령령)

이 영은 공포한 날부터 시행한다.

부칙 〈제30793호, 2020. 6. 23.〉

제1조(시행일) 이 영은 공포한 날부터 시행한다.

제2조(검사수수료의 감면에 따른 경과조치) 과학기술정보통신부장관은 이 영 시행 당시 종전의 규정에 따라 이미 납부한 검사수수료를 이 영 시행 이후 제101조제4항의 개정규정에 따라 감면하는 경우에는 그 감면액을 환급해야 한다.

부칙 〈제30807호, 2020. 6. 30.〉 (대체역의 편입 및 복무 등에 관한 법률 시행령)

제1조(시행일) 이 영은 공포한 날부터 시행한다. 〈단서 생략〉

제2조 부터 제4조까지 생략

제5조(다른 법령의 개정) ①부터 ⑱까지 생략

⑲ 전파법 시행령 일부를 다음과 같이 개정한다.

제22조제3호 중 “포함한다]”를 “포함한다] 또는 「대체역의 편입 및 복무 등에 관한 법률」에 따라 소집된 대체복무요원”으로 한다.

⑳부터 ㉗까지 생략

부칙 〈제31195호, 2020. 12. 1.〉

제1조(시행일) 이 영은 2020년 12월 10일부터 시행한다. 다만, 제54조제2항 및 제66조의 개정규정은 공포한 날부터 시행한다.

제2조(전자파 강도의 보고 시기에 관한 적용례) 제66조의 개정규정은 이 영 시행 당시 종전의 제66조에 따른 전자파 강도의 보고 시기가 끝나지 않은 경우에도 적용한다.

부칙 〈제31298호, 2020. 12. 29.〉

제1조(시행일) 이 영은 2021년 1월 1일부터 시행한다. 다만, 별표 7의 개정규정은 공포한 날부터 시행한다.

제2조(간이무선국의 전파사용료 면제에 관한 적용례) 별표 7의 개정규정은 부칙 제1조 단서에 따른 시행일이 속하는 분기에 대한 전파사용료부터 적용한다.

부칙 〈제31380호, 2021. 1. 5.〉 (어려운 법령용어 정비를 위한 473개 법령의 일부개정에 관한 대통령령)

이 영은 공포한 날부터 시행한다. 〈단서 생략〉

부칙 〈제32014호, 2021. 9. 24.〉 (행정기본법 시행령)

제1조(시행일) 이 영은 공포한 날부터 시행한다. 〈단서 생략〉

제2조(다른 법령의 개정) ①부터 ㉚까지 생략

㉛ 전파법 시행령 일부를 다음과 같이 개정한다.

제120조제5항을 삭제한다.

㉜부터 ㊱까지 생략

부칙 〈제32200호, 2021. 12. 9.〉

이 영은 2021년 12월 9일부터 시행한다.

부칙 〈제32274호, 2021. 12. 28.〉 (독점규제 및 공정거래에 관한 법률 시행령)

제1조(시행일) 이 영은 2021년 12월 30일부터 시행한다.

제2조 부터 제12조까지 생략

제13조(다른 법령의 개정) ①부터 〈61〉까지 생략

〈62〉 전파법 시행령 일부를 다음과 같이 개정한다.

제13조제1항 중 "「독점규제 및 공정거래에 관한 법률 시행령」 제11조"를 "「독점규제 및 공정거래에 관한 법률 시행령」 제16조"로 한다.

〈63〉부터 〈68〉까지 생략

제14조 생략

부칙 〈제32329호, 2022. 1. 11.〉

이 영은 공포한 날부터 시행한다. 다만, 별표 8 제1호 및 제4호의2의 개정규정은 2023년 1월 1일부터 시행한다.

부칙 〈제32352호, 2022. 1. 21.〉 (감정평가 및 감정평가사에 관한 법률 시행령)

제1조(시행일) 이 영은 2022년 1월 21일부터 시행한다.

제2조 부터 제4조까지 생략

제5조(다른 법령의 개정) ①부터 ㊿까지 생략

〈51〉 전파법 시행령 일부를 다음과 같이 개정한다.

별표 1 제3호나목 전단 중 "「부동산 가격공시 및 감정평가에 관한 법률」"을 "「감정평가 및 감정평가사에 관한 법률」"로, "2명 이상의 감정평가업자"를 "2인 이상의 감정평가법인등"으로 하고, 같은 목 후단 중 "감정평가업자가"를 "감정평가법인등이"로 한다.

〈52〉부터 〈64〉까지 생략

부칙 〈제32509호, 2022. 2. 28.〉

이 영은 공포한 날부터 시행한다.

부칙 〈제33113호, 2022. 12. 27.〉

제1조(시행일) 이 영은 공포한 날부터 시행한다. 다만, 제90조제1항

제3호의 개정규정은 2023년 1월 1일부터 시행한다.
제2조(무선국 개설허가의 유효기간에 대한 적용례) 제36조제1항제2호의2의 개정규정은 이 영 시행 이후 법 제19조제1항에 따른 무선국 개설허가를 하거나 법 제21조제1항에 따라 재허가를 하는 경우부터 적용한다.

부칙 〈제33225호, 2023. 1. 10.〉 (수산업법 시행령)
제1조(시행일) 이 영은 2023년 1월 12일부터 시행한다.
제2조 부터 제9조까지 생략
제10조(다른 법령의 개정) ①부터 ㊱까지 생략
㊲ 전파법 시행령 일부를 다음과 같이 개정한다.
별표 21 비고 제2호 중 "「수산업법」 제41조"를 "「수산업법」 제40조"로 한다.
㊳부터 ㊽까지 생략
제11조 생략

부칙 〈제33321호, 2023. 3. 7.〉 (규제 재검토기한 정비를 위한 55개 법령의 일부개정에 관한 대통령령)
이 영은 공포한 날부터 시행한다.

부칙 〈제33517호, 2023. 6. 7.〉 (수상레저기구의 등록 및 검사에 관한 법률 시행령)
제1조(시행일) 이 영은 2023년 6월 11일부터 시행한다.
제2조 부터 제4조까지 생략
제5조(다른 법령의 개정) ①부터 ④까지 생략
⑤ 전파법 시행령 일부를 다음과 같이 개정한다.
제31조제1항제3호 중 "「수상레저안전법」 제31조에 따른 수상레저기구 등록증"을 "「수상레저기구의 등록 및 검사에 관한 법률」 제8조제1항에 따른 동력수상레저기구 등록증"으로 한다.
제36조제1항제2호 중 "「수상레저안전법」"을 "「수상레저기구의 등록 및 검사에 관한 법률」"로 한다.
⑥ 생략
제6조 생략

부칙 〈제33913호, 2023. 12. 12.〉 (행정법제 혁신을 위한 가덕도신공항 건설을 위한 특별법 시행령 등 123개 법령의 일부개정에 관한 대통령령)
이 영은 공포한 날부터 시행한다.

부칙 〈제34328호, 2024. 3. 26.〉
제1조(시행일) 이 영은 공포한 날부터 시행한다.
제2조(전파사용료의 산정기준에 관한 적용례) 제90조제1항의 개정규정은 이 영 시행일이 속하는 분기에 대한 전파사용료를 산정하는 경우부터 적용한다.
제3조(개설허가를 받은 무선국에 관한 경과조치) 이 영 시행 전에 법 제19조제1항에 따라 개설허가를 받아 제36조에 따른 개설허가의 유효기간이 만료되지 않은 무선국 중 제24조제1항제5호의 개정규정에 따른 무선기기를 사용하는 무선국은 법 제19조의2제1항에 따라 신고하고 개설한 무선국으로 본다.
제4조(적합성평가 시험기관 지정신청 및 변경신청의 수수료에 관한 경과조치) 이 영 시행 전에 제77조의9제1항에 따라 적합성평가 시험기관의 지정을 신청한 경우 또는 법 제58조의5제2항에 따라 지정받은 사항의 변경을 신청한 경우의 수수료에 관하여는 별표 14의3의 개정규정에도 불구하고 종전의 규정에 따른다.
제5조(고출력·누설 전자파 안전성 평가에 관한 경과조치) 이 영 시행 전에 법 제56조제1항에 따라 고출력·누설 전자파 안전성 평가를 의뢰한 경우의 평가 항목·방법 및 수수료에 관하여는 제98조의2 및 별표 14의4의 개정규정에도 불구하고 종전의 제98조의2에 따른다.

부칙 〈제34369호, 2024. 3. 29.〉 (우주항공청과 그 소속기관 직제)
제1조(시행일) 이 영은 2024년 5월 27일부터 시행한다.
제2조 생략
제3조(다른 법령의 개정) ①부터 ⑩까지 생략
⑪ 전파법 시행령 일부를 다음과 같이 개정한다.
제70조제2호 및 제2호의2를 각각 삭제한다.

제123조제1항제5호를 삭제하고, 같은 항 제16호 중 “법 제61조”를 “법 제61조제1항”으로 하며, 같은 조 제2항제15호 중 “업무(제70조제2호ㆍ제2호의2에 따른 전파의 탐지ㆍ분석은 제외한다)”를 “업무”로 한다.

⑫부터 ⑮까지 생략

부칙 〈제34725호, 2024. 7. 23.〉

이 영은 2024년 7월 24일부터 시행한다.

부칙 〈제35067호, 2024. 12. 17.〉

이 영은 공포한 날부터 시행한다.

별표 / 서식

[별표 1] 손실보상금의 산정기준(제8조제1항 관련)

[별표 2] 주파수할당대가의 반환 금액의 산정기준(제10조 관련)

[별표 2의2] 비면허무선기기지원센터의 지정기준(제10조의3제1항제3호 관련)

[별표 3] 주파수할당 대가의 산정기준(제14조제1항 관련)

[별표 3의2] 공공용 주파수 적정성 조사ㆍ분석기관의 인력 및 시설기준(제20조의8제1항제3호 관련)

[별표 4] 전파형식의 표시(제29조의2 관련)

[별표 5] 주파수의 표시(제29조의2 관련)

[별표 5의2] 전파차단장치 사용으로 인한 손실의 보상기준(제53조의4제1항 관련)

[별표 6] 전자파 강도 보고대상 무선국의 기준(제65조 관련)

[별표 6의2] 적합성평가 면제대상 기자재(제77조의7제1항 관련)

[별표 7] 전파사용료를 면제하는 무선국(제89조제1항제3호 관련)

[별표 8] 전파사용료 산정기준(제90조제1항 관련)

[별표 9] 전파사용료 산정기준(제90조제2항제1호 관련)

[별표 10] 전파사용료 산정기준(제90조제2항제2호 관련)

[별표 11] 이동하며 사용하는 무선국 및 기간통신사업자가 임대를 목적으로 개설하는 지구국의 분기별 전파사용료(제90조제2항제3호 관련)

[별표 11의2] 전파사용료의 분기별 징수기간(제91조제1항 관련)
[별표 12] 무선국 및 전파응용설비 허가 등의 신청수수료(제95조제1항 관련)
[별표 13] 무선국 및 전파응용설비의 검사수수료(제96조제1항 관련)
[별표 14] 레이다 및 펄스변조송신기의 검사수수료(제97조제1항제2호 관련)
[별표 14의2] 지정시험기관의 검사에 관한 수수료(제97조의2 관련)
[별표 14의3] 적합성평가 및 시험기관의 지정 수수료(제97조의3 관련)
[별표 14의4] 고출력·누설 전자파 안전성 평가 수수료(제98조의2 관련)
[별표 14의5] 정기검사 시기 조정에 따른 검사수수료 감경기준(제101조제5항 관련)
[별표 15] 무선통신사 및 아마추어무선기사의 자격별 검정과목 및 검정과목별 출제내용(제103조 관련)
[별표 16] 무선통신사 및 아마추어무선기사 기술자격검정 면제과목(제106조제2항 관련)
[별표 17] 무선종사자의 자격종목 및 자격종목별 종사범위(제115조 관련)
[별표 18] 해안국의 무선종사자의 자격·정원배치기준(제117조제1항제1호 관련)
[별표 19] 지구국의 무선종사자의 자격·정원배치기준(제117조제1항제2호 관련)
[별표 20] 세계 해상조난 및 안전제도의 시행에 필요한 무선설비를 갖추어야 하는 선박국 등의 무선종사자 자격·정원 배치기준(제117조제1항제3호가목 및 나목 관련)
[별표 21] 그 밖의 선박국의 무선종사자 자격·정원 배치기준(제117조제1항제3호다목 관련)
[별표 22] 방송국의 무선종사자의 자격·정원배치기준(제117조제1항제4호 관련)
[별표 22의2] 행정처분의 일반기준(제118조 각 호 외의 부분 관련)
[별표 22의3] 주파수이용권의 양수·임차 승인을 받은 자에 대한

행정처분기준(제118조제1호 관련)

[별표 22의4] 주파수 사용승인을 받은 자에 대한 행정처분기준(제118조제1호의2 관련)

[별표 22의5] 위성주파수이용권의 양수 · 임차 승인을 받은 자(양도 · 임대 승인을 받은 자를 포함)에 대한 행정처분기준(제118조제1호의3 관련)

[별표 22의6] 우주국 무선설비의 양도 · 임대 승인을 받은 자(양수 · 임차 승인을 받은 자를 포함)에 대한 행정처분기준(제118조제1호의4 관련)

[별표 23] 적합성평가를 받은 자에 대한 행정처분기준(제118조제2호 관련)

[별표 24] 지정시험기관에 대한 행정처분기준(제118조제3호 관련)

[별표 25] 무선국 시설자에 대한 행정처분기준(제118조제4호 관련)

[별표 26] 무선종사자에 대한 행정처분기준(제118조제5호 관련)

[별표 27] 무선국에 대한 과징금의 부과기준(제121조제1항제1호 관련)

[별표 27의2] 지정시험기관에 대한 과징금의 부과기준(제121조제1항제2호 관련)

[별표 28] 과태료의 부과기준(제124조 관련)

전파법 시행규칙

[시행 2023. 2. 19.] [과학기술정보통신부령 제106호, 2023. 1. 18., 일부개정]

제23조(건축물등 건설승인 · 변경승인 신청서)
제24조(증표)
제25조(전파응용설비 허가 · 변경허가 신청서 등)
제25조의2(전파응용설비 시설자 지위승계 인가신청서 · 신고서)
제26조(전파사용료 일시납부신청서)
제27조(기술자격 검정신청서)
제28조(기술자격증 발급신청서)

**개정 예정 법률 밑줄 별도 표시.

전파법 시행규칙

[시행 2023. 2. 19.] [과학기술정보통신부령 제106호, 2023. 1. 18., 일부개정]

제1조(목적) 이 규칙은 「전파법」 및 같은 법 시행령에서 위임된 사항과 그 시행에 필요한 사항을 규정함을 목적으로 한다.

제2조(손실보상청구서) 「전파법 시행령」(이하 "영"이라 한다) 제8조제2항에 따른 손실보상청구서(전자문서로 된 청구서를 포함한다)는 별지 제1호서식과 같다.

제3조(주파수할당 · 재할당 신청서) 「전파법」(이하 "법"이라 한다) 제10조제3항 및 영 제18조제1항에 따른 주파수할당 · 재할당 신청서(전자문서로 된 신청서를 포함한다)는 별지 제2호서식과 같다. 〈개정 2016. 7. 12.〉

제4조(주파수이용권 양수 · 임차 승인신청서) 영 제17조제1항에 따른 주파수이용권 양수 · 임차 승인신청서(전자문서로 된 신청서를 포함한다)는 다음 각 호의 구분에 따른다.

1. 주파수이용권 양수 승인신청서: 별지 제3호서식
2. 주파수이용권 임차 승인신청서: 별지 제4호서식

제5조(주파수할당 전환신청서) 영 제19조제1항에 따른 주파수할당 전환신청서(전자문서로 된 신청서를 포함한다)는 별지 제5호서식과 같다.

제6조(주파수이용권관리대장 및 열람 · 발급 신청서) ① 영 제20조제1항에 따른 주파수이용권관리대장은 별지 제5호의2서식과 같다. 〈개정 2014. 12. 4.〉

② 영 제20조제2항에 따른 주파수이용권관리대장 열람 · 발급 신청서는 별지 제6호서식과 같다. 〈신설 2014. 12. 4.〉

[제목개정 2014. 12. 4.]

제6조의2(주파수 사용승인 신청서 등) ① 영 제20조의2제1항 및 영 제39조에 따른 신규·변경·재승인 신청서는 별지 제6호의2서식과 같다.

② 법 제18조의2제3항에 따른 사용승인서는 별지 제6호의3서식과 같다.

③ 영 제20조의2제2항에 따른 시설개요서는 다음 각 호의 구분에 따른다.

1. 통신망 주파수: 별지 제6호의4서식
2. 레이더망 주파수: 별지 제6호의5서식
3. 위성망 주파수: 별지 제6호의6서식

④ 영 제20조의2제1항에 따른 변경신청서에 첨부하여야 하는 변경내역서는 별지 제6호의7서식과 같다.

⑤ 영 제20조의2제3항에 따른 반납통지서는 별지 제6호의8서식과 같다.

[본조신설 2014. 12. 4.]

제6조의3(공공용 주파수 이용계획서) 법 제18조의6제2항 및 영 제20조의4에 따른 공공용 주파수 이용계획서는 별지 제6호의9서식과 같다.

[본조신설 2016. 7. 12.]

제6조의4(공공용 주파수 수급계획 변경요청서) 법 제18조의7제1항에 따른 공공용 주파수 수급계획 변경요청서는 별지 제6호의10서식과 같다.

[본조신설 2016. 7. 12.]

제7조(개설허가 신청서 등) ① 영 제31조제1항 각 호 외의 부분에 따른 무선국 개설허가 신청서(전자문서로 된 신청서를 포함한다)는 다음 각 호의 구분에 따른다.

1. 영 제45조의2제1항제1호에 따른 무선국: 별지 제7호서식
2. 영 제45조의2제1항제2호부터 제6호까지 및 같은 조 제2항에 따른 무선국: 별지 제8호서식
3. 영 제29조제2호나목에 따라 위성방송업무를 하는 무선국(이하 "위성방송국"이라 한다): 별지 제9호서식
4. 제1호부터 제3호까지의 규정에 따른 무선국 외의 무선국: 별

지 제10호서식

② 영 제31조제1항제1호에 따른 무선설비 시설개요서는 다음 각 호의 구분에 따른다.

1. 위성방송국 및 영 제29조제23호에 따른 아마추어국(이하 "아마추어국"이라 한다) 외의 무선국(영 제45조의2에 따른 무선국은 제외한다): 별지 제11호서식

2. 위성방송국

가. 개설허가의 경우: 별지 제12호서식

나. 재허가의 경우: 별지 제13호서식

③ 영 제31조제1항제1호에 따른 무선설비 공사설계서는 다음 각 호의 구분에 따른다.

1. 위성방송국·아마추어국 및 제3호에 따른 무선국 외의 무선국(영 제45조의2에 따른 무선국은 제외한다): 별지 제14호서식

2. 위성방송국: 별지 제15호서식

3. 법 제58조의2제1항에 따른 적합성평가(이하 "적합성평가"라 한다)를 받은 무선기기를 사용하는 무선국(영 제45조의2제2항에 따른 무선국은 제외한다): 별지 제16호서식

④ 아마추어국(영 제45조의2제1항제2호에 따른 아마추어국은 제외한다)의 무선설비 시설개요서 및 공사설계서는 별지 제17호서식과 같다.

제8조(변경허가 신청서 등) ① 영 제31조제4항 각 호 외의 부분에 따른 무선국 변경허가 신청서(전자문서로 된 신청서를 포함한다)는 별지 제18호서식과 같다. 다만, 위성방송국의 경우에는 별지 제19호서식(전자문서로 된 신청서를 포함한다)과 같다.

② 영 제31조제4항 각 호 외의 부분에 따른 무선설비 공사설계서는 다음 각 호의 구분에 따른다.

1. 위성방송국·아마추어국 및 제3호에 따른 무선국 외의 무선국(영 제45조의2에 따른 무선국은 제외한다): 별지 제14호서식

2. 위성방송국: 별지 제15호서식

3. 적합성평가를 받은 무선기기를 사용하는 무선국(영 제45조의2제2항에 따른 무선국은 제외한다): 별지 제16호서식

4. 아마추어국(영 제45조의2제1항제2호에 따른 아마추어국은 제외한다): 별지 제17호서식

③ 영 제31조제4항 각 호 외의 부분에 따른 무선국 변경내역서(전자문서로 된 내역서를 포함한다)는 별지 제20호서식과 같다.

④ 영 제33조제4항에 따른 무선국 허가변경명세서(전자문서로 된 명세서를 포함한다)는 별지 제20호의2서식과 같다. 〈신설 2014. 12. 4.〉

제9조(허가증 등) ① 법 제21조제4항 및 영 제33조제5항에 따른 허가증은 다음 각 호의 구분에 따른다. 〈개정 2014. 12. 4.〉

1. 영 제29조제9호 및 제33호에 따른 선박국 및 선박지구국: 별지 제21호서식
2. 영 제29조제11호 및 제35호에 따른 항공기국 및 항공기지구국: 별지 제22호서식
3. 위성방송국: 별지 제23호서식
4. 아마추어국: 별지 제23호의2서식
5. 제1호부터 제4호까지의 규정에 따른 무선국 외의 무선국: 별지 제24호서식

② 영 제33조제2항 및 제3항에 따른 무선국 허가증 정정·재발급 신청서(전자문서로 된 신청서를 포함한다)는 별지 제25호서식과 같다.

제10조(재허가 신청서) 영 제38조제1항에 따른 무선국 재허가 신청서(전자문서로 된 신청서를 포함한다)는 별지 제26호서식과 같다. 다만, 위성방송국의 경우에는 별지 제27호서식(전자문서로 된 신청서를 포함한다)과 같다.

제11조(무선국 개설신고서 등) ① 영 제39조의2제1항에 따른 무선국 개설신고서(전자문서로 된 신고서를 포함한다)는 다음 각 호의 구분에 따른다.

1. 영 제24조제1항에 따른 무선국: 별지 제28호서식
2. 영 제24조제2항에 따른 무선국: 별지 제29호서식
3. 영 제24조제3항에 따른 무선국: 별지 제30호서식

② 영 제39조의2제1항에 따른 무선설비 시설개요서는 다음 각 호의 구분에 따른다.

1. 영 제24조제2항에 따른 무선국: 별지 제11호서식
2. 영 제24조제3항에 따른 무선국: 별지 제12호서식

③ 영 제39조의2제1항에 따른 무선설비 공사설계서는 다음 각 호의 구분에 따른다.

1. 영 제24조제2항에 따른 무선국

가. 적합성평가를 받은 무선기기를 사용하는 무선국: 별지 제16호서식

나. 가목 외의 무선국: 별지 제14호서식

2. 영 제24조제3항에 따른 무선국: 별지 제15호서식

④ 법 제22조의2제2항 전단에 따른 무선국 신고증명서는 다음 각 호의 구분에 따른다.

1. 영 제24조제1항에 따른 무선국: 별지 제31호서식
2. 영 제24조제2항에 따른 무선국: 별지 제32호서식
3. 영 제24조제3항에 따른 무선국: 별지 제33호서식

⑤ 영 제39조의3제2항에 따른 무선국 신고증명서 정정 · 재발급 신청서(전자문서로 된 신청서를 포함한다)는 별지 제25호서식과 같다.

제12조(변경신고서 등) ① 영 제39조의2제3항에 따른 변경신고서(전자문서로 된 신고서를 포함한다)는 다음 각 호의 구분에 따른다.

1. 영 제24조제1항에 따른 무선국: 별지 제34호서식
2. 영 제24조제2항에 따른 무선국: 별지 제35호서식
3. 영 제24조제3항에 따른 무선국: 별지 제36호서식

② 영 제39조의2제3항 각 호 외의 부분에 따른 무선설비 공사설계서는 다음 각 호의 구분에 따른다.

1. 영 제24조제2항에 따른 무선국

가. 적합성평가를 받은 무선기기를 사용하는 무선국: 별지 제16호서식

나. 가목 외의 무선국: 별지 제14호서식

2. 영 제24조제3항에 따른 무선국: 별지 제15호서식

③ 영 제39조의2제3항 각 호 외의 부분에 따른 무선국 변경내역서는 별지 제20호서식과 같다.

④ 영 제39조의3제2항 전단에 따른 무선국 신고변경명세서(전자문서로 된 명세서를 포함한다)는 별지 제20호의2서식과 같다. 〈신설 2014. 12. 4.〉

⑤ 법 제22조의2제2항 또는 영 제39조의3제2항 전단에 따른 무선국 신고증명서는 다음 각 호의 구분에 따른다. 〈개정 2014. 12. 4.〉

1. 영 제24조제1항에 따른 무선국: 별지 제31호서식
2. 영 제24조제2항에 따른 무선국: 별지 제32호서식

3. 영 제24조제3항에 따른 무선국: 별지 제33호서식

제13조(시설자 지위승계 인가신청서 · 신고서) 영 제40조 및 제41조에 따른 시설자 지위승계 인가신청서 · 신고서(전자문서로 된 신청서 · 신고서를 포함한다)는 별지 제37호서식과 같다.

제14조(준공신고서 등) ① 법 제24조제1항 및 제58조제3항에 따른 무선국 · 전파응용설비의 준공신고서는 별지 제38호서식과 같다.

② 영 제42조에 따른 무선설비 성능성적표는 별지 제39호서식과 같다.

제15조(준공기한 연장신청서) 법 제24조제2항 · 제58조제3항 및 영 제43조에 따른 무선국 · 전파응용설비 준공기한 연장신청서(전자문서로 된 신청서를 포함한다)는 별지 제40호서식과 같다.

제16조(검사증명서 등) ① 영 제45조제2항에 따른 무선국 정기검사 신청서는 별지 제41호서식과 같다. 〈신설 2016. 7. 12.〉

② 법 제24조제3항 · 제58조제3항 및 영 제45조제7항에 따라 발급하는 검사증명서는 별지 제41호의2서식과 같다. 〈개정 2014. 12. 4., 2016. 7. 12.〉

③ 영 제45조제9항에 따른 무선국검사관임을 증명하는 증표는 별지 제42호서식과 같다. 〈개정 2014. 12. 4., 2016. 7. 12.〉

제17조(무선국 폐지 · 운용휴지 신고서 등) 법 제25조의2제1항 · 제58조제3항 및 영 제51조제1항에 따른 무선국 · 전파응용설비의 폐지 · 운용휴지 · 재운용 신고서(전자문서로 된 신고서를 포함한다)는 별지 제43호서식과 같다.

제17조의2(전파차단장치의 제조 · 수입 · 판매 인가신청서) 영 제53조의2제1항에 따른 전파차단장치의 제조 · 수입 · 판매 인가신청서는 별지 제43호의2서식과 같다.

[본조신설 2020. 12. 24.]

제18조(위성망 국제등록신청 요청서) 영 제63조제1항에 따른 위성망 국제등록신청 요청서(전자문서로 된 요청서를 포함한다)는 별지 제44호서식과 같다.

제18조의2(위성주파수이용권의 양도 · 임대 승인신청서 등) ① 영 제64조의3제1항 · 제2항에 따른 위성주파수이용권 양도 · 양수 및 임대 · 임차 승인신청서(전자문서로 된 신청서를 포함한다)는 다음 각 호의 구분에 따른다.

1. 위성주파수이용권 양도 · 양수 승인신청서: 별지 제44호의2서식
2. 위성주파수이용권 임대 · 임차 승인신청서: 별지 제44호의3서식

② 영 제64조의3제4항에 따른 위성주파수이용권 양도 · 양수 및 임대 · 임차 승인서는 다음 각 호의 구분에 따른다.

1. 위성주파수이용권 양도 · 양수 승인서: 별지 제44호의4서식
2. 위성주파수이용권 임대 · 임차 승인서: 별지 제44호의5서식

[본조신설 2016. 7. 12.]

제18조의3(위성주파수등의 이용 중단 승인신청서 등) ① 영 제64조의4제1항 · 제2항에 따른 위성주파수등 이용 중단 승인신청서(전자문서로 된 신청서를 포함한다)는 별지 제44호의6서식과 같다.

② 영 제64조의4제4항에 따른 위성주파수등 이용 중단 승인서는 별지 제44호의7서식과 같다.

[본조신설 2016. 7. 12.]

제18조의4(우주국 무선설비의 양도 · 임대 승인신청서 등) ① 영 제64조의5제1항에 따른 우주국 무선설비 양도 · 양수, 임대 · 임차 및 위탁운용 · 공동사용 승인신청서(전자문서로 된 신청서를 포함한다)는 다음 각 호의 구분에 따른다.

1. 우주국 무선설비 양도 · 양수 승인신청서: 별지 제44호의8서식
2. 우주국 무선설비 임대 · 임차 승인신청서: 별지 제44호의9서식
3. 우주국 무선설비 위탁운용 · 공동사용 승인신청서: 별지 제44호의10서식

② 영 제64조의5제3항에 따른 우주국 무선설비 양도 · 양수, 임대 · 임차 및 위탁운용 · 공동사용 승인서는 다음 각 호의 구분에 따른다.

1. 우주국 무선설비 양도 · 양수 승인서: 별지 제44호의11서식
2. 우주국 무선설비 임대 · 임차 승인서: 별지 제44호의12서식
3. 우주국 무선설비 위탁운용 · 공동사용 승인서: 별지 제44호의13서식

[본조신설 2016. 7. 12.]

제19조(전자파강도 측정결과 보고서) 법 제47조의2제3항에 따른 전자파강도 측정결과 보고서(전자문서로 된 보고서를 포함한다)는 별지 제45호서식과 같다.

제20조(전자파강도 측정요청서) 법 제47조의2제4항에 따른 전자파강도 측정요청서는 별지 제46호서식과 같다.

제21조(무선설비 임대승인 신청서 등) ① 영 제68조제1항에 따른 무선설비 임대승인 신청서(전자문서로 된 신청서를 포함한다)는 별지 제47호서식과 같다.

② 과학기술정보통신부장관 또는 중앙전파관리소장은 영 제68조제2항에 따라 무선설비의 임대를 승인한 경우에는 별지 제48호서식에 따른 무선설비 임대승인서를 신청인에게 발급하여야 한다. 〈개정 2017. 7. 26.〉

제22조(무선설비 위탁운용·공동사용 승인신청서 등) ① 영 제69조제3항에 따른 무선설비 위탁운용·공동사용 승인신청서(전자문서로 된 신청서를 포함한다)는 별지 제49호서식과 같다.

② 과학기술정보통신부장관 또는 중앙전파관리소장은 법 제48조에 따라 무선설비의 위탁운용 또는 공동사용을 승인한 경우에는 별지 제50호서식에 따른 무선설비 위탁운용·공동사용 승인서를 신청인에게 발급하여야 한다. 〈개정 2017. 7. 26.〉

제23조(건축물등 건설승인·변경승인 신청서) 영 제71조제2항에 따른 건축물등 건설승인·변경승인 신청서(전자문서로 된 신청서를 포함한다)는 별지 제51호서식과 같다.

제24조(증표) 영 제72조에 따라 조사·시험이나 전파감시 등의 업무를 수행하는 공무원임을 증명하는 증표는 별지 제52호서식과 같다.

제25조(전파응용설비 허가·변경허가 신청서 등) ① 영 제76조제1항에 따른 전파응용설비의 허가·변경허가 신청서(전자문서로 된 신청서를 포함한다)는 다음 각 호의 구분에 따른다.

1. 전파응용설비 허가 신청서: 별지 제53호서식
2. 전파응용설비 변경허가 신청서: 별지 제54호서식

② 영 제76조제1항 각 호 외의 부분에 따른 전파응용설비 공사설계서는 별지 제55호서식과 같다.

③ 영 제76조제3항에 따른 전파응용설비 허가증은 별지 제56호서식과 같다.

제25조의2(전파응용설비 시설자 지위승계 인가신청서·신고서) 법 제58조제3항에 따른 전파응용설비 시설자 지위승계 인가신청서·신고서는 별지 제56호의2서식과 같다.

[본조신설 2014. 12. 4.]

제26조(전파사용료 일시납부신청서) 영 제91조제3항에 따른 전파사

용료 일시납부신청서는 별지 제57호서식과 같다.

제27조(기술자격 검정신청서) 영 제109조에 따른 기술자격 검정신청서는 별지 제58호서식과 같다.

제28조(기술자격증 발급신청서) ① 영 제112조제1항에 따른 기술자격증 발급신청서는 별지 제59호서식과 같다.

② 영 제112조제2항에 따른 기술자격증은 별지 제60호서식과 같다. 다만, 육상무선통신사 및 제한무선통신사 기술자격증은 별지 제61호서식과 같다.

③ 법 제66조제1항에 따른 한국방송통신전파진흥원의 장은 기술자격검정에 합격한 사람이 요청한 경우에는 제2항에 따른 기술자격증을 다음 각 호의 구분에 따라 카드형으로 대체하여 발급할 수 있다.

1. 제2항 본문에 따른 기술자격증: 별지 제62호서식
2. 제2항 단서에 따른 기술자격증: 별지 제63호서식

④ 영 제113조 및 제114조에 따른 기술자격증 재발급·정정 신청서는 별지 제64호서식과 같다.

부칙 〈제19호, 2014. 5. 23.〉

제1조(시행일) 이 규칙은 공포한 날부터 시행한다.

제2조(서식 개정에 관한 경과조치) 이 규칙 시행 당시 종전의 「전파법 시행에 관한 방송통신위원회규정」(방송통신위원회 고시 제2012-27호)에 따른 서식은 2014년 12월 31일까지 이 규칙에 따른 서식과 함께 사용할 수 있다.

부칙 〈제30호, 2014. 12. 4.〉

제1조(시행일) 이 규칙은 2014년 12월 4일부터 시행한다.

제2조(아마추어국 허가증에 관한 경과조치) 이 규칙 시행 전에 제9조제1항제4호와 별지 제24호서식에 따라 발급받은 아마추어국 허가증은 별지 제23호의2서식의 개정규정에도 불구하고 이 규칙에 따라 발급받은 아마추어국 허가증으로 본다.

제3조(기술자격증에 관한 경과조치) 이 규칙 시행 전에 제28조제2항·제3항과 별지 제60호서식부터 별지 제63호서식까지의 규정에 따라 교부받은 기술자격증은 별지 제60호서식부터 별지 제63호서식까지의 개정규정에도 불구하고 이 규칙에 따라 교부받은 무선종사자

기술자격증으로 본다.

부칙 〈제48호, 2015. 9. 23.〉

제1조(시행일) 이 규칙은 공포한 날부터 시행한다.

제2조(서식에 관한 경과조치) ① 이 규칙 시행 전에 종전의 규정에 따라 사용 중인 서식은 2015년 10월 31일까지 이 규칙에 따른 서식과 함께 계속하여 사용할 수 있다. 이 경우 이 규칙에 따라 개정된 부분은 수정하여 사용한다.

② 이 규칙 시행 전에 제28조제2항, 별지 제60호서식 및 별지 제61호서식에 따라 교부받은 기술자격증은 별지 제60호서식 및 별지 제61호서식의 개정규정에 따라 발급된 것으로 본다.

부칙 〈제61호, 2016. 1. 6.〉 (법령서식 일괄 개정을 위한 과학관의 설립·운영 및 육성에 관한 법률 시행규칙 등 일부개정령)

이 규칙은 공포한 날부터 시행한다.

부칙 〈제75호, 2016. 7. 12.〉

제1조(시행일) 이 규칙은 공포한 날부터 시행한다.

제2조(다른 법령의 개정) ① 미래창조과학부와 그 소속기관 직제 시행규칙 일부를 다음과 같이 개정한다.

제15조제6항제7호 및 제8호 중 "공중선"을 각각 "안테나"로 한다.

② 항공법 시행규칙 일부를 다음과 같이 개정한다.

제232조제1항제4호를 다음과 같이 한다.

4. 안테나공급전력

제237조제4호 중 "공중선방식"을 "안테나방식"으로 하고, 같은 조 제5호 중 "공중선전력"을 "안테나공급전력"으로 한다.

제246조의2제1항제2호 중 "공중선"을 "안테나"로 한다.

제247조제2항제3호다목 중 "공중선을"을 "안테나를"로 하고, 같은 조 제3항제3호다목 중 "공중선과"를 "안테나와"로 한다.

부칙 〈제1호, 2017. 7. 26.〉 (과학기술정보통신부와 그 소속기관 직제 시행규칙)

제1조(시행일) 이 규칙은 공포한 날부터 시행한다.

제2조 부터 제5조까지 생략
제6조(다른 법령의 개정) ①부터 ㉞까지 생략
㉟ 전파법 시행규칙 일부를 다음과 같이 개정한다.

제21조제2항 및 제22조제2항 중 "미래창조과학부장관"을 각각 "과학기술정보통신부장관"으로 한다.

별지 제1호서식, 별지 제2호서식 앞쪽, 별지 제3호서식 앞쪽, 별지 제4호서식 앞쪽, 별지 제5호서식 앞쪽, 별지 제6호의2서식 앞쪽, 별지 제6호의3서식, 별지 제6호의8서식, 별지 제9호서식 앞쪽, 별지 제19호서식 앞쪽, 별지 제23호서식, 별지 제25호서식, 별지 제27호서식, 별지 제37호서식 앞쪽, 별지 제38호서식 앞쪽, 별지 제40호서식, 별지 제43호서식, 별지 제44호서식, 별지 제44호의2서식 앞쪽, 별지 제44호의3서식 앞쪽, 별지 제44호의4서식, 별지 제44호의5서식, 별지 제44호의6서식 앞쪽, 별지 제44호의7서식, 별지 제44호의8서식 앞쪽, 별지 제44호의9서식 앞쪽, 별지 제44호의10서식, 별지 제44호의11서식부터 별지 제44호의13서식까지, 별지 제47호서식 앞쪽, 별지 제48호서식, 별지 제49호서식, 별지 제50호서식, 별지 제60호서식, 별지 제61호서식, 별지 제62호서식 앞쪽 및 별지 제63호서식 앞쪽 중 "미래창조과학부장관"을 각각 "과학기술정보통신부장관"으로 한다.

별지 제1호서식 처리절차란, 별지 제2호서식 뒤쪽 처리절차란, 별지 제3호서식 뒤쪽 처리절차란, 별지 제4호서식 뒤쪽 처리절차란, 별지 제5호서식 뒤쪽 처리절차란, 별지 제6호의2서식 뒤쪽 처리절차란, 별지 제6호의8서식 처리절차란, 별지 제7호서식 앞쪽, 별지 제8호서식 앞쪽, 별지 제9호서식 뒤쪽, 같은 서식 뒤쪽 처리절차란, 별지 제10호서식 앞쪽, 별지 제18호서식 앞쪽, 별지 제19호서식 뒤쪽 처리절차란, 별지 제20호의2서식 앞쪽, 별지 제21호서식, 별지 제22호서식, 별지 제23호의2서식, 별지 제25호서식, 같은 서식 처리절차란, 별지 제26호서식, 별지 제27호서식 처리절차란, 별지 제28호서식 앞쪽, 별지 제29호서식, 별지 제30호서식 앞쪽, 별지 제34호서식 앞쪽, 별지 제35호서식, 별지 제36호서식 앞쪽, 별지 제37호서식 앞쪽, 별지 제38호서식 앞쪽, 별지 제40호서식, 같은 서식 처리절차란, 별지 제41호서식, 별지 제43호서식, 같은 서식 처리절차란, 별지 제44호서식 처리절차란, 별지 제44호의2서식 뒤쪽 처리절차란, 별지 제44호의3서식 뒤쪽 처리절차란, 별지 제44호의6서식 뒤쪽 처리절차란, 별지 제44호의8서식 뒤쪽 처리절차란, 별지 제44호의9서식 뒤쪽 처리절차란, 별지 제44호의10서식 처리절차란, 별지 제45호서식, 별지 제47호서식 앞쪽, 같은 서식 뒤쪽 처리절차란, 별지 제49호서식, 같은 서식 처리절차란, 별지 제51호서식, 별지 제53호서식 앞쪽, 별지 제54호서식 앞쪽, 별지 제60호서식, 별지 제61호서식, 별지 제62호서식 앞쪽 및 별지 제63호서식 앞쪽 중 "미래창조과학부"를 각각 "과학기술정보통신부"로 한다.

별지 제21호서식, 별지 제22호서식 및 별지 제23호의2서식 중 "MINISTRY OF SCIENCE, ICT & FUTURE PLANNING REPUBLIC OF KOREA"를 각각 "MINISTRY OF SCIENCE & ICT REPUBLIC OF KOREA"로 한다.

별지 제60호서식 및 별지 제62호서식 뒤쪽 중 "MINISTRY OF SCIENCE, ICT & FUTURE PLANNING"을 각각 "MINISTRY OF SCIENCE & ICT"로 한다.

㊱부터 ㊶까지 생략

부칙 〈제2호, 2017. 8. 1.〉

이 규칙은 공포한 날부터 시행한다.

부칙 〈제16호, 2018. 9. 28.〉

이 규칙은 공포한 날부터 시행한다.

부칙 〈제60호, 2020. 12. 24.〉

이 규칙은 공포한 날부터 시행한다.

부칙 〈제86호, 2022. 1. 4.〉 (어려운 법령용어의 정비를 위한 13개 법령의 일부개정에 관한 과학기술정보통신부령)

이 규칙은 공포한 날부터 시행한다.

부칙 〈제106호, 2023. 1. 18.〉

이 규칙은 공포 후 1개월이 경과한 날부터 시행한다.

별표 / 서식

[별지 제1호서식] 손실보상청구서
[별지 제2호서식] 주파수(할당, 재할당)신청서
[별지 제3호서식] 주파수이용권 양수 승인신청서
[별지 제4호서식] 주파수이용권 임차 승인신청서
[별지 제5호서식] 주파수할당 전환신청서
[별지 제5호의2서식] 주파수이용권관리대장(「전파법」제18조제1항 관련)
[별지 제6호서식] 주파수이용권 관리대장(열람, 발급)신청서
[별지 제6호의2서식] 주파수 사용승인(신규, 변경, 재승인)신청서
[별지 제6호의3서식] 주파수 사용승인서
[별지 제6호의4서식] 시설개요서(통신망)
[별지 제6호의5서식] 시설개요서(레이다망)
[별지 제6호의6서식] 시설개요서(위성망)
[별지 제6호의7서식] 사용승인 변경내역서
[별지 제6호의8서식] 사용승인 주파수 반납 통지서
[별지 제6호의9서식] 공공용 주파수 이용계획서
[별지 제6호의10서식] 공공용 주파수 수급계획 변경요청서
[별지 제7호서식] 무선국 개설허가 신청서(「전파법 시행령」 제45조의2제1항제1호에 따른 무선국만 해당합니다)
[별지 제8호서식] 무선국 개설허가 신청서(「전파법 시행령」 제45조의2제1항제2호부터 제7호까지 및 같은 조 제2항에 따른 무선국만 해당합니다)
[별지 제9호서식] 위성방송국 개설허가 신청서
[별지 제10호서식] 무선국 개설허가 신청서
[별지 제11호서식] 무선설비 시설개요서(위성방송국 및 아마추어국 외의 무선국)
[별지 제12호서식] 무선설비 시설개요서(위성방송국 개설허가 또는 지상파 · 위성방송보조국 개설신고)
[별지 제13호서식] 무선설비 시설개요서(위성방송국 재허가)
[별지 제14호서식] 무선설비 공사설계서(위성방송국 · 아마추어국 및 적합성평가를 받은 무선기기를 사용하는 무선국 외의 무선국)
[별지 제15호서식] 무선설비 공사설계서(위성방송국 또는 지상파 ·

위성방송보조국)
[별지 제16호서식] 무선설비 공사설계서(적합성평가를 받은 무선기기를 사용하는 무선국)
[별지 제17호서식] 무선설비 시설개요서 및 공사설계서(아마추어국)
[별지 제18호서식] 무선국 변경허가 신청서
[별지 제19호서식] 위성방송국 변경허가 신청서
[별지 제20호서식] 무선국 변경내역서(「전파법」 제21조제1항에 따라 변경허가를 신청하는 무선국 또는 「전파법」 제22조의2제1항 후단에 따라 변경신고를 하는 무선국)
[별지 제20호의2서식] 무선국(허가, 신고)변경명세서
[별지 제21호서식] 무선국 허가증(RADIO STATION LICENSE)
[별지 제22호서식] 무선국 허가증(RADIO STATION LICENSE)
[별지 제23호서식] 위성방송국 허가증
[별지 제23호의2서식] 무선국 허가증(RADIO STATION LICENSE)
[별지 제24호서식] 무선국 허가증
[별지 제25호서식] 무선국[(허가증, 신고증명서)정정, 재발급]신청서
[별지 제26호서식] 무선국 재허가 신청서
[별지 제27호서식] 위성방송국 재허가 신청서
[별지 제28호서식] 무선국 개설신고서
[별지 제29호서식] 무선국 개설신고서
[별지 제30호서식] (지상파, 위성)방송보조국 개설신고서
[별지 제31호서식] 무선국 신고증명서(발사하는 전파가 미약한 무선국이나 무선설비의 설치공사가 필요 없는 무선국 및 수신전용의 무선국)
[별지 제32호서식] 무선국 신고증명서(「전파법」 제11조 및 제12조에 따라 주파수할당을 받은 자가 전기통신역무 등을 제공하기 위하여 개설하는 무선국)
[별지 제33호서식] (지상파, 위성)방송보조국 신고증명서
[별지 제34호서식] 무선국 변경신고서
[별지 제35호서식] 무선국 변경신고서
[별지 제36호서식] (지상파, 위성)방송보조국 변경신고서
[별지 제37호서식] 시설자 지위승계(인가신청서, 신고서)

[별지 제38호서식] (무선국, 전파응용설비)준공신고서
[별지 제39호서식] 무선설비 성능성적표
[별지 제40호서식] (무선국, 전파응용설비)준공기한 연장신청서
[별지 제41호서식] 무선국 정기검사 신청서
[별지 제41호의2서식] (무선국, 전파응용설비)검사증명서
[별지 제42호서식] 무선국 검사관증
[별지 제43호서식] [무선국, 전파응용설비(폐지, 운용휴지, 재운용)] 신고서
[별지 제43호의2서식] 전파차단장치(제조, 수입, 판매) 인가신청서
[별지 제44호서식] 위성망 국제등록신청 요청서
[별지 제44호의2서식] 위성주파수이용권 양도·양수 승인신청서
[별지 제44호의3서식] 위성주파수이용권 임대·임차 승인신청서
[별지 제44호의4서식] 위성주파수이용권 양도·양수 승인서
[별지 제44호의5서식] 위성주파수이용권 임대·임차 승인서
[별지 제44호의6서식] 위성주파수등 이용 중단 승인신청서
[별지 제44호의7서식] 위성주파수등 이용 중단 승인서
[별지 제44호의8서식] 우주국 무선설비 양도·양수 승인신청서
[별지 제44호의9서식] 우주국 무선설비 임대·임차 승인신청서
[별지 제44호의10서식] 우주국 무선설비(위탁운용, 공동사용)승인신청서
[별지 제44호의11서식] 우주국 무선설비 양도·양수 승인서
[별지 제44호의12서식] 우주국 무선설비 임대·임차 승인서
[별지 제44호의13서식] 우주국 무선설비(위탁운용, 공동사용)승인서
[별지 제45호서식] 전자파강도 측정결과 보고서
[별지 제46호서식] 전자파강도 측정요청서
[별지 제47호서식] 무선설비 임대승인 신청서(우주국 무선설비 제외)
[별지 제48호서식] 무선설비 임대승인서
[별지 제49호서식] 무선설비(위탁운용, 공동사용)승인신청서(우주국 무선설비 제외)
[별지 제50호서식] 무선설비(위탁운용, 공동사용)승인서
[별지 제51호서식] 건축물등(건설승인, 변경승인)신청서
[별지 제52호서식] 조사관증
[별지 제53호서식] 전파응용설비 허가 신청서

[별지 제54호서식] 전파응용설비 변경허가 신청서
[별지 제55호서식] 전파응용설비 공사설계서
[별지 제56호서식] 전파응용설비 허가증
[별지 제56호의2서식] 전파응용설비 시설자 지위승계(인가신청서, 신고서)
[별지 제57호서식] 전파사용료 일시납부신청서
[별지 제58호서식] 기술자격 검정신청서
[별지 제59호서식] 기술자격증 발급신청서
[별지 제60호서식] 무선종사자 기술자격증
[별지 제61호서식] 무선종사자 기술자격증
[별지 제62호서식] 무선종사자 기술자격증
[별지 제63호서식] 무선종사자 기술자격증
[별지 제64호서식] 기술자격증(재발급, 정정)신청서

대한민국 법령 시리즈 224

전파법

법 령 / 시 행 령 / 시 행 규 칙

2025년 3월 18일 인쇄 정가 26,000원
2025년 3월 28일 발행

편 저 편집부
디 자 인 송영미
발 행 인 조준형 http://www.hgbookpub.com
발 행 처 해광출판사 E-mail : munbookcokr@naver.com
주 소 부산광역시 중구 해관로 41-1 (중앙동2가)
전화번호 (051) 253-0001 팩스 (051) 245-1187
등 록 제 2012-000005호

해광출판사에서는 여러분의 소중한 원고와 함께 할 기회를 기다리고 있습니다. 책으로 엮을 원고나 아이디어가 있으신 분들은 이메일 munbookcokr@naver.com로 책에 대한 간단한 개요와 원고 전체 또는 일부를 연락처와 함께 보내주십시오.

ISBN 979-11-6881-795-1

※ 법령 출처 : 법제처 국가법령정보센터
※ 본 도서는 〈공공데이터 제공 및 이용 활성화에 관한 법률〉을 근거로 출판되었습니다.

해광출판사 대한민국 법령 시리즈

001. 선원법
002. 어선법
003. 선박직원법
004. 해사안전기본법
005. 해양환경관리법
006. 선박의 입항 및 출항등에 관한 법률
007. 학교안전사고예방 및 보상에 관한 법률
008. 종합부동산세법
009. 방위사업법
010. 행정규제기본법
011. 식품산업진흥법
012. 위험물안전관리법
013. 화재의 예방 및 안전관리에 관한 법률
014. 도시가스사업법
015. 실내공기질관리법
016. 지방세법
017. 소득세법
018. 법인세법
019. 도선법
020. 선박안전법
021. 선박법
022. 수산업법
023. 고압가스안전관리법
024. 국민연금법
025. 공동주택관리법
026. 화학물질관리법
027. 어선원 및 어선 재해보상보험법
028. 장기등 이식에 관한 법률
029. 자연재해대책법
030. 공유재산 및 물품 관리법
031. 산업입지 및 개발에 관한 법률
032. 부정경쟁방지 및 영업비밀보호에 관한 법률
033. 금융지주회사법
034. 온실가스 배출권의 할당 및 거래에 관한 법률
035. 건축사법
036. 산림문화휴양에 관한 법률
037. 전기사업법
038. 사립학교법
039. 고등교육법
040. 액화석유가스의 안전관리 및 사업법
041. 선박투자회사법
042. 수산자원관리법
043. 위험물선박운송및저장규칙
044. 선박평형수관리법
045. 주택임대차보호법
046. 상가건물임대차보호법
047. 지방공기업법
048. 승강기안전관리법
049. 수목원·정원의 조성 및 진흥에 관한 법률
050. 민법
051. 치료감호 등에 관한 법률
052. 대부업 등의 등록 및 금융이용자 보호에 관한 법률
053. 사료관리법
054. 무형문화재 보전 및 진흥에 관한 법률
055. 총포·도검·화약류 등의 안전관리에 관한 법률
056. 경찰관직무집행법
057. 시설물의 안전 및 유지관리에 관한 특별법
058. 수산생물질병 관리법
059. 소비자기본법
060. 국제선박등록법
061. 정보통신망 이용촉진 및 정보보호 등에 관한 법률
062. 해운법
063. 농수산물 품질관리법
064. 수산업협동조합법
065. 해외건설촉진법
066. 수상레저안전법
067. 공무원재해보상법
068. 수상에서의 수색·구조 등에 관한 법률
069. 어촌어항법
070. 항만법
071. 항만운송사업법
072. 해양경비법
073. 해양사고의 조사 및 심판에 관한 법률
074. 외국인근로자의 고용 등에 관한 법률
075. 중소기업기본법
076. 자유무역지역의 지정 및 운영에 관한 법률
077. 대기환경보전법
078. 소음진동관리법
079. 폐기물관리법
080. 하수도법
081. 물환경보전법
082. 토양환경보전법
083. 환경정책기본법
084. 산업재해보상보험법
085. 관세법
086. 노동조합 및 노동관계조정법
087. 근로기준법
088. 군인연금법
089. 먹는물관리법
090. 기술보증기금법
091. 관광진흥법
092. 감염병의 예방 및 관리에 관한 법률
093. 사법경찰관리의 직무를 수행할 자와 그 직무범위에 관한 법률
094. 수의사법
095. 가정폭력방지 및 피해자보호 등에 관한 법률
096. 환경영향평가법
097. 체육시설의 설치 · 이용에 관한 법률
098. 장사 등에 관한 법률
099. 상호저축은행법
100. 은행법
101. 보호관찰 등에 관한 법률
102. 형법
103. 자동차관리법
104. 형사소송법
105. 전자금융거래법
106. 마약류 불법거래 방지에 관한 특례법
107. 도로법
108. 주세법
109. 변리사법
110. 하천법
111. 중소기업진흥에 관한 법률
112. 발달장애인 권리보장 및 지원에 관한 법률
113. 주택법
114. 장애인복지법
115. 농어업경영체 육성 및 지원에 관한 법률
116. 공인중개사법
117. 건강기능식품에 관한 법률
118. 예비군법
119. 개발제한구역의 지정 및 관리에 관한 특별조치법
120. 국유재산법
121. 주차장법
122. 환경기술 및 환경산업 지원법
123. 대기관리권역의 대기환경개선에 관한 특별법
124. 악취방지법
125. 미세먼지 저감 및 관리에 관한 특별법
126. 가축분뇨의 관리 및 이용에 관한 법률
127. 물의 재이용 촉진 및 지원에 관한 법률
128. 물관리기본법
129. 물관리기술 발전 및 물산업 진흥에 관한 법률
130. 자원의 절약과 재활용촉진에 관한 법률
131. 전기 · 전자제품 및 자동차의 자원순환에 관한 법률
132. 건설폐기물의 재활용촉진에 관한 법률
133. 수도권매립지관리공사의 설립 및 운영 등에 관한 법률
134. 폐기물의 국가 간 이동 및 그 처리에 관한 법률
135. 폐기물처리시설 설치촉진 및 주변지역지원 등에 관한 법률
136. 자원순환기본법
137. 잔류성오염물질 관리법
138. 환경분쟁 조정법

해광출판사 대한민국 법령 시리즈

139. 화학물질의 등록 및 평가 등에 관한 법률
140. 환경오염시설의 통합관리에 관한 법률
141. 환경오염피해 배상책임 및 구제에 관한 법률
142. 중소기업제품 구매촉진 및 판로지원에 관한 법률
143. 환경개선비용 부담법
144. 환경분야 시험·검사 등에 관한 법률
145. 환경친화적 산업구조로의 전환촉진에 관한 법률
146. 환경친화적 자동차의 개발 및 보급 촉진에 관한 법률
147. 환경범죄 등의 단속 및 가중처벌에 관한 법률
148. 생명윤리 및 안전에 관한 법률
149. 장애인차별금지 및 권리구제 등에 관한 법률
150. 부동산투자회사법
151. 정치자금법
152. 과학기술기본법
153. 대리점거래의 공정화에 관한 법률
154. 상속세 및 증여세법
155. 학원의 설립 · 운영 및 과외교습에 관한 법률
156. 해양심층수의 개발 및 관리에 관한 법률
157. 전기용품 및 생활용품 안전관리법
158. 사회기반시설에 대한 민간투자법
159. 공직선거법
160. 정당법
161. 유류오염손해배상 보장법
162. 부정청탁 및 금품등 수수의 금지에 관한 법률
163. 항로표지법
164. 어장관리법
165. 민방위기본법
166. 공직자윤리법
167. 선거관리위원회법
168. 유선 및 도선 사업법
169. 전기공사업법
170. 사회복지사업법
171. 택지개발촉진법
172. 국가공무원법
173. 민간임대주택에 관한 특별법
174. 어음법·수표법
175. 민사집행법
176. 상법
177. 문화예술진흥법
178. 중소기업협동조합법
179. 농업협동조합법
180. 도로교통법
181. 의료사고 피해구제 및 의료분쟁 조정 등에 관한 법률
182. 산림보호법
183. 소년법
184. 동물보호법
185. 건축물관리법
186. 도시개발법
187. 화물자동차 운수사업법
188. 도시 및 주거환경정비법
189. 의료법
190. 국회법
191. 응급의료에 관한 법률
192. 출입국관리법
193. 노인복지법
194. 산림자원의 조성 및 관리에 관한 법률
195. 청소년 보호법
196. 초 · 중등교육법
197. 혁신도시 조성 및 발전에 관한 특별법
198. 경제자유구역의 지정 및 운영에 관한 특별법
199. 공공기관의 운영에 관한 법률
200. 대한민국헌법
201. 국민기초생활 보장법
202. 저작권법
203. 가사소송법
204. 국가유공자 등 예우 및 지원에 관한 법률
205. 국민체육진흥법
206. 전통주 등의 산업진흥에 관한 법률
207. 재난 및 안전관리 기본법
208. 정보통신공사업법
209. 주식회사 등의 외부감사에 관한 법률
210. 공익사업을 위한 토지 등의 취득 및 보상에 관한 법률
211. 개인정보 보호법
212. 국세기본법
213. 에너지이용 합리화법
214. 감정평가 및 감정평가사에 관한 법률
215. 국가인권위원회법
216. 가맹사업거래의 공정화에 관한 법률
217. 보건의료기본법
218. 산업안전보건법
219. 법무사법
220. 교육공무원법
221. 특허법
222. 민사소송법
223. 아동복지법
224. 전파법
225. 하도급거래 공정화에 관한 법률
226. 기초연금법
227. 사립학교교직원 연금법
228. 직업안정법
229. 장애아동 복지지원법
230. 부동산등기법
231. 자동차손해배상 보장법
232. 철도안전법
233. 항공안전법
234. 전자상거래 등에서의 소비자보호에 관한 법률
235. 독점규제 및 공정거래에 관한 법률
236. 상표법
237. 채무자 회생 및 파산에 관한 법률
238. 공무원연금법
239. 축산법
240. 근로복지기본법
241. 민원 처리에 관한 법률
242. 약사법
243. 방문판매 등에 관한 법률
244. 건축기본법
245. 지방세기본법
246. 지방세징수법
247. 지방자치법
248. 도시교통정비 촉진법
249. 공공주택 특별법
250. 국세징수법
251. 공인노무사법
252. 중대재해 처벌 등에 관한 법률
253. 외무공무원법
254. 소방시설공사업법
255. 검역법
256. 공중위생관리법
257. 할부거래에 관한 법률
258. 인터넷 멀티미디어 방송사업법
259. 전기통신사업법
260. 제품안전기본법
261. 철도사업법
262. 어린이제품 안전 특별법
263. 영유아보육법
264. 원자력안전법
265. 보험업법
266. 경비업법
267. 교통안전법
268. 세무사법
269. 관세사법
270. 공인회계사법
271. 지방공무원법
272. 고용정책 기본법
273. 국가경찰과 자치경찰의 조직 및 운영에 관한 법률
274. 협동조합 기본법
275. 재해구호법
276. 환경보건법

해광출판사 대한민국 법령 시리즈

277. 자살예방 및 생명존중문화 조성을 위한 법률
278. 소방산업의 진흥에 관한 법률
279. 소방기본법
280. 비송사건절차법
281. 자연환경보전법
282. 변호사법
283. 기업구조조정투자회사법
284. 전기통신기본법
285. 에너지법
286. 해양생태계의 보전 및 관리에 관한 법률
287. 사회보장기본법
288. 통신비밀보호법
289. 공증인법
290. 물류시설의 개발 및 운영에 관한 법률
291. 청소년활동 진흥법
292. 형의 집행 및 수용자의 처우에 관한 법률
293. 도시공원 및 녹지 등에 관한 법률
294. 태권도 진흥 및 태권도공원 조성 등에 관한 법률
295. 녹색건축물 조성 지원법
296. 우편법
297. 예금자보호법
298. 건설산업기본법
299. 금융회사의 지배구조에 관한 법률
300. 장애인활동 지원에 관한 법률
301. 언론중재 및 피해구제 등에 관한 법률
302. 국가재정법
303. 농지법
304. 게임산업진흥에 관한 법률
305. 정신건강증진 및 정신질환자 복지서비스 지원에 관한 법률
306. 디자인보호법
307. 의료기사 등에 관한 법률
308. 스마트도시 조성 및 산업진흥 등에 관한 법률
309. 내수면어업법
310. 한국주택금융공사법
311. 의료기기법
312. 유통산업발전법
313. 전통시장 및 상점가 육성을 위한 특별법
314. 여신전문금융업법
315. 해외자원개발 사업법
316. 산업교육진흥 및 산학연협력촉진에 관한 법률
317. 빈집 및 소규모주택 정비에 관한 특례법
318. 기업도시개발 특별법
319. 전력기술관리법
320. 국토기본법
321. 지하수법
322. 식품위생법
323. 광업법
324. 호스피스·완화의료 및 임종과정에 있는 환자의 연명의료결정에 관한 법률
325. 주식·사채 등의 전자등록에 관한 법률
326. 표시·광고의 공정화에 관한 법률
327. 골재채취법
328. 국민건강증진법
329. 새마을금고법
330. 여객자동차 운수사업법
331. 마리나항만의 조성 및 관리 등에 관한 법률
332. 한부모가족지원법
333. 국가를 당사자로 하는 계약에 관한 법률
334. 지방자치단체를 당사자로 하는 계약에 관한 법률
335. 축산물 위생관리법
336. 병역법
337. 음악산업진흥에 관한 법률
338. 국가균형발전 특별법
339. 첨단재생의료 및 첨단바이오의약품 안전 및 지원에 관한 법률
340. 공간정보의 구축 및 관리 등에 관한 법률
341. 공유수면 관리 및 매립에 관한 법률
342. 농수산물 유통 및 가격안정에 관한 법률
343. 아시아문화중심도시 조성에 관한 특별법
344. 신탁법
345. 자연공원법
346. 생활화학제품 및 살생물제의 안전관리에 관한 법률
347. 군인사법
348. 국제조세조정에 관한 법률
349. 낙동강수계 물관리 및 주민지원 등에 관한 법률
350. 주민등록법
351. 집합건물의 소유 및 관리에 관한 법률
352. 집단에너지사업법
353. 산림조합법
354. 반도체집적회로의 배치설계에 관한 법률
355. 자본시장과 금융투자업에 관한 법률
356. 담보부사채신탁법
357. 근로자퇴직급여 보장법
358. 국제과학비즈니스벨트 조성 및 지원에 관한 특별법
359. 수도법
360. 식품 등의 표시 · 광고에 관한 법률
361. 약관의 규제에 관한 법률
362. 인삼산업법
363. 종자산업법
364. 항공사업법
365. 건설기계관리법
366. 군형법
367. 궤도운송법
368. 기술의 이전 및 사업화 촉진에 관한 법률
369. 농수산물의 원산지 표시 등에 관한 법률
370. 담배사업법
371. 석유 및 석유대체연료 사업법
372. 가축전염병 예방법
373. 농어촌정비법
374. 식물신품종 보호법
375. 항공보안법
376. 중소기업창업 지원법
377. 군사법원법
378. 우주개발 진흥법
379. 해저광물자원 개발법
380. 산림복지 진흥에 관한 법률
381. 지능형 로봇 개발 및 보급 촉진법
382. 헌법재판소법
383. 옥외광고물 등의 관리와 옥외광고산업 진흥에 관한 법률
384. 혈액관리법
385. 국제항해선박 등에 대한 해적행위 피해예방에 관한 법률
386. 유료도로법
387. 독립유공자예우에 관한 법률
388. 신에너지 및 재생에너지 개발 · 이용 · 보급 촉진법
389. 신용정보의 이용 및 보호에 관한 법률
390. 출판문화산업 진흥법
391. 공항시설법
392. 국민 평생 직업능력 개발법
393. 아동 · 청소년의 성보호에 관한 법률
394. 방송법쉬
395. 신용보증기금법
396. 화장품법
397. 청소년 기본법
398. 인터넷주소자원에 관한 법률
399. 양곡관리법
400. 도로명주소법
401. 전자문서 및 전자거래 기본법
402. 산업기술의 유출방지 및 보호에 관한 법률
403. 국가기술자격법
404. 양식산업발전법
405. 산업기술혁신 촉진법
406. 새만금사업 추진 및 지원에 관한 특별법
407. 전자정부법
408. 지역 개발 및 지원에 관한 법률
409. 한국농어촌공사 및 농지관리기금법
410. 계량에 관한 법률
411. 기업활동 규제완화에 관한 특별조치법
412. 군에서의 형의 집행 및 군수용자의 처우에 관한 법률

해광출판사 대한민국 법령 시리즈

413. 규제자유특구 및 지역특화발전특구에 관한 규제특례법
414. 금융위원회의 설치 등에 관한 법률
415. 남녀고용평등과 일·가정 양립 지원에 관한 법률
416. 농어업인 삶의 질 향상 및 농어촌지역 개발촉진에 관한 특별법
417. 댐건설·관리 및 주변지역지원 등에 관한 법률
418. 국가유산수리 등에 관한 법률
419. 법원조직법
420. 보훈보상대상자 지원에 관한 법률
421. 부패방지 및 국민권익위원회의 설치와 운영에 관한 법률
422. 과학기술분야 정부출연연구기관 등의 설립·운영 및 육성에 관한 법률
423. 연구개발특구의 육성에 관한 특별법
424. 친환경농어업 육성 및 유기식품 등의 관리·지원에 관한 법률
425. 연안관리법
426. 영화 및 비디오물의 진흥에 관한 법률
427. 신용협동조합법
428. 방송통신발전 기본법
429. 범죄피해자 보호법
430. 가축 및 축산물 이력관리에 관한 법률
431. 국가표준기본법
432. 국가통합교통체계효율화법
433. 범죄인 인도법
434. 국가과학기술 경쟁력 강화를 위한 이공계지원 특별법
435. 국제경기대회 지원법
436. 금융혁신지원 특별법
437. 수자원의 조사·계획 및 관리에 관한 법률
438. 축산자조금의 조성 및 운용에 관한 법률
439. 소방시설 설치 및 관리에 관한 법률
440. 양성평등기본법
441. 축산계열화사업에 관한 법률
442. 수입식품안전관리 특별법
443. 대외무역법
444. 국가연구개발사업 등의 성과평가 및 성과관리에 관한 법률
445. 무역보험법
446. 기술사법
447. 광산안전법
448. 농약관리법
449. 농업·농촌 및 식품산업 기본법
450. 문화산업진흥 기본법
451. 부담금관리 기본법
452. 야생생물 보호 및 관리에 관한 법률
453. 한국은행법
454. 별정우체국법
455. 원양산업발전법
456. 콘텐츠산업 진흥법
457. 한국수출입은행법
458. 외국인투자 촉진법
459. 물류정책기본법
460. 전자서명법
461. 산업발전법
462. 산업표준화법
463. 소프트웨어 진흥법
464. 토지이용규제 기본법
465. 해수욕장의 이용 및 관리에 관한 법률
466. 정보통신 진흥 및 융합 활성화 등에 관한 특별법
467. 정보통신산업 진흥법
468. 지진·화산재해대책법
469. 소금산업진흥법
470. 위치정보의 보호 및 이용 등에 관한 법률
471. 외국법자문사법
472. 이러닝(전자학습)산업 발전 및 이러닝 활용 촉진에 관한 법률
473. 암관리법
474. 실용신안법
475. 가족관계의 등록 등에 관한 법률
476. 무인도서의 보전 및 관리에 관한 법률
477. 감사원법
478. 정보보호산업의 진흥에 관한 법률
479. 결혼중개업의 관리에 관한 법률
480. 공익신고자 보호법
481. 박물관 및 미술관 진흥법
482. 낚시 관리 및 육성법
483. 동산·채권 등의 담보에 관한 법률
484. 임금채권보장법
485. 국민투표법
486. 농림수산업자 신용보증법
487. 국가채권 관리법
488. 중소기업은행법
489. 식품안전기본법
490. 외국환거래법
491. 발명진흥법
492. 건설기술 진흥법
493. 기후위기 대응을 위한 탄소중립·녹색성장 기본법
494. 인체조직안전 및 관리 등에 관한 법률
495. 엔지니어링산업 진흥법
496. 신문 등의 진흥에 관한 법률
497. 식물방역법
498. 석탄산업법
499. 산업융합 촉진법
500. 비료관리법
501. 임업 및 산촌 진흥촉진에 관한 법률
502. 복권 및 복권기금법
503. 대규모유통업에서의 거래 공정화에 관한 법률
504. 뉴스통신 진흥에 관한 법률
505. 지능정보화 기본법
506. 자격기본법
507. 중소기업 기술혁신 촉진법
508. 국가공간정보 기본법
509. 농어업재해대책법
510. 방송광고판매대행 등에 관한 법률
511. 지식재산 기본법
512. 초고층 및 지하연계 복합건축물 재난관리에 관한 특별법
513. 해양 조사와 해양정보 활용에 관한 법률
514. 공간정보산업 진흥법
515. 공공기관의 정보공개에 관한 법률
516. 행정기본법
517. 해상교통안전법
518. 농어업재해보험법
519. 문화유산의 보존 및 활용에 관한 법률
520. 자연유산의 보존 및 활용에 관한 법률
521. 국토의 계획 및 이용에 관한 법률
522. 건축법
523. 국민건강보험법
524. 계엄법
525. 환경친화적 선박의 개발 및 보급 촉진에 관한 법률
526. 해양폐기물 및 해양오염퇴적물 관리법
527. 연안사고 예방에 관한 법률
528. 전기안전관리법

*** 해광출판사의 법령 시리즈는 계속 발행 됩니다.**
**** 각 도서의 개정판은 인쇄일을 기준으로 제작 되었습니다.**